KB078863

전산응용기계제도
기능사 필기

이모세 편저

일진사

전 세계적인 개방의 시대를 맞이하여 각국의 기술자들은 국경과 지역의 경계를 뛰어넘어 무한한 경쟁자들과 치열한 싸움을 벌이고 있습니다. 선진국의 경우 국가가 근로자들의 경력 경로(career path)를 제시함으로써 개인의 경력 개발 방향에 따라 필요한 기술을 미리 준비할 수 있도록 정보를 제공하고 있으며, 우리나라에서도 국가직무능력표준(NCS)을 활용하여 교육-자격-취업이 연계되는 평생 경력 개발 경로 모형을 제공함으로써 고용을 안정시키며 국제 경쟁력을 강화하고 있습니다.

전산응용기계제도는 NCS에서 제시하는 8단계의 직무 수준 중에서 1~4수준에 해당하는 단계의 수준으로서 모든 기계 관련 직종의 경력 개발에 가장 필수적인 직무 능력이며, 취업을 준비하기 위해 가장 먼저 해야 하는 공부입니다.

필자는 전산응용기계제도 기능사 수험서가 간직해온 오랜 기간에 걸친 노하우를 그대로 살리면서도 출제 빈도가 높은 기출문제와 적중률 높은 예상문제를 추가하여 자격증 취득을 준비하는 수험생들에게 합격의 기쁨을 안겨주고자 최대한 노력하였습니다.

이 책의 특징은 다음과 같습니다.
첫째, 기계 제도 규칙을 한국산업표준(KS)에 따라 그림으로 알기 쉽게 요약하였습니다.
둘째, KS의 최신 변경된 내용을 반영하였습니다.
셋째, 예상문제를 본문 밑에 배치하여 매 쪽마다 수험자 스스로 학습 수준을 점검할 수 있도록 하였습니다.
넷째, CBT 대비 실전문제를 수록하여 출제경향을 파악하고, 실전과 같이 최종 마무리 학습을 할 수 있도록 하였습니다.

이 책으로 준비한 수험생 여러분들이 국가기술자격시험에 합격하여 우리나라 기술 분야와 국제화의 대열에서 그 진가를 발휘할 수 있는 활기찬 모습을 기대합니다.

책을 출간하는 데 협조를 아끼지 않으신 여러 선생님과 도서출판 **일진사** 임직원 여러분들께 감사드리며, 앞으로 더욱 연구 · 보완하여 알찬 내용이 되도록 노력하겠습니다.

저자 씀

직무 분야	기계	중직무 분야	기계제작	자격 종목	전산응용기계 제도기능사	적용 기간	2022.1.1.~2024.12.31.

○ **직무내용** : 산업체에서 제품개발, 설계, 생산기술 부문의 기술자들이 기술 정보를 목적에 따라 산업표준 규격에 준하여 도면으로 표현하는 업무를 수행하는 직무이다.

검정방법	객관식	문제수	60	시험시간	1시간

과목명	문제수	주요항목	세부항목	세세항목
기계설계 제도	60	1. 2D 도면 작업	1. 작업환경 설정	1. 도면 영역의 크기 2. 선의 종류 3. 선의 용도 4. KS 기계 제도 통칙 5. 도면의 종류 6. 도면의 양식 7. 2D CAD 시스템 일반 8. 2D CAD 입출력 장치
			2. 도면 작성	1. 2D 좌표계 활용 2. 도형의 작도 및 수정 3. 도면 편집 4. 투상법 5. 투상도 6. 단면도 7. 기타 도시법
			3. 기계 재료 선정	1. 재료의 성질 2. 철강 재료 3. 비철금속 재료 4. 비금속 재료
		2. 2D 도면 관리	1. 치수 및 공차 관리	1. 치수 기입 2. 치수 보조 기호 3. 치수 공차 4. 기하 공차 5. 끼워 맞춤 공차 6. 공차 관리 7. 표면 거칠기 8. 표면처리 9. 열처리 10. 면의 지시기호
			2. 도면 출력 및 데이터 관리	1. 데이터 형식 변환 (DXF, IGES)

과목명	문제수	주요항목	세부항목	세세항목
		3. 3D 형상 모델링 작업	1. 3D 형상 모델링 작업 준비	1. 3D 좌표계 활용 2. 3D CAD 시스템 일반 3. 3D CAD 입출력 장치
			2. 3D 형상 모델링 작업	1. 3D 형상 모델링 작업
		4. 3D 형상 모델링 검토	1. 3D 형상 모델링 검토	1. 조립 구속조건의 종류
			2. 3D 형상 모델링 출력, 데이터 관리	1. 3D CAD 데이터 형식 변환 (STEP, STL, PARASOLID, IGES)
		5. 기본 측정기 사용	1. 작업계획 파악	1. 측정 방법　　　2. 단위 종류
			2. 측정기 선정	1. 측정기의 종류 2. 측정기의 용도 3. 측정기의 선정
			3. 기본 측정기 사용	1. 측정기 사용 방법
		6. 조립 도면 해독	1. 부품도 파악	1. 기계 부품도면 해독 2. KS 규격 기계 재료 기호
			2. 조립도 파악	1. 기계 조립도면 해독
		7. 체결요소 설계	1. 요구기능 파악 및 선정	1. 나사　　　　2. 키 3. 핀　　　　　4. 리벳 5. 볼트·너트　6. 와셔 7. 용접　　　　8. 코터
			2. 체결요소 선정	1. 체결요소별 기계적 특성
			3. 체결요소 설계	1. 체결요소 설계 2. 체결요소 재료 3. 체결요소 부품 표면처리 방법
		8. 동력전달요소 설계	1. 요구기능 파악 및 선정	1. 축　　　　　2. 기어 3. 베어링　　　4. 벨트 5. 체인　　　　6. 스프링 7. 커플링　　　8. 마찰차 9. 플랜지　　　10. 캠 11. 브레이크　　12. 래칫 13. 로프
			2. 동력전달요소 설계	1. 동력전달요소 설계 2. 동력전달요소 재료 3. 동력전달요소 부품 표면처리 방법

차 례 CONTENTS

제3장   3D 형상 모델링 작업

제4장   3D 형상 모델링 검토

제8장 **동력전달요소 설계**

부 록 **CBT 대비 실전문제**

2D 도면 작업

1. 작업환경 설정

2. 도면 작성

3. 기계 재료 선정

2D 도면 작업

1. 작업환경 설정

1-1 도면 영역의 크기(KS B ISO 5457)

도면의 크기는 폭과 길이로 나타내는데, 비는 $1:\sqrt{2}$이며 A0~A4를 사용한다. 도면은 길이 방향을 좌, 우로 놓고 그리는 것이 바른 위치이다. A4 도면은 세로 방향으로 놓고 그려도 좋다.

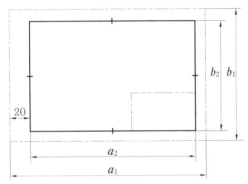

A4에서 A0까지의 크기

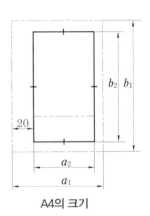

A4의 크기

도면 크기의 종류 및 윤곽의 치수

용지의 호칭	재단한 용지의 크기		제도 공간(윤곽선)	
	a_1	b_1	a_2	b_2
A0	841	1189	821	1159
A1	594	841	574	811
A2	420	594	400	564
A3	297	420	277	390
A4	210	297	180	277

도면의 연장 크기

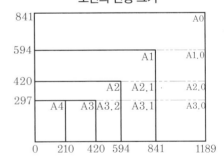

 핵·심·문·제

1. 제도용지의 세로(폭)와 가로(길이)의 비는?

① $1:\sqrt{2}$ ② $\sqrt{2}:1$
③ $1:\sqrt{3}$ ④ $1:2$

2. KS B 0001에 규정된 도면의 크기에 해당하는 A열 사이즈의 호칭에 해당되지 않는 것은?

① A0   ② A3   ③ A5   ④ A1

1-2　선의 종류

선은 모양과 굵기에 따라 다른 기능을 갖는다. 같은 굵기의 선이라도 모양이 다르거나 같은 모양의 선이라도 굵기가 다르면 용도가 달라지기 때문에 모양과 굵기에 따른 선의 용도를 파악하는 것이 중요하다.

따라서 제도에서는 선의 모양과 굵기를 규정하여 사용하고 있다.

(1) 모양에 따른 선의 종류

① 실선(continuous line) ——— : 연속적으로 그어진 선

② 파선(dashed line) - - - - - : 일정한 길이로 반복되게 그어진 선(선의 길이 3~5mm, 선과 선의 간격 0.5~1mm 정도)

③ 1점 쇄선(chain line) —·— : 길고 짧은 길이로 반복되게 그어진 선(긴 선의 길이 10~30mm, 짧은 선의 길이 1~3mm, 선과 선의 간격 0.5~1mm)

④ 2점 쇄선(chain double-dashed line) —··— : 긴 길이, 짧은 길이 두 개로 반복되게 그어진 선(긴 선의 길이 10~30mm, 짧은 선의 길이 1~3mm, 선과 선의 간격 0.5~1mm)

(2) 굵기에 따른 선의 종류

제도에 사용하는 가는 선, 굵은 선, 아주 굵은 선들의 선 굵기 비율은 1:2:4이다.

① 가는 선 ——— : 굵기가 0.18~0.5mm인 선

② 굵은 선 ——— : 굵기가 0.35~1mm인 선(가는 선의 2배 정도)

③ 아주 굵은 선 ——— : 굵기가 0.7~2mm인 선(가는 선의 4배 정도)

(참고) 제도에 사용하는 선 굵기의 기준은 0.18, 0.25, 0.35, 0.5, 0.7, 1mm로 한다.

핵 · 심 · 문 · 제

1. 제도에 사용하는 가는 선, 굵은 선, 아주 굵은 선들의 선 굵기 비율로 옳은 것은?

① 1:2:4
② 1:2.5:5
③ 1:3:6
④ 1:3.5:7

2. 선의 종류는 굵기에 따라 3가지로 구분한다. 이에 속하지 않는 것은?

① 가는 선
② 굵은 선
③ 아주 굵은 선
④ 해칭선

• **정답**　1. ①　2. ④

1-3   선의 용도

(1) 선의 용도에 의한 명칭

선의 종류		용도에 의한 명칭	선의 용도	그림의 조합번호
① 굵은 실선	———	외형선	대상물이 보이는 부분의 모양을 표시하는 데 쓰인다.	1.1
② 가는 실선	———	치수선	치수를 기입하기 위하여 쓴다.	2.1
		치수 보조선	치수를 기입하기 위해 도형으로부터 끌어내는 데 쓰인다.	2.2
		지시선	기술 · 기호 등을 표시하기 위하여 끌어내는 데 쓰인다.	2.3
		회전 단면선	도형 내에 그 부분의 끊은 곳을 90°회전하여 표시하는 데 쓰인다.	2.4
		중심선	도형의 중심선(4.1)을 간략하게 표시하는 데 쓰인다.	2.5
		수준면선(*)	수면, 유면 등의 위치를 표시하는 데 쓰인다.	2.6
③ 가는 파선 또는 굵은 파선	- - - - -	숨은선	대상물의 보이지 않는 부분의 모양을 표시하는 데 쓰인다.	3.1

㈜ (*) : ISO 128(technical drawings−general principles of presentation)에는 규정되어 있지 않다.

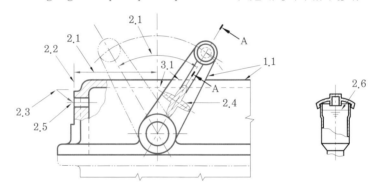

핵·심·문·제

1. 다음 중 물체의 보이는 겉모양을 표시하는 선은?

① 외형선 ② 은선   ③ 절단선 ④ 가상선

2. 다음 중 선의 굵기가 가장 굵은 것은?

① 도형의 중심을 나타내는 선
② 지시기호 등을 나타내기 위하여 사용한 선
③ 대상물의 보이는 부분 윤곽을 표시한 선
④ 대상물의 보이지 않는 부분 윤곽을 표시하는 선

3. 기계 제도에서 가는 실선으로 나타내는 것이 아닌 것은?

① 치수선   ② 회전 단면선
③ 외형선   ④ 해칭선

4. 선의 용도에 의한 명칭 중 선 굵기가 다른 것은?

① 치수선   ② 지시선
③ 외형선   ④ 치수 보조선

• 정답 1. ① 2. ③ 3. ③ 4. ③

선의 종류		용도에 의한 명칭	선의 용도	그림의 조합번호
④ 가는 1점 쇄선	—·—·—	중심선	• 도형의 중심을 표시하는 데 쓰인다. • 중심이 이동한 중심 궤적을 표시하는 데 쓰인다.	4.1 4.2
		기준선	특히 위치 결정의 근거가 된다는 것을 명시할 때 쓰인다.	4.3
		피치선	되풀이하는 도형의 피치를 취하는 기준을 표시하는 데 쓰인다.	4.4

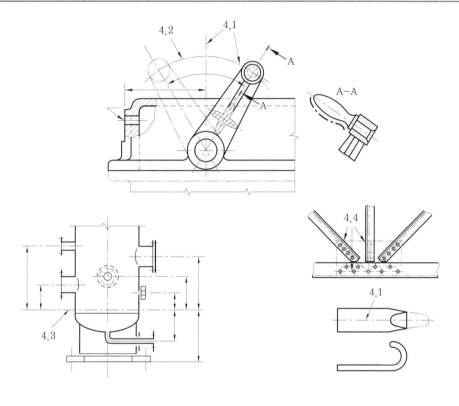

 핵 · 심 · 문 · 제

5. 도형이 이동한 중심 궤적을 표시할 때 사용하는 선은 어느 것인가?

① 가는 실선   ② 굵은 실선
③ 가는 2점 쇄선   ④ 가는 1점 쇄선

6. 반복 도형의 피치를 잡는 기준이 되는 피치선의 선의 종류는?

① 가는 실선   ② 굵은 실선
③ 가는 1점 쇄선   ④ 굵은 1점 쇄선

7. 선의 종류 중 가는 실선을 사용하지 않는 것은 어느 것인가?

① 지시선   ② 치수 보조선
③ 해칭선   ④ 피치선

8. 도형의 중심을 표시하는 데 사용되는 선의 종류는 어느 것인가?

① 굵은 실선   ② 가는 실선
③ 가는 1점 쇄선   ④ 가는 2점 쇄선

• 정답   5. ④   6. ③   7. ④   8. ③

선의 종류		용도에 의한 명칭	선의 용도	그림의 조합번호
⑤ 굵은 1점 쇄선	—·—·—	특수 지정선	특수한 가공을 하는 부분 등 특별한 요구 사항을 적용할 수 있는 범위를 표시하는 데 사용한다.	5.1

■ **특수지정선의 표시 방법** : 대상물의 면 일부를 특수 가공하는 경우에는 그 범위를 외형선에 평행하게 약간 떼어서 굵은 1점 쇄선으로 나타낼 수 있다.

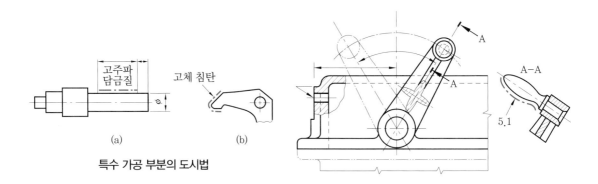

특수 가공 부분의 도시법

 핵 · 심 · 문 · 제

9. 대상면의 일부에 특수한 가공을 하는 부분의 범위를 표시할 때 사용하는 선은?

① 굵은 1점 쇄선　　② 굵은 실선
③ 파선　　　　　　④ 가는 2점 쇄선

10. 부품도에서는 일부분만 부분적으로 열처리를 하도록 지시해야 한다. 이때 열처리 범위를 나타내기 위해 사용하는 특수 지정선은?

① 굵은 1점 쇄선　　② 파선
③ 가는 1점 쇄선　　④ 가는 실선

11. 일부분에 대하여 특수한 가공인 표면처리를 하고자 한다. 기계 가공 도면에서 표면처리 부분을 표시하는 선은?

① 가는 2점 쇄선　　② 파선
③ 굵은 1점 쇄선　　④ 가는 실선

12. 그림에서 ㉠의 부위에 표시한 굵은 1점 쇄선이 의미하는 뜻은 무엇인가?

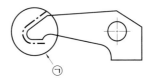

① 연삭 가공 부분　　② 열처리 부분
③ 다듬질 부분　　　④ 원형 가공 부분

13. 다음 그림에서 A부분을 침탄 열처리하려고 할 때 표시하는 선으로 옳은 것은?

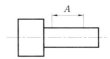

① 굵은 1점 쇄선　　② 가는 파선
③ 가는 실선　　　　④ 가는 2점 쇄선

선의 종류		용도에 의한 명칭	선의 용도	그림의 조합번호
⑥ 가는 2점 쇄선	— · · — · · —	가상선	• 인접 부분을 참고로 표시하는 데 사용한다.	6.1
			• 공구, 지그 등의 위치를 참고로 나타내는 데 사용한다.	6.2
			• 가동 부분을 이동 중의 특정한 위치 또는 이동 한계의 위치로 표시하는 데 사용한다.	6.3
			• 가공 전 또는 가공 후의 모양을 표시하는 데 사용한다.	6.4
			• 되풀이하는 것을 나타내는 데 사용한다.	6.5
			• 도시된 단면의 앞쪽에 있는 부분을 표시하는 데 사용한다.	6.6
		무게 중심선	단면의 무게중심을 연결한 선을 표시하는 데 사용한다.	6.7

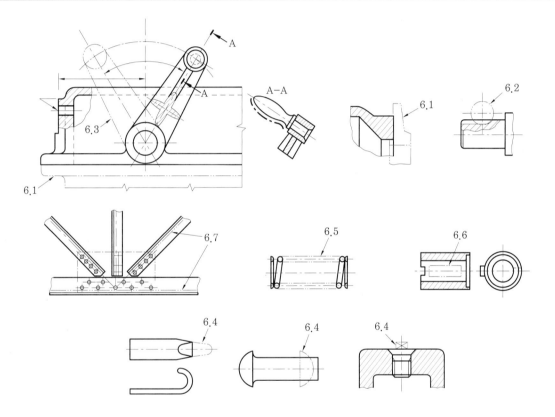

 핵·심·문·제

14. 물체의 가공 전이나 가공 후의 모양을 나타낼 때 사용되는 선의 종류는?

① 가는 2점 쇄선
② 굵은 2점 쇄선
③ 가는 1점 쇄선
④ 굵은 1점 쇄선

15. 도면에서 사용되는 선 중에서 가는 2점 쇄선을 사용하는 것은?

① 치수를 기입하기 위한 선
② 해칭선
③ 평면이란 것을 나타내는 선
④ 인접부분을 참고로 표시하는 선

• 정답 14. ① 15. ④

선의 종류		용도에 의한 명칭	선의 용도	그림의 조합번호
⑦ 불규칙한 파형의 가는 실선 또는 지그재그선	〰〰	파단선	대상물의 일부를 파단한 경계 또는 일부를 떼어낸 경계를 표시하는 데 사용한다.	7.1
⑧ 가는 1점 쇄선으로 끝부분 및 방향이 변하는 부분을 굵게 한 것(*)	⎴	절단선	단면도를 그리는 경우, 그 절단 위치를 대응하는 그림에 표시하는 데 사용한다.	8.1
⑨ 가는 실선으로 규칙적으로 줄을 늘어놓은 것	//////	해칭	도형의 한정된 특정 부분을 다른 부분과 구별하는 데 사용한다. 보기를 들면 단면도의 절단된 부분을 나타낸다.	9.1

🈯 (*) : 다른 용도와 혼용할 염려가 없을 때는 끝부분 및 방향이 변하는 부분을 굵게 하지 않아도 된다.

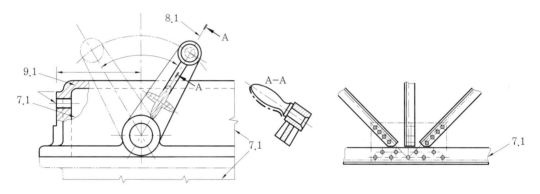

 핵 · 심 · 문 · 제

16. 대상물의 일부를 떼어낸 경계를 표시하는 데 사용되는 선의 명칭은?

① 해칭선　　　　　② 기준선
③ 치수선　　　　　④ 파단선

17. 다음 선의 용도에 대한 설명이 틀린 것은?

① 외형선 : 대상물의 보이는 부분의 겉모양을 표시하는 데 사용
② 숨은선 : 대상물의 보이지 않는 부분의 모양을 표시하는 데 사용
③ 파단선 : 단면도를 그리기 위해 절단 위치를 나타내는 데 사용
④ 해칭선 : 단면도의 절단면을 표시하는 데 사용

18. 다음 중에서 가는 실선으로만 사용하지 않는 선은 어느 것인가?

① 지시선
② 절단선
③ 해칭선
④ 치수선

19. 한 도면에 사용되는 선의 종류 중 가는 실선으로 부적합한 것은?

① 치수선
② 지시선
③ 절단선
④ 회전 단면선

선의 종류		용도에 의한 명칭	선의 용도	그림의 조합번호
⑩ 가는 실선	——————	특수한 용도의 선	• 외형선 및 숨은 선의 연장을 표시하는 데 사용한다. • 평면이란 것을 나타내는 데 사용한다. • 위치를 명시하는 데 사용한다.	10.1 10.2 10.3
⑪ 아주 굵은 실선	▬▬▬▬		얇은 부분의 단면을 도시하는 데 사용한다.	11.1

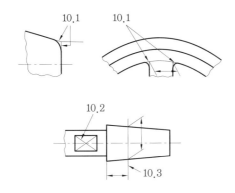
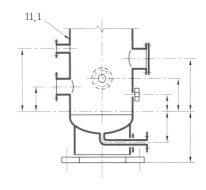

 핵·심·문·제

20. 외형선 및 숨은선의 연장선을 표시하는 데 사용되는 선은?

① 가는 1점 쇄선　　② 가는 실선
③ 가는 2점 쇄선　　④ 파선

21. 다음 중 도형 내의 특정한 부분이 평면이라는 것을 나타낼 때 사용하는 선은?

① 2점 쇄선　　② 1점 쇄선
③ 굵은 실선　　④ 가는 실선

22. 둥근(원형) 면에서 어느 부분의 면이 평면인 것을 나타낼 필요가 있을 경우 대각선을 그려 사용하는 데, 이때 사용되는 선으로 옳은 것은?

① 굵은 실선
② 가는 실선
③ 굵은 1점 쇄선
④ 가는 1점 쇄선

23. 다음 그림에서 대각선으로 그은 가는 실선이 의미하는 것은?

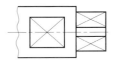

① 열처리 가공 부분
② 원통의 평면 부분
③ 가공 금지 부분
④ 단조 가공 부분

24. 개스킷, 박판, 형강 등과 같이 두께가 얇은 것의 절단면 도시에 사용하는 선은?

① 가는 실선
② 굵은 1점 쇄선
③ 가는 2점 쇄선
④ 아주 굵은 실선

(2) 선의 우선 순위

　　도면에서 두 종류 이상의 선이 같은 장소에 겹치는 경우에는 다음에 나타낸 순위에 따라 우선되는 종류의 선으로 긋는다.

　　① 외형선　② 숨은선　③ 절단선　④ 중심선　⑤ 무게중심선　⑥ 치수 보조선

(3) 은선 그리기

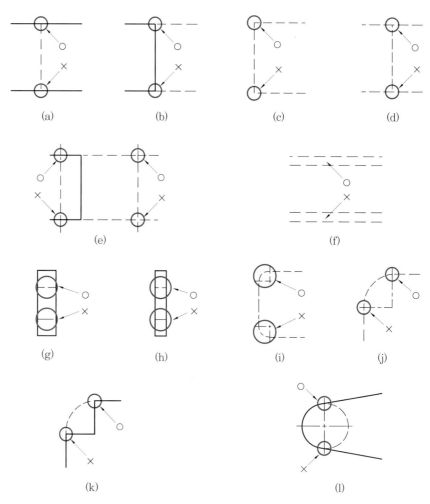

(a)　　　　(b)　　　　(c)　　　　(d)

(e)　　　　　　　　　(f)

(g)　　　(h)　　　(i)　　　(j)

(k)　　　　　　　(l)

은선 그리는 방법

 핵·심·문·제

25. 도면에 두 종류 이상의 선이 같은 장소에 겹치는 경우 우선순위가 맞는 것은?

　① 외형선→절단선→중심선→치수 보조선

　② 외형선→중심선→절단선→무게 중심선

　③ 숨은선→중심선→절단선→치수 보조선

　④ 외형선→중심선→절단선→치수 보조선

① 은선이 외형선인 곳에서 끝날 때에는 여유를 두지 않는다(a).

② 은선이 외형선에 접촉할 때에는 여유를 둔다(b).

③ 은선과 다른 은선과의 교점에서는 여유를 두지 않는다(c).

④ 은선이 다른 은선에서 끝날 때에는 여유를 두지 않는다(d).

⑤ 은선이 실선과 교차할 때에는 여유를 둔다(e의 앞).

⑥ 은선이 다른 은선과 교차할 때에는 한쪽 선만 여유를 두고 교차한다(e의 뒤).

⑦ 근접하는 평행한 은선은 여유의 위치를 서로 교체하며 바꾼다(f).

⑧ 두 선 사이의 거리가 작은 곳에 은선을 그릴 때에는 은선의 비율을 바꾼다(g, h).

⑨ 모서리 부분 등의 은선은 그림과 같이 긋는다(i, j).

⑩ 은선의 호에 직선 또는 호가 접촉할 때에는 여유를 둔다(k, l).

(4) 중심선 그리기

① 원, 원통, 원뿔, 구 등의 대칭축을 나타낸다.

② 대칭축을 갖는 물체의 그림에는 반드시 중심선을 넣는다.

③ 원과 구는 직교하는 두 중심선의 교점을 중심으로 하여 긋는다.

④ 중심선은 외형선에서 2~3mm 밖으로 연장하여 긋는다.

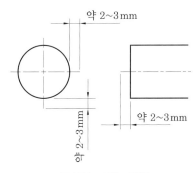

중심선 그리는 방법

 핵 · 심 · 문 · 제

26. 다음 중 투상에 사용하는 숨은선을 올바르게 적용한 것은 어느 것인가?

1-4 기계 제도 통칙

(1) 제도의 정의

제도(drawing)는 기계나 구조물의 모양 또는 크기를 일정한 규격에 따라 점, 선, 문자, 숫자, 기호 등을 사용하여 도면으로 작성하는 과정을 말한다.

(2) 제도의 목적

제도의 목적은 설계자의 의도를 도면 사용자에게 확실하고 쉽게 전달하는 데 있다. 그러므로 도면에 물체의 모양이나 치수, 재료, 가공 방법, 표면 정도 등을 정확하게 표시하여 설계자의 의사가 제작·시공자에게 확실하게 전달되어야 한다.

(3) KS 제도 통칙

① 제도 통칙 : 1966년 KS A 0005로 제정
② 기계 제도 : 1967년 KS B 0001로 제정

참고
• 산업표준화법 개정에 따라 명칭이 한국산업규격에서 한국산업표준(KS)으로 바뀌었다.
• 현재 한국산업표준 중에서 제도 통칙(KS A 0005)은 제도의 공통적인 기본 사항으로 도면의 크기, 투상법, 선, 작도 일반, 단면도, 글자, 치수 등에 대한 것을 규정하고 있다.

핵 · 심 · 문 · 제

1. 다음 중 제도에 대한 설명으로 적합하지 않은 것은 어느 것인가?
① 제도자의 창의력을 발휘하여 주관적인 투상법을 사용할 수 있다.
② 설계자의 의도를 제작자에게 명료하게 전달하는 정보 전달 수단으로 사용된다.
③ 기술의 국제 교류가 이루어짐에 따라 도면에도 국제 규격을 적용하게 되었다.
④ 우리나라에서는 제도의 기본적이며 공통적인 사항을 제도 통칙 KS A에 규정하고 있다.

2. 제도의 목적을 달성하기 위하여 도면이 구비하여야 할 기본요건이 아닌 것은?
① 면의 표면 거칠기, 재료 선택, 가공 방법 등의 정보
② 도면의 작성 방법에 있어서 설계자 임의의 창의성
③ 무역 및 기술의 국제 교류를 위한 국제적 통용성
④ 대상물의 도형의 크기나 모양, 자세 및 위치의 정보

• 정답 1. ① 2. ②

(4) 국가별 표준 규격 명칭과 기호

다음 [표]는 각국의 표준 규격과 기호이다.

국가별 표준 규격

국가별 명칭	표준 규격 기호
국제 표준화 기구(international organization for standardization)	ISO
한국 산업 표준(Korean industrial standards)	KS
영국 규격(British standards)	BS
독일 규격(Deutsches institute fur normung)	DIN
미국 규격(American national standard industrial)	ANSI
스위스 규격(Schweitzerish normen-vereinigung)	SNV
프랑스 규격(norme Francaise)	NF
일본 공업 규격(Japanese industrial standards)	JIS

(5) KS의 부문별 기호

KS의 분류

기 호	부 문	기 호	부 문	기 호	부 문
KS A	기본(통칙)	KS F	토 건	KS M	화 학
B	기 계	G	일용품	P	의 료
C	전 기	H	식료품	R	수송기계
D	금 속	K	섬 유	V	조 선
E	광 산	L	요 업	W	항 공

핵·심·문·제

3. 한국산업표준을 나타내는 것은?

① DIN ② JIS ③ KS ④ ANSI

4. 다음 중 KS에서 기계 부문을 나타내는 기호는?

① KS A ② KS B ③ KS M ④ KS X

5. KS의 부문별 기호 연결이 틀린 것은?

① KS A : 기본 ② KS B : 기계
③ KS C : 전기 ④ KS D : 광산

6. 다음은 어떤 제품의 포장지에 부착되어 있는 내용이다. 우리나라 산업 부문의 어디에 해당하는가?

① 전기 ② 토목
③ 건축 ④ 조선

1-5 도면의 종류

도면은 사용 목적에 따라, 표현 형식에 따라, 내용에 다양하게 분류할 수 있다.

(1) 사용 목적에 따른 분류

도면의 종류	설 명
계획도 (scheme drawing)	설계자가 제작하고자 하는 물품의 계획을 나타내는 도면
제작도 (manufacture drawing)	요구하는 제품을 만들 때 사용되는 도면
주문도 (drawing for order)	주문서에 첨부되어 주문하는 물품의 모양, 정밀도, 기능도 등의 개요를 주문받는 사람에게 제시하는 도면
승인도 (approved drawing)	주문자 또는 기타 관계자의 승인을 얻은 도면
견적도 (estimation drawing)	견적서에 첨부되어 주문자에게 제품의 내용과 가격 등을 설명하기 위한 도면
설명도 (explanation drawing)	사용자에게 제품의 구조, 기능, 작동 원리, 취급법 등을 설명하기 위한 도면
공정도 (process drawing)	제조 과정의 공정별 처리 방법, 사용 용구 등을 상세히 나타내는 도면

(2) 표현 형식에 따른 분류

도면의 종류	설 명
외형도 (outside drawing)	기계나 구조물의 외형만을 나타내는 도면
구조선도 (skeleton drawing)	기계나 구조물의 골조를 나타내는 도면
계통도 (system diagram)	배관 전기 장치의 결선 등 계통을 나타내는 도면
곡면선도 (lines drawing)	자동차, 항공기, 배의 곡면 부분을 단면 곡선으로 나타내는 도면
전개도 (development drawing)	구조물, 물품 등의 표면을 평면으로 나타내는 도면

(3) 내용에 따른 분류

도면의 종류	설 명
전체 조립도 (assembly drawing)	물품의 전체 조립 상태를 나타내는 도면으로 물품의 구조를 알 수 있다.
부분 조립도 (part assembly drawing)	전체 조립 상태를 몇 개의 부분으로 나누어 각 부분마다 자세한 조립 상태를 나타내는 도면
부품도 (part drawing)	부품을 개별적으로 상세하게 그린 도면
접속도 (connection diagram)	전기 기기의 내부, 상호간 접속 상태 및 기능을 나타내는 도면
배선도 (wiring diagram)	전기 기기의 크기와 설치 위치, 전선의 종별, 굵기, 배선의 위치 등을 나타내는 도면
배관도 (piping diagram)	펌프 및 밸브의 위치, 관의 굵기와 길이, 배관의 위치와 설치 방법 등을 나타내는 도면
기초도 (foundation drawing)	콘크리트 기초의 높이, 치수 등과 설치되는 기계나 구조물과의 관계를 나타내는 도면
설치도 (setting diagram)	보일러, 기계 등을 설치할 때 관계되는 사항을 나타내는 도면
배치도 (layout drawing)	건물의 위치나 기계 등의 설치 위치를 나타내는 도면
장치도 (plant layout drawing)	각 장치의 배치와 제조 공정 등의 관계를 나타내는 도면

핵·심·문·제

1. 사용 목적에 따라 분류한 도면에 해당하지 않는 것은 어느 것인가?

① 계획도   ② 주문도
③ 설치도   ④ 승인도

2. 사용자에게 제품의 구조, 기능, 작동 원리, 취급법 등을 설명하기 위한 도면은?

① 설치도   ② 조립도
③ 계통도   ④ 설명도

·정답 1. ③ 2. ④

1-6 도면의 양식(KS B ISO 5457)

1 도면의 양식

(1) 표제란

표제란은 제도 영역의 오른쪽 아래 구석에 마련한다. 도면 번호, 도명, 기업(단체)명, 책임자 서명(도장), 도면 작성 연월일, 척도 및 투상법 등을 기입한다.

큰 도면을 접을 때는 A4 크기로 접는 것을 원칙으로 하되 표제란이 겉으로 나오게 접는다. (KS B 0001)

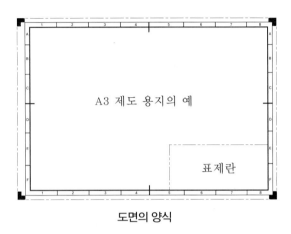

A3 제도 용지의 예

표제란

도면의 양식

(2) 경계와 윤곽

제도용지 내의 제도 영역을 4개의 변으로 둘러싸는 윤곽은 0.7mm 굵기의 실선으로 그린다. 왼쪽에서는 20mm, 다른 변에서는 10mm의 간격을 띄우고 그린다.

(3) 중심 마크

도면을 다시 만들거나 마이크로필름을 만들 때, 도면의 위치를 잘 잡기 위하여 4개의 중심 마크를 표시한다. 중심 마크는 구역 표시의 경계에서 시작하여 도면의 윤곽을 지나 10mm 까지 0.7mm의 굵기의 실선으로 그린다.

핵·심·문·제

1. 다음 중 도면 제작 시 도면에 반드시 마련해야 할 사항으로 짝지어진 것은?

① 도면의 윤곽, 표제란, 중심 마크
② 도면의 윤곽, 표제란, 비교 눈금
③ 도면의 구역, 재단 마크, 비교 눈금
④ 도면의 구역, 재단 마크, 중심 마크

2. 도면에서 도면의 관리상 필요한 사항(도면 번호, 도명, 책임자, 척도, 투상법 등)과 도면 내에 있는

내용에 관한 사항을 모아서 기입한 것은?

① 주서란
② 요목표
③ 표제란
④ 부품란

3. 도면 관리에서 다른 도면과 구별하고 도면 내용을 직접 보지 않고도 제품의 종류 및 형식 등의 도면 내용을 알 수 있게 하기 위해 기입해야 하는 것은?

① 도면 번호
② 도면 척도
③ 도면 양식
④ 부품 번호

•정답 1. ① 2. ③ 3. ①

(4) 구역표시

도면에서는 상세, 추가, 수정 위치를 알기 쉽도록 용지를 여러 구역으로 나눈다. 용지의 위쪽에서 아래쪽으로는 대문자로, 왼쪽에서 오른쪽으로는 숫자로 표시하며, A4 크기의 용지에서는 위쪽과 오른쪽에만 표시한다. 한 구역의 길이는 중심 마크로부터 50mm이다.

(5) 재단 마크

수동이나 자동으로 용지를 잘라내는 데 편리하도록 재단된 용지의 네 변의 경계에 재단 마크를 표시한다. 이 마크는 10×5mm의 두 직사각형이 합쳐진 형태로 표시된다.

(6) 부품란

부품란의 위치는 도면의 오른쪽 윗부분 또는 도면의 오른쪽 아래일 경우에는 표제란 위에 위치하며 품번, 품명, 재질, 수량, 무게, 공정, 비고란 등을 기입한다.

핵·심·문·제

4. 도면에 반드시 마련해야 하는 양식에 관한 설명 중 틀린 것은?

① 윤곽선은 도면의 크기에 따라 0.5mm 이상의 굵은 실선으로 그린다.

② 표제란은 도면의 윤곽선 오른쪽 아래 구석의 안쪽에 그린다.

③ 도면을 마이크로필름으로 촬영하거나 복사할 때 편의를 위하여 중심 마크를 표시한다.

④ 부품란에는 도면 번호, 도면 명칭, 척도, 투상법 등을 기입한다.

5. 도면에 마련하는 양식 중에서 마이크로필름 등으로 촬영하거나 복사 및 철할 때의 편의를 위하여 마련하는 것은?

① 윤곽선　　　　　② 표제란
③ 중심 마크　　　　④ 구역 표시

6. 그림의 도면 양식에 관한 설명 중 틀린 것은?

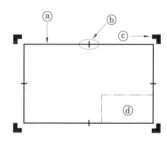

① ⓐ는 0.5mm 이상의 굵은 실선으로 긋고 도면의 윤곽을 나타낸다.

② ⓑ는 0.5mm 이상의 굵은 실선으로 긋고 마이크로필름으로 촬영할 때 편의를 위하여 사용한다.

③ ⓒ는 도면에서 상세, 추가, 수정 등의 위치를 알기 쉽도록 용지를 여러 구역으로 나누는 데 사용한다.

④ ⓓ는 표제란으로 척도, 투상법, 도번, 도명, 설계자 등 도면에 관한 정보를 표시한다.

7. 다음 중 부품란에 기입할 사항이 아닌 것은?

① 품번　　　　　② 품명
③ 재질　　　　　④ 투상법

●정답　4. ④　5. ③　6. ③　7. ④

2 도면에 사용되는 척도

척도는 도면에서 그려진 길이와 대상물의 실제 길이와의 비율로 나타낸다. 도면에 그려진 길이와 대상물의 실제 길이가 같은 현척이 가장 보편적으로 사용되고, 실물보다 축소하여 그린 축척, 실물보다 확대하여 그린 배척이 있다.

(1) 척도의 종류

축척, 현척 및 배척의 값

척도의 종류	란	값							
축 척	1	1 : 2	1 : 5	1 : 10	1 : 20	1 : 50	1 : 100	1 : 200	
	2	1 : $\sqrt{2}$	1 : 2.5	1 : $2\sqrt{2}$	1 : 3	1 : 4	1 : $5\sqrt{2}$	1 : 25	1 : 250
현 척	—	1 : 1							
배 척	1	2 : 1	5 : 1	10 : 1	20 : 1	50 : 1			
	2	$\sqrt{2}$: 1	2.5$\sqrt{2}$: 1	100 : 1					

🔼 1란의 척도를 우선으로 사용한다.

핵·심·문·제

8. 기계 제도의 도면에 사용되는 척도의 설명으로 틀린 것은?

① 도면에 그려지는 길이와 대상물의 실제 길이와의 비율로 나타낸다.
② 한 도면에서 공통적으로 사용되는 척도는 표제란에 기입한다.
③ 같은 도면에서 다른 척도를 사용할 때에는 필요에 따라 그림 부근에 기입한다.
④ 배척은 대상물보다 크게 그리는 것으로써 2:1, 3:1, 4:1, 10:1 등 임의로 비율을 만들어 사용한다.

9. 우선적으로 사용하는 배척의 종류가 아닌 것은?

① 50 : 1   ② 25 : 1
③ 5 : 1   ④ 2 : 1

10. 도면을 그릴 때 척도 결정의 기준이 되는 것은?

① 물체의 재질   ② 물체의 무게
③ 물체의 크기   ④ 물체의 체적

11. 다음 중에서 현척의 의미(뜻)는 어느 것인가?

① 실물보다 축소하여 그린 것
② 실물보다 확대하여 그린 것
③ 실물과 관계없이 그린 것
④ 실물과 같은 크기로 그린 것

12. 다음 축척의 종류 중 우선적으로 사용되는 척도가 아닌 것은?

① 1 : 2   ② 1 : 3
③ 1 : 5   ④ 1 : 10

(2) 척도의 표시 방법

A : B
- → 물체의 실제 크기
- → 도면에서의 크기

현척의 경우 A, B 모두를 1로, 축척의 경우에는 A를 1로, 배척의 경우에는 B를 1로 나타낸다.

(3) 척도 기입 방법

척도는 표제란에 기입하는 것이 원칙이지만 표제란이 없는 경우에는 도명이나 품번의 가까운 곳에 기입한다.

같은 도면에서 서로 다른 척도를 사용하는 경우에는 각 그림 옆에 사용된 척도를 기입하여야 한다. 또, 그림의 형태가 치수와 비례하지 않을 때에는 치수 밑에 밑줄을 긋거나 '비례가 아님' 또는 NS(not to scale) 등의 문자를 기입하여야 한다.

 핵·심·문·제

13. 척도 표시법에 따라 A : B에 대한 설명으로 맞는 것은?

① A는 물체의 실제 크기이다.
② B는 도면에서의 크기이다.
③ 배척일 때 B를 1로 나타낸다.
④ 현척일 때 A만을 1로 나타낸다.

14. 도면의 표제란에 척도가 1 : 2로 기입되어 있다면 이 도면에서 사용된 척도의 종류는?

① 현척 ② 배척
③ 축척 ④ 실척

15. 도면에서 100mm를 2 : 1 척도로 그릴 때 도면에 기입되는 치수는?

① 10 ② 200 ③ 50 ④ 100

16. 길이가 50mm인 축을 도면에 5 : 1 척도로 그릴 때 기입되는 치수로 옳은 것은?

① 10 ② 250
③ 50 ④ 100

17. 도면에 표시된 척도에서 비례척이 아님을 표시하고자 할 때 사용하는 기호는?

① SN ② NS ③ CS ④ SC

18. 다음 그림에 대한 설명으로 옳은 것은?

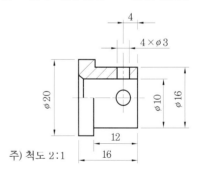

주) 척도 2 : 1

① 실제 제품을 $\frac{1}{2}$로 줄여서 그린 도면이다.
② 실제 제품을 2배로 확대해서 그린 도면이다.
③ 치수는 실제 크기를 $\frac{1}{2}$로 줄여서 기입한 것이다.
④ 치수는 실제 크기를 2배로 늘려서 기입한 것이다.

1-7 2D CAD 시스템 일반

(1) CAD

최근에는 IT 산업의 발달로 컴퓨터의 신속한 계산 능력이나 많은 기억 능력을 이용하여 산업 전반에 걸쳐 컴퓨터가 사용되고 있다. 이에 따라 설계 및 제도 분야에도 컴퓨터를 이용한 설계가 도입되어 활용되면서 각종 응용 프로그램이 개발되어 기계, 건축, 토목, 디자인, 전기·전자, 광고 등 여러 분야에 광범위하게 사용되고 있다.

CAD란 computer aided design의 약어로 컴퓨터를 이용한 설계, 컴퓨터 지원 설계, 컴퓨터에 의한 설계(컴퓨터 설계), 전산 응용 설계 등으로 번역되고 있다. 이것은 컴퓨터의 신속한 계산 능력이나 많은 기억 능력, 해석 능력을 이용해서 설계 작업을 하거나 제도 작업을 하는 것을 말한다.

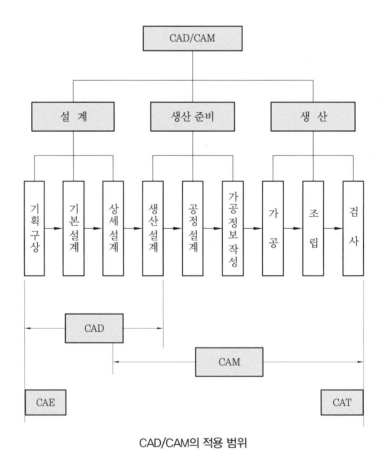

CAD/CAM의 적용 범위

초기의 CAD는 컴퓨터 등의 계산 능력이 떨어지고, 단순히 도면 작성 기능밖에 할 수 없었던 것을 나타내어 computer aided drafting의 약어로 CAD라 부르기도 하였다. 또 유능한 조수로서의 의미로 clever assistant designer의 약어로 쓰기도 하였다.

(2) 설계 작업의 기본 단계

① 설계자의 이미지를 도면상에 구체화하여 구상을 정리하는 단계 : 기획 구상, 기본 설계

② 역학적인 계산, 해석 및 시뮬레이션 등을 통하여 설계의 타당성을 상세하게 검토하는 단계 : 상세 설계

③ 상세 설계의 결과를 토대로 도면 또는 시방서 등에 작성하는 단계 : 제도, 시방서 작성

④ 제조 부문에서 사용하는 데이터를 작성하는 단계 : 생산 데이터 작성

(3) 관련 용어

① CAM(computer aided manufacturing) : 생산 계획, 제품 생산 등 생산에 관련된 일련의 작업을 컴퓨터를 통하여 직접, 간접적으로 제어하는 것

② CAE(computer aided engineering) : 컴퓨터를 통하여 엔지니어링 부분, 즉 기본 설계, 상세 설계에 대한 해석, 시뮬레이션 등을 하는 것

③ CAP(computer aided planning) : NC 가공에 필요한 정보, 생산 및 검사를 위한 계획 등의 리스트를 작성하는 것

④ CIM(computer integrated manufacturing) : 제품의 사양, 개념 사양의 입력만으로 최종 제품이 완성되는 자동화 시스템의 CAD/CAM/CAE에 관리 업무를 합한 통합 시스템

⑤ CAT(computer aided testing) : 제조 공정에 있어서 검사 공정의 자동화에 대한 것으로 CAM의 일부분으로 볼 수 있다.

⑥ FMS(flexible manufacturing system) : 생산 시스템을 모듈화하여 처리하는 지능화된 기계군, 기계 공정 간을 자동적으로 결합하는 반송 시스템, 그리고 이들 모두를 생산 관리 정보로 결합하는 정보 네트워크 시스템으로 구성되는 공장 자동화 시스템

⑦ FA(factory automation) : 생산 시스템과 로봇, 반송 기기, 자동 창고 등을 컴퓨터에 의해 집중 관리하는 공장 전체의 자동화 및 무인화 등을 이루는 것

핵 · 심 · 문 · 제

1. 기본 설계 단계로부터 상세 설계 및 도면 작성에 이르는 설계 전체의 과정을 컴퓨터를 이용하여 설계하는 방식은?

① CAM   ② CAD
③ CAE   ④ CAT

2. 설계에서 제조, 출하에 이르는 모든 기능과 공정을 컴퓨터를 통하여 통합 관리하는 시스템 용어는 어느 것인가?

① CAE   ② CIM
③ FMS   ④ CAD/CAM

• 정답   1. ②   2. ②

(4) CAD 시스템의 도입 효과

시스템의 도입에 따라 부문별로 나타나는 효과는 각양각색이겠으나 일반적인 공통 효과를 요약하면 다음과 같다.

① 품질 향상   ② 설계 비용 절감 및 원가 절감
③ 설계 시간 단축 및 납기 단축   ④ 신뢰성 향상
⑤ 표준화   ⑥ 경쟁력 강화
⑦ 생산성 향상   ⑧ 데이터베이스 구축 용이
⑨ 도면의 품질 향상 및 수정 용이   ⑩ 설계의 정확도 향상
⑪ 의사 전달의 용이

(5) CAD 적용 업무

① **개념 설계** : 스케치도, 초기 설계 계산, 요구하는 성능 특성 등
② **기본 설계** : 기기나 부품의 형상 정의, 크기, 해석 계산, 구조 설계, 배치 설계, 기하학적 도형의 표현 등
③ **상세 설계** : 조립 설계, 해석, 작도, 상세도, 중량 계산, 배치도 등
④ **생산 설계** : 계획 설계, 치공구 설계, 형 설계, NC 프로그램 설계 등
⑤ **품질 관리** : 자료 집계, 설계 표준화, 성능 특성, 강도 해석, 공학적인 해석, 설계 검사와 평가 등
⑥ **생산 보조** : 부품 교환, 기술 데이터 변경 등

핵 · 심 · 문 · 제

3. 일반적으로 CAD 시스템을 이용하여 할 수 있는 작업과 거리가 먼 것은?

① 기하학적 모델링
② 강도 및 열전달 계산 등의 공학적 분석
③ 설계의 정확도를 검사하는 설계의 평가
④ NC(numerical control) 코드의 작성

4. CAD 시스템의 도입으로 나타나는 일반적인 공통 효과라고 볼 수 없는 것은?

① 제품의 표준화   ② 제품의 품질 향상
③ 제품의 원가 증가   ④ 제품의 생산성 향상

5. CAD 시스템을 사용할 때의 효과라고 할 수 없는 것은?

① 고도의 설계 기능, 기술이 불필요
② 제품의 표준화
③ 제품 제도의 데이터베이스 구축 용이
④ 설계 생산성 증가

•정답 3. ④ 4. ③ 5. ①

1-8 2D CAD 입출력 장치

1 컴퓨터의 기본 구성

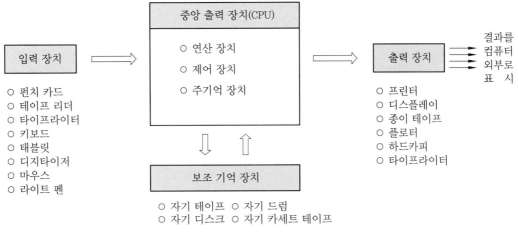

컴퓨터의 기본 구성

① **연산 기능과 연산 장치** : 기억된 정보를 토대로 계산, 비교, 판단, 조합하는 등 산술 및 논리 연산으로 실행하는 기능과 장치이다.

② **제어 기능과 제어 장치** : 기억된 프로그램을 순서적으로 처리하기 위하여 주기억 장치로부터의 명령을 해독·분석하여 필요에 따른 회로를 설정함으로써 각 장치에 제어 신호를 보내는 기능과 장치이다. 크게 해독기와 제어기로 구성되어 있다.

 캐시 메모리
캐시 메모리는 시스템 보드 상에서 CPU와 메인 메모리 사이에 위치하며, CPU와 메인 메모리 사이에서 처리될 자료를 효율적으로 이송할 수 있도록 도와준다.

③ **기억 기능과 기억 장치** : 처리될 자료나 처리된 중간·최종 결과 및 프로그램을 기억하는 기능과 장치이다. 컴퓨터 내부의 기억부를 주기억 장치(main memory)라 하고, 외부의 기억부를 보조 기억 장치 또는 외부 기억 장치라 한다.

 핵·심·문·제

1. 컴퓨터에서 중앙 처리 장치의 구성이라 볼 수 없는 것은?
① 제어 장치　　② 주기억 장치
③ 연산 장치　　④ 입출력 장치

2. 컴퓨터에서 CPU와 주변 기기 간의 속도 차이를 극

복하기 위하여 두 장치 사이에 존재하는 보조 기억 장치는?
① 캐시 메모리(cache memory)
② 연상 메모리(associative memory)
③ 파괴성 메모리(destructive memory)
④ 비휘발성 메모리(nonvolatile memory)

•정답 1. ④　2. ①

2 컴퓨터의 기본 기능

(1) 컴퓨터의 용량 및 속도의 단위

① 기억 용량의 단위 : bit, byte

(가) 1bit : 정보를 기억하는 최소 단위

(나) 1byte : 8bit

(다) $1kB = 2^{10}byte(=1024)$

(라) $1MB = 2^{20}byte(=1024 \times 1024)$

(마) $1GB = 2^{30}byte(=1024 \times 1024 \times 1024)$

(바) $1TB = 2^{40}byte(=1024 \times 1024 \times 1024 \times 1024)$

② 처리 속도의 단위 : ms, s, ns, ps, fs, as

(가) $1ms = 0.001초(=10^{-3})$

(나) $1\mu s = 0.000001초(=10^{-6})$

(다) $1ns = 0.000000001초(=10^{-9})$

(라) $1ps = 0.000000000001초(=10^{-12})$

(마) $1fs = 0.000000000000001초(=10^{-15})$

(바) $1as = 0.000000000000000001초(=10^{-18})$

③ 자료 표현의 단위 : 필드, 레코드, 파일, 데이터베이스

(2) 컴퓨터의 데이터 통신

① RS-232C 시리얼 통신 : RS-232C(recommended standard 232 revision C)는 컴퓨터가 모뎀과 같은 다른 직렬 장치들과 데이터를 주고받기 위해 사용하는 인터페이스이다. 시리얼 데이터(serial data)는 다음의 4가지로 구성된다.

(가) 스타트 비트(start bit)

(나) 데이터 비트(data bit)

(다) 패리티 비트(parity bit)

(라) 스톱 비트(stop bit)

② LAN(local area network) : 한정된 지리적 조건 속에서 여러 개의 컴퓨터와 이에 관련된 여러 개의 장치들을 결합하기 위한 데이터 전송 시스템 구성을 기본 목적으로 한다.

 핵 · 심 · 문 · 제

3. 컴퓨터 기억 용량 단위에서 1MB는 몇 byte인가?

① 2^{20}　　② 2^{10}

③ 2^{30}　　④ 10^{-9}

4. 바이트(byte)는 몇 개의 bit가 모여서 형성되는가?

① 4　　② 8

③ 16　　④ 32

5. 시리얼 데이터 전송의 구성 비트가 아닌 것은?

① stop bit　　② data bit

③ low bit　　④ parity bit

6. 한정된 공간에서 여러 대의 컴퓨터, 단말기, 프린터 등을 서로 연결하여 데이터 공유, 부하의 분산 및 신뢰성을 향상시킬 목적으로 설치하는 것은?

① BPS　　② PSTN

③ MODEM　　④ LAN

● 정답　3. ①　4. ②　5. ③　6. ④

3 CAD 시스템의 입력 장치

(1) 키보드(keyboard)

키보드

키마다 ASCII 코드에 따른 고유한 값이 정해져 있으며, 데이터의 입력이나 명령어의 입력에 주로 사용된다.

(2) 태블릿(tablet)

태블릿은 주로 좌표 입력, 메뉴의 선택, 커서의 제어 등에 사용되며, 보통 50cm 이하의 소형의 것을 말한다. 대형의 것은 디지타이저(digitizer)라 부르며, 태블릿과는 구분하고 있으나 기능은 동일하다.

(3) 마우스(mouse)

마우스

마우스는 손에 넣을 수 있을 만한 크기로 테이블(table) 위에서 이를 이동시키면 디스플레이 화면 중의 십자 마크(커서)를 이동시켜서 그래픽 디스플레이에 표시된 도형이나 스크린상의 메뉴를 일치시켜 버튼을 살짝 누르면 도형 데이터가 인식되거나 명령어가 입력된다. 또 그래픽적인 좌표 입력도 가능하다.

(4) 조이스틱(joystick)

마우스와 같이 화면상의 도형 인식이나 메뉴를 지시하는 데 사용되며, 스틱(stick)을 움직이는 방향에 대응하여 십자 마크(커서)가 화면 중에 이동한다.

핵·심·문·제

7. CAD 시스템의 데이터 입력 장치가 아닌 것은?
① 플로터 ② 마우스
③ 조이스틱 ④ 태블릿

8. 다음 중 커서(cursor)의 설명으로 옳은 것은?
① 화면을 나타내는 기본 단위이다.
② CAD의 처리 속도를 나타내는 단위이다.
③ 화면에서 텍스트와 그래픽 화면을 전환하는 요소이다.
④ 화면에서 물체의 특정 위치를 인식하고 조정하는 역할을 한다.

9. 다음 중 CAD 시스템의 입력 장치에 해당되는 것은 어느 것인가?
① 조이스틱 ② 플로터
③ 프린터 ④ 모니터

10. 다음 중 CAD 시스템의 입력 장치가 아닌 것은 어느 것인가?
① 디지타이저(digitizer)
② 마우스(mouse)
③ 플로터(plotter)
④ 라이트 펜(light pen)

(5) 컨트롤 다이얼(control dial)

도형을 확대 · 축소, 이동 · 회전하는 경우 손쉽게 사용할 수 있도록 되어 있다. 각각의 다이얼에 x 방향 · y 방향 · z 방향 이동, x축 · y축 · z축 회전, 확대 · 축소 등의 기능이 있다.

(6) 기능키(function key)

10개에서 30개의 버튼이 나란히 배열되어 있으며 각 버튼은 각각의 기능이 있다. 버튼을 누르면 도형의 작성이나 이동, 복사 등의 명령을 손쉽게 CAD 시스템에 내릴 수 있다. 영문 · 숫자, 특수 문자의 입력이나 도형의 인식 등은 기능 키를 이용할 수 없다.

(7) 트랙 볼(track ball)

마우스와 같은 기능이 있으며, 볼을 손으로 회전시키면 그에 대응하여 디스플레이상의 십자 마크(커서)가 이동하게 된다.

(8) 라이트 펜(light pen)

그래픽 스크린상에서 특정 위치나 도형을 지정하거나 자유로운 스케치, 그래픽 스크린상의 메뉴를 통한 커맨드(command) 선택이나 데이터 입력 등에 사용된다. 그래픽 스크린상에 접촉한 자리의 빛을 인식하는 장치로, 광 다이오드나 광 트랜지스터 또는 광선 감지기를 사용한다.

라이트 펜은 그래픽 디스플레이의 종류 중 랜덤 스캔(random scan)형, 래스터 스캔(raster scan)형 등의 리프레시(refresh)형에만 사용할 수 있다.

핵 · 심 · 문 · 제

11. 커서 제어 장치로 CRT상에서 방출되는 빛을 검출하여 재료를 선정하는 장치는?

① mouse
② light-pen
③ key board
④ digitizer

12. 컴퓨터 입력 장치 중 무엇에 대한 설명인가?

> 보기
> 광전자 센서(sensor)가 부착되어 그래픽 스크린상에 접촉하여 특정 위치나 도형을 지정하거나 명령어 선택, 좌표 입력이 가능하다.

① 조이스틱(joystick)
② 태블릿(tablet)
③ 마우스(mouse)
④ 라이트 펜(light pen)

13. 다음의 입력 장치 중 스크린에 직접 접촉하면서 데이터를 입력하는 것은?

① 태블릿
② 마우스
③ 조이스틱
④ 라이트 펜

4 CAD 시스템의 출력 장치

출력 장치는 CAD 시스템 내부에 수학적인 데이터로 저장되어 있는 정보를 인간이 쉽게 파악할 수 있도록 나타내는 장치로 다음과 같이 분류한다.

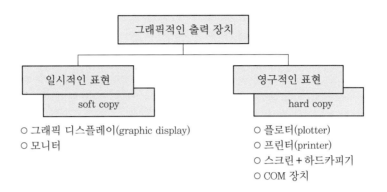

① 컬러 디스플레이 : 컬러 디스플레이의 기본 색상은 R(빨강), G(초록), B(파랑)이다.
② COM(computer output microfilm) 장치 : 플로터가 종이 위에 영상을 표현하는 대신 마이크로필름으로 출력하는 기기이다.

5 CAD 시스템의 저장 장치

주기억 장치는 중앙 처리 장치와 직접 자료를 교환할 수 있는 장치이며, 보조 기억 장치는 중앙 처리 장치와 직접 자료를 교환할 수 없고 주기억 장치를 통해서만 자료 교환이 가능한 기억 장치이다. 보조 기억 장치에는 하드 디스크, CD, 플로피 디스크 등이 있다.

핵·심·문·제

14. 다음 CAD 시스템의 입출력 장치 중 출력 장치에 해당하는 것은?
① 마우스　　　　② 스캐너
③ 하드 카피　　　④ 태블릿

15. 컬러 디스플레이의 기본 색상이 아닌 것은?
① 빨강 : R　　　② 파랑 : B
③ 노랑 : Y　　　④ 초록 : G

16. CAD 시스템에서 그려진 도면 요소를 용지에 출력하는 장치는?
① 모니터　　　　② 플로터
③ LCD　　　　　④ 디지타이저

17. CAD 시스템 중에서 데이터 저장 장치가 아닌 것은?
① 플로피 디스크　② 하드 디스크
③ CD　　　　　④ 태블릿

•정답 14. ③　15. ③　16. ②　17. ④

2. 도면 작성

2-1 2D 좌표계 활용

1 절대좌표와 상대좌표

(1) 절대좌표

X축, Y축이 이루는 평면에서 두 축이 교차하는 지점을 원점(0, 0)으로 지정하고, 원점으로부터의 거리를 X, Y값으로 좌표를 표시한다.

(2) 상대좌표

마지막에 입력한 점을 기준점으로 X축과 Y축의 변위를 좌표로 표시한다.

(3) 상대극좌표

마지막에 입력한 점을 기준점으로, 기준점으로부터의 거리와 X축이 이루는 각도로 표시한다.

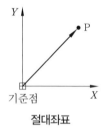
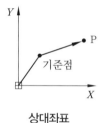

절대좌표   상대좌표   상대극좌표

핵·심·문·제

1. CAD 시스템에서 마지막 입력점을 기준으로 다음 점까지의 직선 거리와 기준 직교축과 그 직선이 이루는 각도로 입력하는 좌표계는?

① 절대좌표계   ② 구면좌표계
③ 원통좌표계   ④ 상대 극좌표계

2. CAD 시스템에서 도면상 임의의 점을 입력할 때 변하지 않는 원점(0, 0)을 기준으로 정한 좌표계는?

① 상대좌표계   ② 상승좌표계
③ 증분좌표계   ④ 절대좌표계

3. 그림과 같이 점 A에서 점 B로 이동하려고 한다. 좌표계 중 어느 것을 사용해야 하는가? (단, A, B 점의 위치는 알 수 없다.)

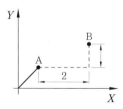

① 상대좌표   ② 절대좌표
③ 극좌표   ④ 원통좌표

2 좌표 입력방식

(1) 절대좌표 입력방식

도면 영역에서 현재 좌표계의 원점(0, 0)을 기준으로 X, Y 두 축으로부터의 거리로 표시된다. 쉼표(,)에 의해 분리된 x, y의 형식으로 입력한다. **예** (50, 10)

(2) 상대좌표 입력방식

처음 시작하는 위치에 대해 먼저 상대 원점을 지정하기 위한 절대좌표를 입력한 다음 두 번째 위치부터는 좌푯값 앞에 "@"을 붙이고, 이전 입력된 점을 기준으로 X와 Y축의 증분 거리로 입력한다. **예** (@−40, 0)

(3) 극좌표 입력방식

절대좌표와 상대좌표 입력이 모두 가능하며 거리와 각도로 입력한다. 각도는 X축의 양의 방향에 대한 반시계 방향의 각도이며 앞에 "<"를 붙인다.

예 절대극좌표 : 50<10, 상대극좌표 : @20<15

핵·심·문·제

4. 도면의 원점으로부터 X축 방향으로 120mm, Y축 방향으로 80mm 떨어진 위치의 좌표를 절대좌표로 입력한 것은?

① 120, 80
② 80, 120
③ X120, Y80
④ 120−80

5. P_1의 좌표가 (36, 28)이고 P_2의 좌표가 (36, 25)라고 할 때, P_1을 먼저 입력한 후 P_2를 상대좌표 방식으로 입력한 것은?

① 0, @−3
② @0, −3

③ 0, −3@
④ 3<−90

6. 다음과 같은 그림에서 그림의 P_1을 극좌표로 입력한 것으로 옳은 것은?

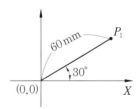

① 30^60
② 60^30
③ 30<60
④ 60<30

3 동차 변환 행렬

(1) 2차원에서 동차 좌표에 의한 행렬

2차원에서 HC의 일반적인 행렬은 3×3 변환 행렬이 되며 다음과 같이 나타낼 수 있다.

$$T_H = \begin{bmatrix} a & b & p \\ c & d & q \\ m & n & s \end{bmatrix}$$

여기서 a, b, c, d는 스케일링(scaling), 회전(rotation) 및 전단(shearing) 등에 관계되고 m 과 n은 이동(translation), p, q는 투사(projection), s는 전체적인 스케일링(overall scaling) 에 관계된다.

(2) 3차원에서 동차 좌표에 의한 행렬

3차원 변환은 2차원 변환에 z축에 대한 개념을 추가하여 다음과 같이 나타낼 수 있다.

$$T_H = \begin{bmatrix} a & d & g & 0 \\ b & e & h & 0 \\ c & f & i & 0 \\ j & k & l & s \end{bmatrix}$$

- a, b, c, d, e, f, g, h, i : 회전과 개별 스케일링
- j, k, l : x축, y축 및 z축의 평행 이동
- s : 전체 스케일링

핵·심·문·제

7. 다음은 2차원에서의 변환 행렬이다. 틀린 것은?

$$T_H = \begin{bmatrix} a & b & p \\ c & d & q \\ m & n & s \end{bmatrix}$$

① a, b, c, d는 회전(rotation), 스케일링 (scaling)에 관계된다.
② p, q는 대칭 변환에 관계된다.
③ m, n은 이동(translation)에 관계된다.
④ s는 전체적인 스케일링(overall scaling)에 관계된다.

8. 동차 좌표계(homogeneous coordinate system)를 이용하는 경우 2차원 CAD에서 최대 좌표 변환 행 렬은?

① 2×2 ② 4×4
③ 3×3 ④ 3×4

9. 3차원 CAD에서 최대 변환 매트릭스는?

① 2×2 ② 3×3
③ 4×4 ④ $n \times n$

2-2 도형의 작도 및 수정

(1) 도형의 작도

① 선(line) : 선 객체는 공간상의 두 지점 사이를 최단 거리로 연결하는 형상이다. 명령 옵션은 '선(line)'이며 수직, 수평, 경사선과 연속되는 세그먼트를 가진 선을 작도할 수 있다.

② 원(circle) : 원의 명령 옵션은 중심점-반지름, 중심점-지름, 2점, 3점, 접선-접선-반지름, 접선-접선-접선 등이 있으며, 이를 이용하여 작도할 수 있다. 2점 원은 두 점을 지름으로 하는 원이 작도된다.

③ 호(arc) : 호는 중심점(C)을 기준으로 시작점(S) 및 끝점(E)을 잇는 현으로 구성되며 반지름(radius), 각도(angle), 현의 길이 및 방향값으로 조합하여 작도할 수 있다.

④ 직사각형(rectangle) : 길이, 폭, 영역 및 회전 매개변수를 지정할 수 있으며, 옵션으로 모따기(chamfer), 모깎기(fillet) 등을 이용하여 구석 유형을 조정할 수 있다.

⑤ 폴리선(polyline) : 선(line)과 호(arc) 세그먼트들을 조합하여 하나의 객체로 작도할 수 있는 기능으로, 복합 개체인 폴리선은 선과 호의 단일 객체로 분해할 수 있다.

⑥ 폴리곤(polygon) : 폴리선으로 다각형을 작도하는 기능으로, 5각형부터 128각형까지 가능하다.

⑦ 스플라인(spline) : 점들이 집합에 의해 정의되는 부드러운 곡선으로, 곡선이 점과 일치하는 정도를 조정할 수 있다. 명령 옵션으로 매서드(M), 매듭(K), 객체(C), 다음 점, 시작 접촉부(T), 끝 접촉부(T), 공차(L), 각도(D), 명령 취소(U), 닫기(C) 등을 사용한다.

⑧ 타원(ellipse) : 장축과 단축으로 구성된 도형이며, 일반적으로 작도법은 중심점을 지정하고 장축과 단축의 끝점들을 지정하여 작도한다.

⑨ 도넛(donut) : 폭(width)을 갖는 닫힌 폴리선으로, 솔리드로 채워진 원 또는 원환을 작성하는 데 사용한다.

핵·심·문·제

1. 2D 도면에서 선과 호 세그먼트들을 조합하여 하나의 객체로 작도할 수 있는 작도 기능은?

① 타원
② 도넛
③ 폴리선
④ 스플라인

2. 다음 중 2D 도면에서 원을 작도하는 옵션이 아닌 것은 어느 것인가?

① 2점
② 3점
③ 접선-접선
④ 중심점-반지름

(2) 도형 수정

① 객체 간격 띄우기(offset) : 도면 객체를 거리나 통과점 등을 지정하여 평행하게 생성한다. 명령 옵션으로는 간격 띄우기 거리, 통과점(T), 지우기(E), 도면층(L) 등이 있다.

② 자르기(trim) : 다른 객체에 의해 선택된 객체를 자른다. 명령 옵션으로 울타리(F), 걸치기 (C), 프로젝트(P), 모서리(E), 지우기(R) 등이 있다.

③ 연장(extend) : 다른 객체의 경계 모서리와 만나도록 연장하는 기능이다.

④ 복사(copy) : 원본 객체로부터 지정된 거리 및 방향에 객체의 복사본을 만드는 기능이다.

⑤ 이동(move) : 객체를 지정된 방향 및 지정된 거리만큼 이동하는 기능이다.

⑥ 스케일(scale) : 선택한 객체를 확대 또는 축소할 수 있는 기능이다.

⑦ 배열(array) 명령 : 규칙적인 매트릭스(열과 행) 패턴으로 선택된 객체들의 다중 복사를 만드는 기능이다. 배열(array) 명령어에는 다음과 같은 세 가지 유형의 배열이 있다.

    ㈎ 직사각형(rectangle)

    ㈏ 경로(path)

    ㈐ 원형(circular)

핵 · 심 · 문 · 제

3. 2D 도면에서 도형을 작도할 경우 아래의 왼쪽 그림을 오른쪽과 같이 수정하고자 할 때 필요한 명령은 어느 것인가?

① offset   ② trim
③ extend   ④ copy

4. 2D 도면을 작성할 때 도형 작도 명령으로 그려진 객체를 확대 또는 축소할 수 있는 명령어는 다음 중 어느 것인가?

① line   ② arc
③ array   ④ scale

5. 2D 도면을 작도할 때 1번 도형을 그림과 같이 원주상에 두 개 더 배치하는 데 적합한 명령은?

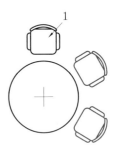

① move   ② scale
③ array   ④ circle

6. 2D 도면 작성에 사용되는 배열 명령의 유형이 아닌 것은?

① path   ② circular
③ rectangle   ④ polygon

2-3 도면 편집 명령어와 단축키

오토캐드(AutoCAD)에서 사용되는 주요 명령어와 기본 단축키는 아래 표와 같다.

명령어	단축키	내 용	명령어	단축키	내 용
LINE	L	선	ERASE	E	지우기
CIRCLE	C	원	RECTARANG	REC	직사각형
POLYGON	POL	다각형	ARC	A	호
ELLIPSE	EL	타원	OFFSET	O	간격 띄우기
CHAMFER	CHA	모따기	FILLET	F	모깎기
MIRROR	MI	대칭	MOVE	M	이동
PLINE	PL	폴리선	ARRAY	AR	배열
MTEXT	MT	다중행문자	SCALE	SC	축적
HATCH	H/BH	해치	BLOCK	B	블록
INSERT	I	삽입	EXTENT	EX	연장
ROTATE	RO	회전	BREAK	BR	끊기
EXPLODE	X	분해	JOIN	J	선 잇기
ZOOM	Z	줌	DIVIDE	DIV	등분할
MEASURE	ME	길이 분할	LENGTHEN	LEN	길이 조정

핵 · 심 · 문 · 제

1. 2D 도면을 작성할 때 사용되는 도면 편집 명령어 중 직선을 그리기 위한 명령어는?
   ① LINE   ② POLYGON
   ③ PLINE   ④ HATCH

2. 2D 도면을 작성할 때 사용되는 도면 편집 명령어 중 객체를 삽입하기 위한 명령어는?
   ① ELLIPSE   ② MIRROR
   ③ INSERT   ④ EXPLODE

3. 2D 도면을 작성할 때 사용되는 도면 편집 명령어 중 객체를 지우기 위한 명령어 단축키는?
   ① C   ② Z
   ③ F   ④ E

4. 2D 도면을 작성할 때 사용되는 도면 편집 명령어 중 객체를 이동시키기 위한 명령어 단축키는?
   ① M   ② PL
   ③ AR   ④ DIV

• 정답 1. ① 2. ③ 3. ④ 4. ①

2-4 투상법

1 투상법의 종류

어떤 입체물을 도면으로 나타내려면 그 입체를 어느 방향에서 보고 어떤 면을 그렸는지 명확히 밝혀야 한다. 공간에 있는 입체물의 위치, 크기, 모양 등을 평면 위에 나타내는 것을 투상법이라 한다.

이때 평면을 투상면이라 하고, 투상면에 투상된 물건의 모양을 투상도(projection)라고 한다. 투상법의 종류는 다음과 같다.

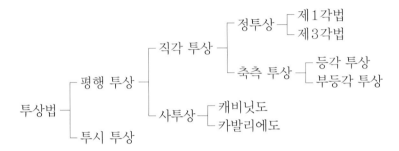

투상법의 종류

(1) 정투상법

물체를 직육면체 모양의 유리 상자 속에 넣고 바깥에서 들여다보면 물체를 유리판에 투상하여 보고 있는 것과 같다. 이때 투상선이 투상면에 대하여 수직으로 되어 투상하는 것을 정투상법(orthographic projection)이라 한다.

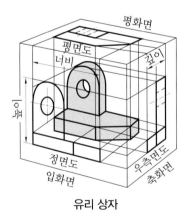

유리 상자

물체를 정면에서 투상하여 그린 그림을 정면도(front view), 위에서 투상하여 그린 그림을 평면도(top view), 옆에서 투상하여 그린 그림을 측면도(side view)라 한다.

(2) 축측 투상법

정투상도로 나타내면 평행 광선에 의해 투상이 되기 때문에 경우에 따라서는 선이 겹쳐서 이해하기가 어려울 때가 있다. 이를 보완하기 위해 경사진 광선에 의해 투상하는 것을 축측 투상법이라 한다. 축측 투상법의 종류에는 등각 투상도, 부등각 투상도가 있다.

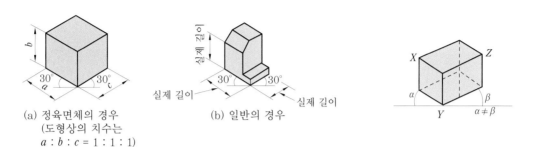

(a) 정육면체의 경우
(도형상의 치수는 $a : b : c = 1 : 1 : 1$)

(b) 일반의 경우

등각 투상도

부등각 투상도

 핵·심·문·제

1. 평화면에 수직인 직선은 입화면에 어떻게 나타나는가?

① 축소되어 나타난다.
② 점으로 나타난다.
③ 수직으로 나타난다.
④ 실제 길이로 나타난다.

2. 등각 투상도에 대한 설명으로 틀린 것은?

① 등각 투상도는 정면도와 평면도, 측면도가 필요하다.
② 정면, 평면, 측면을 하나의 투상도에서 동시에 볼 수 있다.
③ 직육면체에서 직각으로 만나는 3개의 모서리는 120°를 이룬다.
④ 한 축이 수직일 때에는 나머지 두 축은 수평선과 30°를 이룬다.

3. 다음 중 물체를 입체적으로 나타낸 도면이 아닌 것은 어느 것인가?

① 투시도　　② 등각도
③ 캐비닛도　　④ 정투상도

4. 원을 등각 투상법으로 투상하면 어떻게 나타나는가?

① 진원　　② 타원
③ 마름모　　④ 직사각형

5. 등각 투상도에 대한 설명으로 틀린 것은?

① 원근감을 느낄 수 있도록 하나의 시점과 물체의 각 점을 방사선으로 이어서 그린다.
② 정면, 평면, 측면을 하나의 투상도에서 동시에 볼 수 있다.
③ 직육면체에서 직각으로 만나는 3개의 모서리는 120°를 이룬다.
④ 한 축이 수직일 때에는 나머지 두 축은 수평선과 30°를 이룬다.

6. 물체를 입체적으로 나타내는 특수 투상도가 아닌 것은?

① 투시 투상도
② 등각 투상도
③ 사투상도
④ 정투상도

· 정답 1. ④　2. ①　3. ④　4. ②　5. ①　6. ④

(3) 사투상법

정투상도에서 정면의 크기와 모양은 그대로 사용하고, 평면도와 우측면도를 경사시켜 그리는 투상법을 사투상법이라 한다. 사투상법의 종류에는 카발리에도와 캐비닛도가 있다.

경사각은 임의의 각도로 그릴 수 있으나 일반적으로 30°, 45°, 60°로 그린다.

실제 길이로 그린다
(a) 카발리에도

실제 길이의 $\frac{1}{2}$ 로 그린다
(b) 캐비닛도

사투상도

(4) 투시도법

시점과 물체의 각 점을 연결하는 방사선에 의하여 그리는 것으로, 원근감이 있어 건축 조감도 등 건축 제도에 널리 쓰인다.

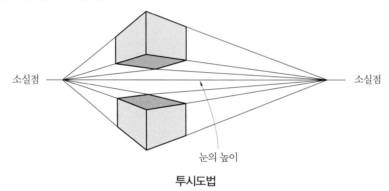
소실점 소실점
눈의 높이
투시도법

핵·심·문·제

7. 정면, 평면, 측면을 하나의 투상면 위에서 동시에 볼 수 있도록 그린 도법은?
① 보조 투상도 ② 단면도
③ 등각 투상도 ④ 전개도

8. 다음 설명과 관련된 투상법은?

• 하나의 그림으로 대상물의 한 면(정면)만 중점적으로 엄밀, 정확하게 표시할 수 있다.
• 물체를 투상면에 대하여 한쪽으로 경사지게 투상하여 입체적으로 나타낸 것이다.

① 사투상법 ② 등각 투상법
③ 투시 투상법 ④ 부등각 투상법

9. 다음 그림과 같이 정면은 정투상도의 정면도와 같고 옆면 모서리를 수평선과 임의 각도로 하여 그린 투상도는?
① 등각 투상도
② 부등각 투상도
③ 사투상도
④ 투시 투상도
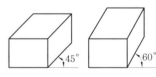
45° 60°

10. 멀고 가까운 거리감을 느낄 수 있도록 하나의 시점과 물체의 각 점을 방사선으로 이어서 그리는 도법은?
① 등각 투상도 ② 부등각 투상도
③ 사투상도 ④ 투시 투상도

2 제1각법과 제3각법

(1) 투상각

서로 직교하는 투상면의 공간을 그림과 같이 4등분한 것을 투상각이라 한다. 기계 제도에서는 제3각법에 의한 정투상법을 사용함을 원칙으로 한다. 다만, 필요한 경우에는 제1각법에 따를 수도 있다. 이때 투상법의 기호를 표제란 또는 그 근처에 나타낸다.

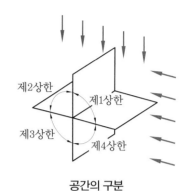

공간의 구분

① 제1각법 : 물체를 제1상한에 놓고 투상하며, 투상면의 앞에 물체를 놓는다. 즉, 순서는 그림과 같이 눈 → 물체 → 화면이다.

② 제3각법 : 물체를 제3상한에 놓고 투상하며, 투상면의 뒤에 물체를 놓는다. 즉, 순서는 그림과 같이 눈 → 화면 → 물체의 순서이다.

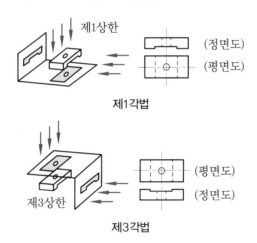

 핵 · 심 · 문 · 제

11. 다음 중 제3각법에 대한 설명이 아닌 것은?

① 투상도는 정면도를 중심으로 하여 본 위치와 같은 쪽에 그린다.

② 투상면 뒤쪽에 물체를 놓는다.

③ 정면도 위쪽에 평면도를 그린다.

④ 정면도의 좌측에 우측면도를 그린다.

12. 정투상법에 관한 설명 중 틀린 것은?

① 한국산업표준에서는 제3각법으로 도면을 작성하는 것을 원칙으로 한다.

② 한 도면에 제1각법과 제3각법을 혼용하여 사용해도 된다.

③ 제3각법은 '눈→투상면→물체' 순으로 놓고 투상한다.

④ 제1각법에서 평면도는 정면도 밑에, 우측면도는 정면도 좌측에 배치한다.

(2) 투상법의 기호

제1각법, 제3각법을 특별히 명시해야 할 때에는 표제란 또는 그 근처에 '1각법' 또는 '3각법'
이라 기입하고 문자 대신 [그림]과 같은 기호를 사용한다.

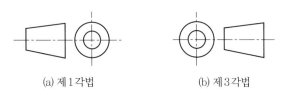

(a) 제1각법   (b) 제3각법

투상법의 기호

(3) 투상면의 배치

제1각법에서 평면도는 정면도의 바로 아래에 그리고 측면도는 투상체를 왼쪽에서 보고 오
른쪽에 그리므로 비교 · 대조하기가 불편하지만, 제3각법은 평면도를 정면도 바로 위에 그리고
측면도는 오른쪽에서 본 것을 정면도의 오른쪽에 그리므로 비교 · 대조하기가 편리하다.

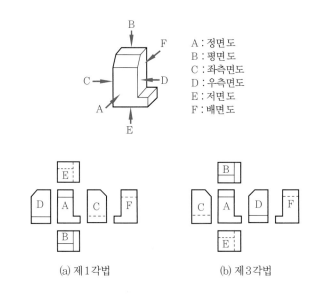

A : 정면도
B : 평면도
C : 좌측면도
D : 우측면도
E : 저면도
F : 배면도

(a) 제1각법   (b) 제3각법

투상면의 배치

핵 · 심 · 문 · 제

13. 정투상법으로 물체를 투상하여 정면도를 기준
으로 배열할 때 제1각법 또는 제3각법에 관계없이
배열의 위치가 같은 투상도는?

① 저면도   ② 좌측면도
③ 평면도   ④ 배면도

14. 정투상법의 제1각법에 의한 투상도의 배치에서
정면도의 위쪽에 놓이는 것은?

① 우측면도   ② 평면도
③ 배면도   ④ 저면도

• 정답 13. ④ 14. ④

2–5 투상도의 표시 방법

1 투상도의 선택

① 정면도에는 대상물의 모양과 기능을 가장 명확하게 표시하는 면을 그린다. 또한, 대상물을 도시하는 상태는 도면의 목적에 따라 다음 중 하나에 따른다.

㈎ 조립도와 같이 기능을 표시하는 도면에서는 대상물을 사용하는 상태

㈏ 부품도와 같이 가공하기 위한 도면에서는 가공에 있어서 도면을 가장 많이 이용하는 공정에서 대상물을 놓는 상태

㈐ 특별한 이유가 없는 경우는 대상물을 가로 길이로 놓은 상태

② 주투상도를 보충하는 다른 투상도는 되도록 적게 하고, 주투상도만으로 표시할 수 있는 것에 대해서는 다른 투상도를 그리지 않는다.

③ 서로 관련되는 그림의 배치는 되도록 숨은선을 쓰지 않도록 한다[그림 (a)]. 다만, 비교·대조하기 불편할 경우는 예외로 한다[그림 (b)].

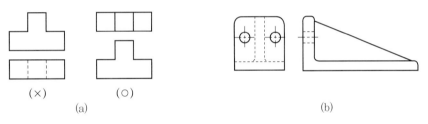

(×)　(○)
(a)　(b)

관계도의 배치

 핵·심·문·제

1. 기계 제도에서 투상도의 선택 방법에 대한 설명으로 틀린 것은?

① 계획도, 조립도 등 기능을 나타내는 도면에서는 대상물을 사용하는 상태로 놓고 그린다.
② 부품을 가공하기 위한 도면에서는 가공 공정에서 대상물이 놓인 상태로 그린다.
③ 정면도에서는 대상물의 모양이나 기능을 가장 뚜렷하게 나타내는 면을 그린다.
④ 정면도를 보충하는 다른 투상도는 되도록 크게 그리고 많이 그린다.

2. 다음의 투상도 선정과 배치에 관한 설명 중 틀린 것은?

① 물체의 모양과 특징을 가장 잘 나타낼 수 있는 면을 정면도로 선정한다.
② 길이가 긴 물체는 길이 방향으로 놓은 자연스러운 상태로 그린다.
③ 투상도끼리 비교 대조가 용이하도록 투상도를 선정한다.
④ 정면도 하나로 그 물체의 형태를 알 수 있어도 측면이나 평면도를 꼭 그려야 한다.

•정답 1. ④ 2. ④

2 보조 투상도

경사면부가 있는 물체는 정투상도로 그리면 물체의 실형을 나타낼 수 없으므로 오른쪽 그림과 같이 경사면과 맞서는 위치에 보조 투상도를 그려 경사면의 실형을 나타낸다.

도면의 관계 등으로 보조 투상도를 경사면에 맞서는 위치에 배치할 수 없는 경우에는 그 뜻을 화살표와 영문자의 대문자로 나타낸다[그림 (a)]. 또한 [그림 (b)]와 같이 구부린 중심선에서 연결하여 투상 관계를 나타내도 좋다.

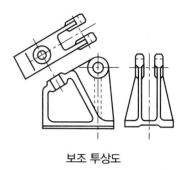

보조 투상도

한편, 보조 투상도의 배치 관계가 분명하지 않을 경우에는 [그림 (c)]와 같이 글자의 각각에 상대방 위치의 도면 구역의 구분 기호를 써넣는다.

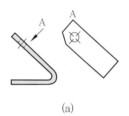
(a)

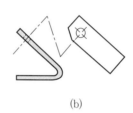
(b)

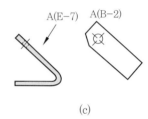
(c)

보조 투상도의 배치

 핵·심·문·제

3. 투상도의 표시 방법에서 보조 투상도에 관한 설명으로 적합한 것은?

① 복잡한 물체를 절단하여 투상한 것
② 홈, 구멍 등 특정 부위만 도시한 투상도
③ 특정 부분의 도형이 작아서 그 부분만 확대하여 그린 투상도
④ 경사면부가 있는 물체의 경사면과 마주 보는 위치에 그린 투상도

4. 투상도의 표시 방법에 대한 설명으로 틀린 것은?

① 주투상도는 대상물의 모양, 기능을 가장 명확하게 나타낼 수 있는 면을 선택하여 그린다.
② 서로 관련되는 그림의 배치는 되도록 숨은

선을 쓰지 않도록 한다.
③ 보조 투상도는 대상물의 구멍, 홈 등 일부 모양을 확대하여 도시한 것이다.
④ 주투상도를 보충하는 다른 투상도는 되도록 적게 한다.

5. 다음 그림과 같은 투상도의 명칭은?

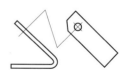

① 부분 투상도   ② 보조 투상도
③ 국부 투상도   ④ 회전 투상도

3 특수 투상도

(1) 회전 투상도

투상면이 어느 각도를 가지고 있기 때문에 실형을 표시하지 못할 때에는 부분을 회전해서 그 실형을 도시할 수 있다. 또한, 잘못 볼 우려가 있을 경우에는 작도에 사용한 선을 남긴다.

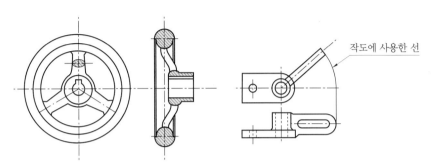

회전 투상도

(2) 부분 투상도

그림의 일부를 도시하는 것으로 충분한 경우에는 필요한 부분만을 부분 투상도로 표시한다. 이 경우에는 생략한 부분과의 경계를 파단선으로 나타낸다.

다만, 명확한 경우에는 파단선을 생략해도 좋다.

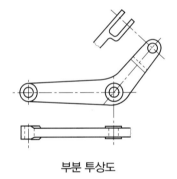

부분 투상도

핵 · 심 · 문 · 제

6. 보스에서 어느 각도만큼 암이 나와 있는 물체 등을 정투상도에 의해 나타내면 제도하기 어렵고 이해하기 곤란해진다. 이럴 경우, 그 부분을 투상면에 평행한 위치까지 회전시켜 실제 길이가 나타날 수 있도록 그린 투상도는?

① 회전 투상도
② 국부 투상도
③ 보조 투상도
④ 부분 투상도

7. 그림과 같이 부품의 일부를 도시하는 것으로 충분한 경우 그 필요 부분만을 도시하는 투상도는?

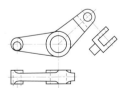

① 회전 투상도   ② 부분 투상도
③ 국부 투상도   ④ 부분 확대도

(3) 국부 투상도

대상물의 구멍, 홈 등 한 국부만의 모양을 도시하는 것으로 충분한 경우에는 필요한 부분을 국부 투상도로 나타낸다. 투상 관계를 나타내기 위하여 그 원칙으로 주된 그림에 중심선, 기준선, 치수 보조선 등으로 연결한다.

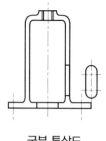

국부 투상도

(4) 부분 확대도

특정 부분의 도형이 작아서 그 부분의 상세한 도시나 치수 기입을 할 수 없을 때에는 그 부분을 가는 실선으로 에워싸고, 영문자의 대문자로 표시함과 동시에 그 해당 부분을 다른 장소에 확대하여 그리고, 표시하는 글자 및 척도를 기입한다. 다만, 확대한 그림의 척도를 나타낼 필요가 없는 경우에는 척도 대신 '확대도'라고 표기해도 좋다.

(5) 전개 투상도

구부러진 판재를 만들 때에는 공작상 불편하므로 실물을 정면도에 그리고 평면도에 전개도를 그린다.

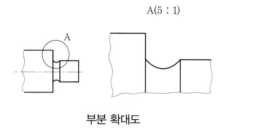

부분 확대도

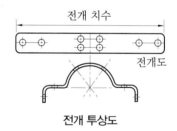

전개 투상도

 핵 · 심 · 문 · 제

8. 국부 투상도의 설명에 해당하는 것은?

① 대상물의 구멍, 홈 등과 같이 한 부분의 모양을 도시하는 것으로 충분한 경우의 투상도
② 그림의 특정 부분만 확대하여 그린 그림
③ 복잡한 물체를 절단하여 투상한 것
④ 물체의 경사면에 맞서는 위치에 그린 투상도

9. 부분 확대도의 도시 방법으로 틀린 것은?

① 특정 부분의 도형이 작아서 그 부분을 확대하여 나타내는 표현 방법이다.
② 확대할 부분을 굵은 실선으로 에워싸고 한글이나 알파벳 대문자로 표시한다.
③ 확대도에는 치수 기입과 표면 거칠기를 표시할 수 있다.
④ 확대한 투상도 위에 확대를 표시하는 문자기호와 척도를 기입한다.

•정답 8. ① 9. ②

2-6 투상도의 해독

(1) 투상도의 누락된 부분 완성하기

투상도를 해독한다는 것은 투상도를 보고 정투상 원리를 이용하여 머릿속에 그 물체의 형상을 재현시키는 것이다. 누락된 투상도를 완성하기 위해서는 투상도를 해독하여 물체의 형상을 완전히 이해해야 한다.

핵심 문제 1의 입체도

핵심 문제 2의 입체도

핵심 문제 3의 입체도

핵·심·문·제

1. 다음은 어떤 물체를 제3각법으로 투상하여 정면도와 우측면도를 나타낸 것이다. 평면도로 옳은 것은?

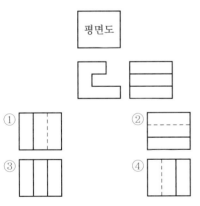

2. 어떤 물체를 제3각법으로 투상했을 때 평면도는?

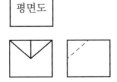

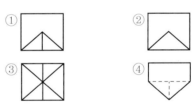

3. 다음 도면은 제3각법에 의한 정면도와 평면도이다. 우측면도를 완성한 것은?

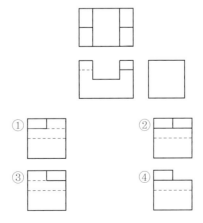

핵심 문제 4의 입체도

핵심 문제 5의 입체도

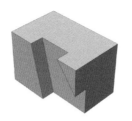
핵심 문제 6의 입체도

핵심 문제 7의 입체도

핵·심·문·제

4. 제3각법으로 투상한 그림과 같은 도면에서 누락된 평면도인 것은?

5. 다음 어떤 물체를 제3각법으로 투상하여 평면도와 우측면도를 나타낸 것이다. 정면도로 옳은 것은 어느 것인가?

6. 다음은 제3각법으로 그린 투상도이다. 평면도로 알맞은 것은?

7. 다음의 정면도에 해당하는 것으로 알맞은 것은?

·정답 4. ④ 5. ① 6. ③ 7. ②

핵심 문제 8의 입체도   핵심 문제 9의 입체도   핵심 문제 10의 입체도   핵심 문제 11의 입체도

 핵 · 심 · 문 · 제

8. 다음 그림과 같이 정면도와 우측면도가 주어졌을 때 평면도로 알맞은 것은?

10. 다음은 제3각법으로 정면도와 우측면도를 나타낸 것이다. 평면도로 옳은 것은?

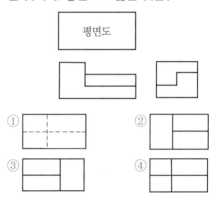

9. 어떤 물체를 제3각법으로 A는 정면도, B는 우측면도를 도시한 것이다. C에 알맞은 평면도는?

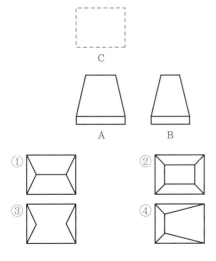

11. 어떤 물체를 제3각법으로 투상하여 정면도와 우측면도를 나타낸 것이다. 평면도로 옳은 것은?

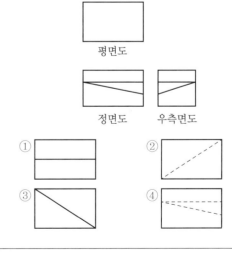

•정답 8. ① 9. ② 10. ② 11. ②

핵심 문제 12의 입체도　　핵심 문제 13의 입체도　　핵심 문제 14의 입체도　　핵심 문제 15의 입체도

 핵·심·문·제

12. 다음은 제3각법으로 정면도와 우측면도를 나타낸 것이다. ㉮에 들어갈 평면도로 알맞은 것은?

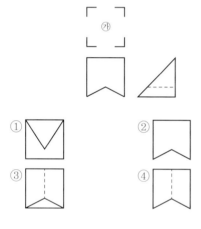

14. 정투상도에 있어서 누락된 투상도를 바르게 나타낸 것은?

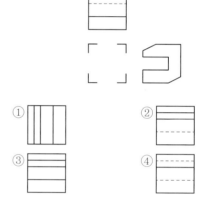

13. 제3각법에 의한 다음과 같은 정면도와 우측면도의 평면도로 가장 적합한 투상은?

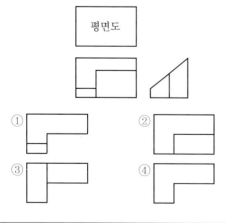

15. 다음 그림은 제3각법으로 나타낸 투상도이다. 평면도에 누락된 선을 완성한 것은?

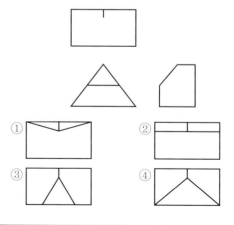

핵심 문제 16의 입체도

핵심 문제 17의 입체도

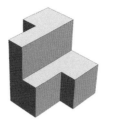

핵심 문제 18의 입체도

핵심 문제 19의 입체도

핵 · 심 · 문 · 제

16. 제3각법으로 표시된 다음 정면도와 측면도를 보고 평면도에 해당하는 것을 고르면?

①

②

③

④

17. 다음 도면은 제3각법에 의한 평면도와 우측면도이다. 평면도로 가장 적합한 것은?

①

②

③

④

18. 다음과 같은 제3각법 정투상도에서의 평면도에 해당하는 것은?

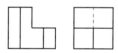

① ② ③ ④

19. 제3각법으로 투상한 그림과 같은 도면에서 누락된 평면도에 가장 적합한 것은?

①

②

③ ④

핵심 문제 20의 입체도

핵심 문제 21의 입체도

핵심 문제 22의 입체도

핵심 문제 23의 입체도

핵 · 심 · 문 · 제

20. 다음 정면도와 우측면도에 알맞은 평면도는?

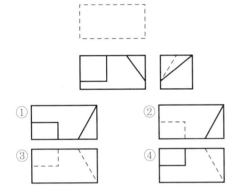

21. 정투상법에 따른 정면도와 우측면도를 나타낸 것이다. 평면도로 바른 것은?

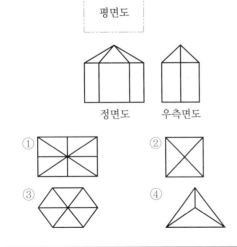

22. 어떤 물체를 제3각법으로 투상하여 정면도와 우측면도를 나타낸 것이다. 평면도로 옳은 것은?

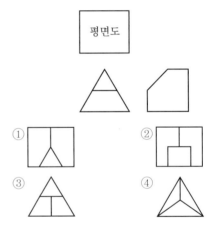

23. 다음 투상도의 평면도로 알맞은 것은? (제3각법의 경우)

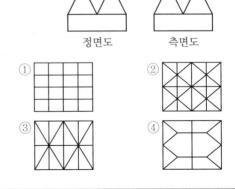

(2) 3각 투상도를 보고 입체도 완성하기

3각 투상도에 선이 나타나는 경우는 면의 선화도, 면의 교차선, 표면의 극한선 중의 하나이다. 인접한 투상도에 나타나는 대응하는 선 또는 점을 참고하여 면의 형상을 재현해서 입체도를 완성한다.

 핵·심·문·제

24. 다음과 같이 제3각법으로 그린 정투상도를 등각 투상도로 바르게 표현한 것은?

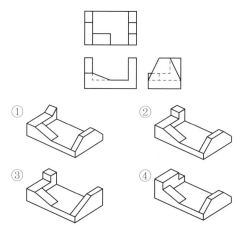

25. 다음은 어떤 물체를 보고 제3각법으로 그린 정투상도이다. 화살표 방향을 정면으로 보았을 때 등각 투상도로 올바른 것은?

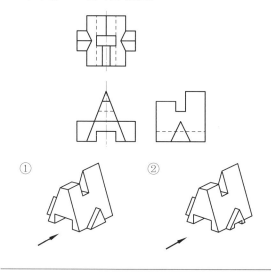

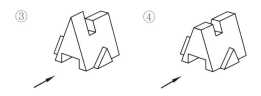

26. 다음 제3각법으로 나타낸 정투상도를 입체도로 바르게 나타낸 것은?

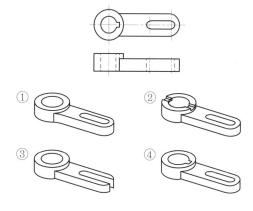

27. 다음은 제3각법으로 정투상한 도면이다. 등각 투상도로 적합한 것은?

정면도

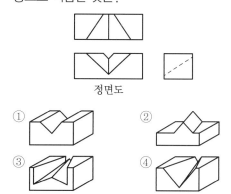

• 정답 **24.** ② **25.** ① **26.** ④ **27.** ④

(3) 입체도를 보고 3각 투상도 완성하기

다음과 같은 원리를 참고하여 정면도, 측면도, 평면도에 선을 작도한다.

① 투상면과 나란한 직선은 실장으로 나타난다.

② 투상면과 경사진 직선은 축소된 선으로 나타난다.

③ 투상면과 수직으로 만나는 직선은 점으로 나타난다.

핵·심·문·제

28. 다음의 등각 투상도에서 화살표 방향을 정면도로 하여 제3각법으로 투상하였을 때 맞는 것은?

①  ②

③   ④

29. 보기의 그림에서 화살표 방향이 정면도일 때 평면도를 올바르게 표시한 것은?

① ②

③ ④

30. 화살표 방향에서 본 투상도로 올바른 것은?

① ②

③ ④

31. 다음 등각 투상도를 보고 제3각법으로 도시하였을 때 바르게 도시된 것은?

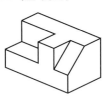

①  ②

③ 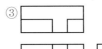 ④

(4) 정투상도 완성하기

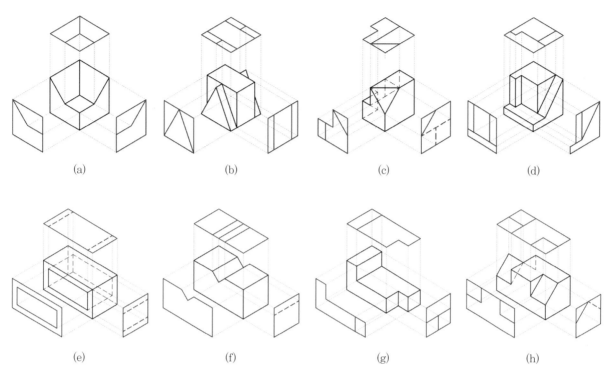

정투상도 완성하기의 예

핵 • 심 • 문 • 제

32. 다음 정투상도 중 틀린 것은? (제3각법의 경우)

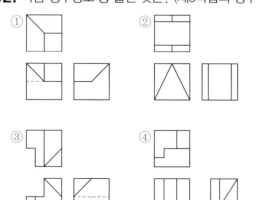

33. 제3각법으로 그린 3면도 투상도 중 잘못 그려진 투상이 있는 것은?

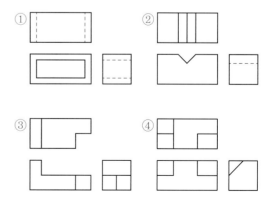

2-7 단면도

1 단면도의 표시 방법

(1) 단면도

물체 내부와 같이 볼 수 없는 것을 도시할 때 숨은선으로 표시하면 복잡하다. 이와 같은 부분을 절단하여 내부가 보이도록 하면 대부분의 숨은선이 없어지고 필요한 곳이 뚜렷하게 도시된다. 이와 같이 나타낸 도면을 단면도(sectional view)라고 한다.

(2) 단면도의 일반 규칙

단면도는 일반적으로 다음 규칙에 따른다.

① 단면도와 다른 도면과의 관계는 정투상법에 따른다.

② 절단면은 기본 중심선을 지나고 투상면에 평행한 면을 선택하되, 같은 직선상에 있지 않아도 된다.

③ 투상도는 전부 또는 일부를 단면으로 도시할 수 있다.

④ 단면에는 절단하지 않은 면과 구별하기 위하여 해칭(hatching)이나 스머징(smudging)을 한다. 또한 단면도에 재료 등을 표시하기 위해 특수한 해칭 또는 스머징을 할 수 있다.

⑤ 단면 뒤에 있는 숨은선은 물체가 이해되는 범위 내에서 되도록 생략한다.

⑥ 절단면의 위치는 다른 관계도에 절단선으로 나타낸다. 다만, 절단 위치가 명백할 경우에는 생략해도 좋다.

핵 · 심 · 문 · 제

1. 다음은 단면 표시법이다. 틀린 것은?

① 단면은 원칙적으로 기본 중심선에서 절단한 면으로 표시한다. 이때 절단선은 반드시 기입한다.

② 단면은 필요한 경우에는 기본 중심선이 아닌 곳에서 절단한 면으로 표시해도 좋다. 단, 이때에는 절단 위치를 표시해야 한다.

③ 숨은선은 단면에 되도록 기입하지 않는다.

④ 관련도는 단면을 그리기 위하여 제거했다고 가정한 부분도 그린다.

2. 절단선으로 대상물을 절단하여 단면도를 그릴 때의 설명으로 틀린 것은?

① 절단 뒷면에 나타나는 숨은선이나 중심선은 생략하지 않는다.

② 화살표는 단면을 보는 방향을 나타낸다.

③ 절단한 곳을 나타내는 표시 문자는 한글 또는 영문자의 대문자로 표시한다.

④ 절단면은 가는 1점 쇄선으로 표시하고, 절단선의 꺾인 부분과 끝부분은 굵은 실선으로 도시한다.

• 정답 1. ① 2. ①

2 단면도의 종류

(1) 온 단면도(full sectional view)

물체를 기본 중심선에서 모두 절단해서 도시한 단면도를 말한다. 이때 원칙적으로 절단면은 기본 중심선을 지나도록 한다. 기본 중심선이 아닌 곳에서 물체를 절단하여 필요 부분을 단면으로 도시할 수 있으며, 이 경우에는 절단선에 의해 절단 위치를 나타낸다.

또한, 단면을 보는 방향을 확실히 하기 위하여 화살표를 사용한다.

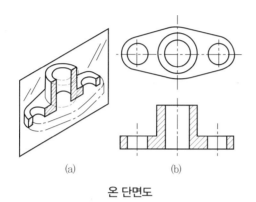

(a)　　　　(b)

온 단면도　　　　기본 중심선이 아닌 곳에서의 단면도

(2) 한쪽 단면도(half sectional view)

기본 중심선에 대칭인 물체의 $\frac{1}{4}$만 잘라내어 절반은 단면도로, 다른 절반은 외형도로 나타내는 단면법이다. 이 단면도는 물체의 외형과 내부를 동시에 나타낼 수 있으며, 절단선은 기입하지 않는다.

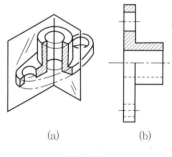

(a)　　　　(b)

한쪽 단면도

핵 · 심 · 문 · 제

3. 대칭형 물체를 기본 중심에서 $\frac{1}{2}$ 절단하여 그림과 같이 단면한 것은?

① 한쪽 단면도
② 온 단면도
③ 부분 단면도
④ 회전 단면도

4. 한쪽 단면도는 대칭 모양의 물체를 중심선을 기준으로 얼마나 절단하여 나타내는가?

① 전체　　　　② $\frac{1}{2}$

③ $\frac{1}{4}$　　　　④ $\frac{1}{3}$

(3) 부분 단면도(local sectional view)

외형도에 있어서 필요로 하는 요소의 일부분만을 부분 단면도로 표시할 수 있다. 이 경우 파단선에 의해 그 경계를 나타낸다.

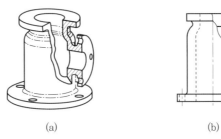

(a)   (b)

부분 단면도

(4) 회전 도시 단면도(revolved section view)

핸들이나 바퀴 등의 암 및 림, 리브, 훅, 축, 구조물의 부재 등의 절단면은 다음에 따라 90°회전하여 표시한다.

① 절단할 곳의 전후를 끊어서 그 사이에 그린다[그림 (a)].

② 절단선의 연장선 위에 그린다[그림 (b)].

③ 도형 내의 절단한 곳에 겹쳐서 가는 실선을 사용하여 그린다[그림 (c)].

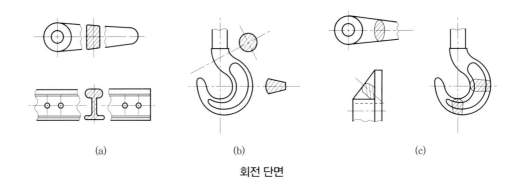

(a)   (b)   (c)

회전 단면

 핵·심·문·제

5. 다음 그림은 어느 단면도에 해당하는가?

① 온 단면도
② 한쪽 단면도
③ 회전 단면도
④ 부분 단면도

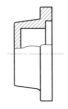

6. 벨트 풀리 암의 단면을 도형 안에서 회전 단면 도시할 때 표현하는 외형선은?

① 가는 실선
② 굵은 실선
③ 가는 1점 쇄선
④ 굵은 2점 쇄선

(5) 계단 단면도(offset section view)

계단 단면은 2개 이상의 평면을 계단 모양으로 절단한 단면이다. 계단 단면에서 절단선은 가는 1점 쇄선으로 표시하고 양 끝과 중요 부분은 굵은 실선으로 나타낸다. 또 단면은 단면도에서 요철(凹凸)이 없는 것으로 가정하여 한 평면상에 나타낸다.

이 경우 필요에 따라 단면을 보는 방향을 나타내는 화살표와 글자 기호를 붙인다.

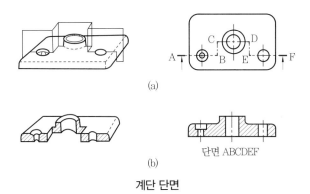

계단 단면

(6) 얇은 두께 부분의 단면도

개스킷, 박판, 형강 등과 같이 절단면이 얇은 경우에는 [그림 (a), (b)]와 같은 절단면을 검게 칠하거나 [그림 (c), (d)]와 같은 실제 치수와 관계없이 1개의 아주 굵은 실선으로 표시한다. 절단면의 뚫린 구멍의 도시는 [그림 (d)]와 같이 나타낸다. 또한, 어떤 경우에도 이들의 단면이 인접되어 있을 경우에는 그것을 표시하는 도형 사이에 0.7mm 이상의 간격을 두어 구별한다.

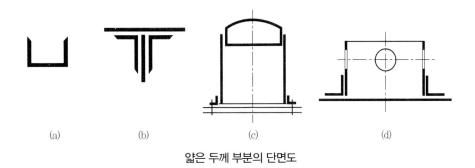

얇은 두께 부분의 단면도

핵 · 심 · 문 · 제

7. 가는 일점 쇄선으로 끝부분 및 방향이 변하는 부분을 굵게 표시한 선의 용도에 의한 명칭은?

① 파단선
② 절단선
③ 가상선
④ 특수 지시선

8. 개스킷, 박판, 형강 등과 같이 두께가 얇은 경우의 절단면 도시에 사용하는 선은?

① 가는 실선
② 굵은 1점 쇄선
③ 가는 2점 쇄선
④ 아주 굵은 실선

2-8 기타 도시법

1 도형의 생략 및 단축 도시

생략 도면은 도형의 일부를 생략해도 도면을 이해할 수 있는 경우를 말한다.

(1) 대칭 도형의 생략

도형이 대칭인 경우에는 대칭 중심선의 한쪽을 생략할 수 있다. [그림]과 같이 대칭 중심선의 한쪽 도형만을 그리고 대칭 중심선의 양 끝부분에 2개의 나란한 짧은 가는 선(대칭 도시 기호라 한다.)을 그린다.

대칭 도형의 생략

(2) 반복 도형의 생략

같은 종류, 같은 크기의 리벳 구멍, 볼트 구멍, 파이프 구멍 등과 같은 것은 전부 표시하지 않는다. 그 양단부 또는 주요 요소만 표시하고, 다른 것은 중심선 또는 중심선의 교차점으로 표시한다.

반복 도형의 생략

(3) 중간 부분의 단축

동일 단면형의 부분(축, 막대, 파이프, 형강), 같은 모양이 규칙적으로 줄지어 있는 부분(래크, 공작 기계의 어미 나사, 교량의 난간, 사다리), 또는 긴 테이퍼 등의 부분(테이퍼 축)은 지면을 생략하기 위하여 중간 부분을 잘라내어 긴요한 부분만을 가까이 하여 도시할 수 있다. 이 경우, 잘라낸 끝부분은 파단선으로 나타낸다. 또, 긴 테이퍼 부분 또는 기울기 부분을 잘라낸 도시에서 경사가 완만한 것은 실제의 각도로 도시하지 않아도 된다.

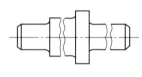

중간 부분의 단축

핵·심·문·제

1. 도형의 생략에 관한 설명 중 틀린 것은?

① 대칭의 경우에는 대칭 중심선의 한쪽 도형만을 그리고 그 대칭 중심선의 양 끝 부분에 짧은 두 개의 나란한 가는 실선을 그린다.

② 도면을 이해할 수 있더라도 숨은선은 생략해서는 안 된다.

③ 같은 종류, 같은 모양의 것이 다수 줄지어 있는 경우에는 지시선을 사용하여 기술할 수 있다.

④ 물체가 긴 경우 도면의 여백을 활용하기 위하여 파단선이나 지그재그선을 사용하여 투상도를 단축할 수 있다.

2 해칭과 스머징

① 해칭(hatching)은 단면 부분에 가는 실선으로 빗금을 긋는 방법이며, 스머징(smudging)은 단면 주위를 색연필로 엷게 칠하는 방법이다.

② 중심선 또는 주요 외형선에 45° 경사지게 긋는 것이 원칙이지만 부득이한 경우에는 다른 각도(30°, 60°)로 표시한다.

③ 해칭선의 간격은 도면의 크기에 따라 다르나 보통 2～3mm의 간격으로 하는 것이 좋다.

④ 2개 이상의 부품이 인접할 경우에는 해칭의 방향과 간격을 다르게 하거나 각도를 다르게 한다.

⑤ 간단한 도면에서 단면을 쉽게 알 수 있는 것은 해칭을 생략할 수 있다.

⑥ 동일 부품의 절단면 해칭은 동일한 모양으로 해칭하여야 한다.

⑦ 해칭 또는 스머징을 하는 부분 안에 문자, 기호 등을 기입하기 위하여 해칭 또는 스머징을 중단한다.

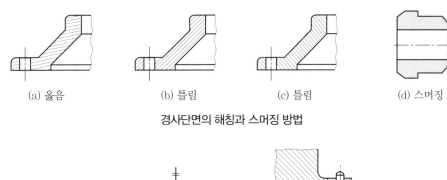

| (a) 옳음 | (b) 틀림 | (c) 틀림 | (d) 스머징 |

경사단면의 해칭과 스머징 방법

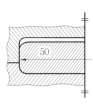

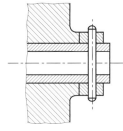

인접한 단면의 해칭(1) 인접한 단면의 해칭(2)

 핵·심·문·제

2. 단면도의 해칭 방법으로 틀린 것은?

　① 조립도에서 인접하는 부품의 해칭은 선의 방향 또는 각도를 바꾸어 구별한다.

　② 절단 넓이가 넓을 경우에는 외형선을 따라 적절히 해칭을 한다.

　③ 해칭면에 문자, 기호 등을 기입할 경우 해칭을 중단해서는 안 된다.

　④ KS 규격에 제시된 재료의 단면 표시기호를 사용할 수 있다.

3 길이 방향으로 절단하지 않는 부품

리브의 중심을 통하여 길이 방향으로 절단 평면이 통과하면 그 물체가 마치 원뿔형 물체와 같이 오해될 수 있다. 이럴 때는 절단 평면이 리브의 바로 앞을 통과하는 것처럼 그려야 하고 리브에는 해칭을 하지 않아야 한다.

이와 같이 길이 방향으로 도시하면 이해하기에 지장이 있는 것[보기 1] 또는 절단하여도 의미가 없는 것[보기 2]은 길이 방향으로 절단하여 도시하지 않는다.

보기	1. 리브, 바퀴의 암, 기어의 이
	2. 축, 핀, 볼트, 너트, 와셔, 작은나사, 키, 강구, 원통 롤러

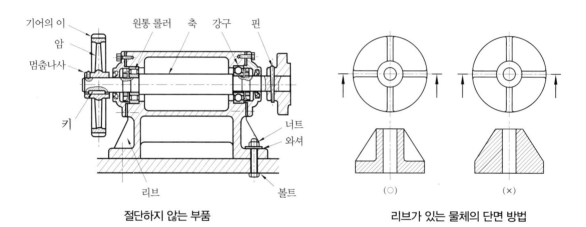

절단하지 않는 부품   리브가 있는 물체의 단면 방법

 핵·심·문·제

3. 길이 방향으로 단면하여 나타낼 수 있는 것은?
  ① 기어(gear)의 이 ② 볼트(bolt)
  ③ 강구(steel ball) ④ 파이프(pipe)

4. 단면도를 나타낼 때 긴 쪽 방향으로 절단하여 도시할 수 있는 것은?
  ① 볼트, 너트, 와셔
  ② 축, 핀, 리브
  ③ 리벳, 강구, 키
  ④ 기어의 보스

5. 다음은 기계요소 중에서 원칙적으로 길이 방향으로 절단하여 단면하지 않는 것이다. 아닌 것은 어느 것인가?
  ① 축, 키   ② 리벳, 핀
  ③ 볼트, 작은나사 ④ 베어링, 너트

6. 길이 방향으로 절단해서 단면도를 그리지 않아야 하는 부품은?
  ① 축   ② 보스
  ③ 베어링   ④ 커버

---

4 전개도법의 종류와 용도

① 평행선 전개법 : 각기둥이나 지름이 일정한 원기둥을 연직 평면 위에 전개하는 방법이다.

② 방사선 전개법 : 각뿔이나 원뿔을 꼭짓점 중심으로 방사상으로 전개하는 방법이다.

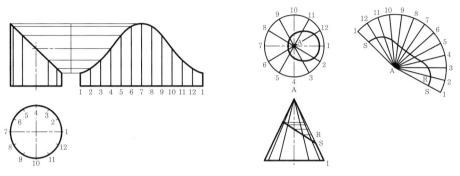

평행선 전개법   방사선 전개법

③ 삼각형 전개법 : 꼭짓점이 지면 밖으로 나갈 정도로 길이가 긴 각뿔이나 원뿔을 전개할 때 사용하는 방법이다.

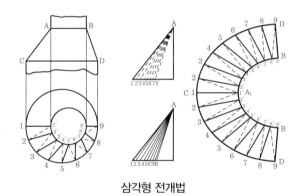

삼각형 전개법

 핵 · 심 · 문 · 제

7. 지름이 일정한 원기둥을 전개하려고 한다. 어떤 전개 방법을 이용하는 것이 가장 적합한가?

① 삼각형을 이용한 전개도법
② 방사선을 이용한 전개도법
③ 평행선을 이용한 전개도법
④ 사각형을 이용한 전개도법

8. 다음은 잘린 원뿔을 전개한 것이다. 다음 중 어떤 전개 방법을 사용하였는가?

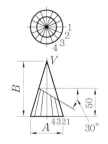
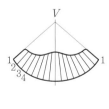

① 삼각형법 전개   ② 방사선법 전개
③ 평행선법 전개   ④ 사각형법 전개

5 두 개의 면이 만나는 모양 그리기

(1) 상관선의 관용 투상

　도면을 이해하기 쉽도록 두 개 이상의 입체면이 만나는 상관선을 정투상 원칙에 구속되지 않고 간단하게 도시한 것을 관용 투상도라고 한다. 일반적으로 굵기가 두 배 이상인 두 입체가 교차할 때 관용 투상을 적용한다.

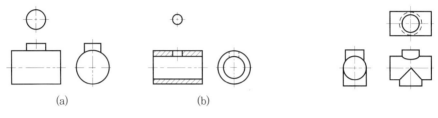

굵기가 두 배 이상인 경우　　　　　　　　　굵기가 두 배 미만인 경우

(2) 2개 면의 교차 부분 표시

　교차 부분에 둥글기가 있는 경우, 이 둥글기 부분을 도형에 표시할 필요가 있을 때에는 [그림]과 같이 교차선의 위치에 굵은 실선으로 표시한다.

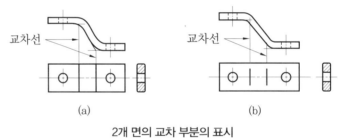

2개 면의 교차 부분의 표시

 핵·심·문·제

9. 2개 이상의 입체 면과 면이 만나는 경계선을 무엇이라고 하는가?

① 절단선　　　　② 파단선
③ 작도선　　　　④ 상관선

10. 물체의 형상을 그대로 그리면 복잡하고 이해하는 데 지장이 있는 경우 간략하게 작도하는 방법은?

① 관용 투상도　　② 부분 투상도
③ 보조 투상도　　④ 회전 투상도

11. 화살표 방향에서 본 그림을 나타낸 것은?

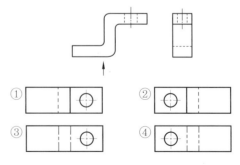

(3) 리브의 교차 부분의 표시

리브를 표시하는 선의 끝부분은 [그림 (a)]와 같이 직선 그대로 멈추게 한다. 또 관계있는 둥글기의 반지름이 아주 다를 경우에는 [그림 (b), (c)]와 같이 끝부분을 안쪽 또는 바깥쪽으로 구부려서 멈추게 하여도 좋다.

(a) 보통의 경우   (b) $R_1 < R_2$의 경우   (c) $R_1 > R_2$의 경우

리브의 교차 부분의 표시

6 특수한 부분의 표시

① 일부분에 특정한 모양을 가진 것은 그 부분이 그림의 위쪽에 나타나도록 그리는 것이 좋다. 예를 들면, 키 홈이 있는 보스 구멍, 벽에 구멍 또는 홈이 있는 관이나 실린더, 쪼개짐을 가진 링 등을 도시하는 경우에는 아래 [그림]에 따르는 것이 좋다.

② 평면의 표시 : 도형 내의 특정한 부분이 평면이란 것을 표시할 필요가 있을 경우에는 가는 실선으로 대각선을 기입한다.

일부분에 특정한 모양을 가진 경우   **평면의 표시**

 핵·심·문·제

12. 그림에서 ⓐ 부분이 의미하는 내용은?

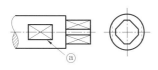

① 곡면   ② 회전체   ③ 평면   ④ 구멍

13. 2개 면의 교차 부분을 표시할 경우 $R_1 < R_2$일 때의 평면도의 모양으로 옳은 것은?

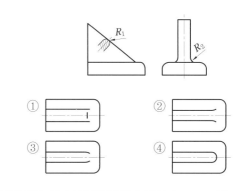

3. 기계 재료 선정

1 기계 재료의 일반적 성질

(1) 금속의 공통적인 성질

① 상온에서 고체이며 결정체(Hg 제외)이다.

② 비중이 크고 고유의 광택을 갖는다.

③ 가공이 용이하고 연·전성이 좋다.

④ 열과 전기의 양도체이다.

⑤ 이온화하면 양(+)이온이 된다.

(2) 금속의 화학적 성질

① 산화(oxidation) : 금속이 산소와 결합하는 반응을 산화라 한다.

② 환원(deoxidation) : 산화물에서 산소를 빼앗는 과정을 환원이라 한다.

③ 부식(corrosion) : 금속이 주위의 분위기와 반응하여 다른 화합물로 변하거나 침식되는 현상이다.

④ 내식성(corrosion resistance) : 부식이 일어나기 어려운 성질이다. 구리(Cu), 티타늄(Ti), 크롬(Cr), 니켈(Ni) 등은 내식성이 좋다.

⑤ 내열성(thermal resistance) : 높은 온도에서 변하지 않고 잘 견디는 성질이다.

핵·심·문·제

1. 금속 재료가 가지는 일반적인 특성이 아닌 것은 어느 것인가?

① 금속 고유의 광택을 가진다.

② 전기 및 열의 양도체이다.

③ 일반적으로 투명하다.

④ 소성 변형성이 있어 가공하기 쉽다.

2. 다음 중 화학적 성질로만 묶여진 것으로 옳은 것은 어느 것인가?

① 내열성, 선팽창 계수, 자성, 경도

② 비중, 용융점, 열전도율, 인장강도

③ 내열성, 내식성

④ 용접성, 절삭성, 전기 전도율, 주조성

●정답 **1.** ③ **2.** ③

2 기계 재료의 기계적 성질

① **인성(toughness)** : 굽힘이나 비틀림 작용을 반복하여 가할 때 이 외력에 저항하는 성질, 즉 끈기 있고 질긴 성질을 말한다.

② **인장 강도(tensile strength)** : 인장 시험에서 인장 하중을 시험편 평행부의 원단면적으로 나눈 값이다.

③ **취성(brittlness)** : 물체가 약간의 변형에도 견디지 못하고 파괴되는 성질로서 인성에 반대 된다.

④ **가공 경화(work hardening)** : 금속이 가공에 의하여 강도, 경도가 커지고 연신율이 감소 되는 성질이다.

⑤ **연성(ductility)** : 물체가 탄성 한도 이상의 과한 힘을 받고도 파괴되지 않고 늘어나서 소성 변형이 되는 성질로서 금, 은, 알루미늄, 구리, 백금, 납, 아연, 철 등의 순으로 좋다.

⑥ **전성(malleability)** : 가단성과 같은 말로서 금속을 얇은 판이나 박(箔)으로 만들 수 있는 성질로 금, 은, 알루미늄, 철, 니켈, 구리, 아연 등의 순으로 좋다.

⑦ **강도(strength)** : 물체에 하중을 가한 후 파괴되기까지의 변형 저항을 총칭하는 말로서 보통 인장 강도가 표준이 된다.

⑧ **경도(hardness)** : 물체의 기계적인 단단함의 정도를 수치로 나타낸 것이다.

⑨ **가단성(malleability)** : 전성과 같다.

⑩ **가주성(castability)** : 가열하면 유동성이 좋아져 주조 작업이 가능한 성질을 말한다.

⑪ **피로(fatigue)** : 재료에 인장과 압축 하중을 오랜 시간 동안 연속적으로 되풀이하면 파괴 되는 현상을 말한다.

핵·심·문·제

3. 기계 재료에 필요한 일반적인 성질로 틀린 것은?
  ① 주조성, 소성, 절삭성이 좋아야 한다.
  ② 열 처리성은 떨어지나 표면처리가 좋아야 한다.
  ③ 기계적 성질, 화학성 성질이 우수해야 한다.
  ④ 재료의 보급과 대량 생산이 가능해야 한다.

4. 물체가 변형에 견디지 못하고 파괴되는 성질로 인 성에 반대되는 성질은?
  ① 탄성   ② 전성
  ③ 소성   ④ 취성

5. 금속 재료의 성질 중 기계적 성질이 아닌 것은 어 느 것인가?
  ① 인장 강도   ② 연신율
  ③ 비중   ④ 경도

6. 다음 중 금속을 상온에서 소성 변형시켰을 때, 재 질이 경화되고 연신율이 감소하는 현상은 어느 것 인가?
  ① 재결정   ② 가공 경화
  ③ 고용 강화   ④ 열변형

3-2 철강 재료

1 탄소강

(1) 물리적 성질(탄소 함유량의 증가에 따라)

비중, 선팽창률, 온도 계수, 열전도도는 감소하나 비열, 전기 저항, 항자력은 증가한다.

(2) 기계적 성질

표준 상태에서 탄소가 많을수록 인장 강도, 경도는 증가하다가 공석 조직에서 최대가 되나 연신율과 충격값은 감소한다.

① 과공석강이 되면 망상의 초석 시멘타이트가 생겨 경도는 증가하고, 인장 강도는 급격히 감소한다.

② 청열 메짐(blue shortness) : 강이 $200 \sim 300℃$ 가열되면 경도, 강도가 최대로 되고 연신율, 단면 수축은 줄어들어 메지게 되는 것으로 이때 표면에 청색의 산화 피막이 생성된다. 이것은 인 때문인 것으로 알려져 있다.

③ 적열 메짐(red shortness) : 황이 많은 강으로 고온($900℃$ 이상)에서 메짐(강도는 증가, 연신율은 감소)이 나타난다.

④ 저온 메짐 : 상온 이하로 내려갈수록 경도, 인장 강도는 증가하나 연신율은 감소하여 차차 여리고 약해진다. $-70℃$에서는 연강에서도 취성이 나타나며 이런 현상을 저온 메짐 또는 저온 취성이라 한다.

핵·심·문·제

1. 탄소강 기계적 성질 중 상온, 아공석강(C<0.77%) 영역에서 탄소(C)량의 증가에 따라 저하하는 성질은?

① 인장 강도   ② 항복점
③ 경도   ④ 연신율

2. 탄소강(0.25%C)의 고온 기계적 성질을 설명한 사항 중 올바르지 않은 것은?

① $200 \sim 300℃$에서 청열 메짐 현상이 발생한다.
② $280 \sim 300℃$ 부근에서 인장 강도와 경도가 최대로 된다.

③ $200 \sim 300℃$ 부근에서 연신율 및 단면 수축률은 최대가 된다.
④ $400℃$ 부근에서 충격치는 최소가 된다.

3. 탄소강에서 탄소량이 증가할 경우 경도와 연성에 미치는 영향을 가장 잘 설명한 것은?

① 경도 증가, 연성 감소
② 경도 감소, 연성 감소
③ 경도 감소, 연성 증가
④ 경도 증가, 연성 증가

•정답 1. ④ 2. ③ 3. ①

(3) 화학적 성질

　① 강은 알칼리에 거의 부식되지 않지만 산에는 약하다.

　② 0.2% 이하 탄소 함유량은 내식성에 관계되지 않으나 그 이상에는 많을수록 부식이 쉽다.

　③ 담금질된 강은 풀림 및 불림 상태보다 내식성이 크다.

　④ 구리를 0.15~0.25% 가함으로써 대기 중 부식이 개선된다.

(4) 탄소강에 함유된 5대 원소의 영향

　① 탄소(C) : 강도, 경도는 증가되고 연성은 감소된다.

　② 망간(Mn) : FeS를 MnS로 슬래그화하여 황의 해를 제거한다.

　③ 규소(Si) : 탈산제 역할을 하며 유동성을 향상시켜 주조성이 증가된다.

　④ 황(S) : FeS를 생성하여 적열 취성의 원인이 된다.

　⑤ 인(P) : 상온 취성의 원인이 되며, 편석을 발생하여 담금질 균열의 원인이 된다.

(5) 탄소강에 함유된 가스의 영향

　① 수소(H) : 헤어크랙, 백점을 발생시킨다.

　② 질소(N) : 냉간가공 후 오랜 시간이 지나면 인성이 감소되는 변형 시효를 유발한다.

　③ 산소(O) : 황과 유사하게 FeO를 생성하여 적열 취성의 원인이 된다.

핵·심·문·제

4 황(S)이 함유된 탄소강의 적열 취성을 감소시키기 위해 첨가하는 원소는?

① 망간　　　　② 규소
③ 구리　　　　④ 인

5. 상온 취성(cold shortness)의 주된 원인이 되는 물질로 가장 적합한 것은?

① 탄소(C)　　　② 황(S)
③ 인(P)　　　　④ 규소(Si)

6. 탄소강 중 함유되어 헤어 크랙(hair crack)이나 백점을 발생하게 하는 원소는?

① 규소(Si)　　　② 망간(Mn)
③ 인(P)　　　　④ 수소(H)

7. 탄소강에 함유된 5대 원소는?

① 황(S), 망간(Mn), 탄소(C), 규소(Si), 인(P)
② 탄소(C), 규소(Si), 인(P), 망간(Mn), 니켈(Ni)
③ 규소(Si), 탄소(C), 니켈(Ni), 크롬(Cr), 인(P)
④ 인(P), 규소(Si), 황(S), 망간(Mn), 텅스텐(W)

8. 탄소강의 적열 취성 원인이 되는 원소는?

① S　　　　　② Mn
③ P　　　　　④ Si

• 정답　4. ①　5. ③　6. ④　7. ①　8. ①

2 합금강

(1) 합금강의 종류

합금강은 탄소강에 다른 원소를 첨가하여 강의 기계적 성질을 개선한 강을 말한다. 또한 특수한 성질을 부여하기 위하여 사용하는 특수 원소로서는 Ni, Mn, W, Cr, Mo, Co, V, Al 등이 있다.

용도별 합금강의 분류

분 류	종 류
구조용 합금강	강인강, 표면 경화용 강(침탄강, 질화강), 스프링강, 쾌삭강
공구용 합금강(공구강)	합금 공구강, 고속도강, 다이스강, 비철 합금 공구 재료
특수 용도 합금강	내식용 합금강, 내열용 합금강, 자성용 합금강, 전기용 합금강, 베어링강, 불변강

(2) 첨가 원소의 영향

① Ni : 내식성, 내산성 증가, 인성 증가

② Cr : 내식성, 내산화성 증가, 내마멸성 증가, 담금질 경화능 향상

③ Mn : 담금질 경화능 향상, 1% 이상 첨가하면 취성 증가

④ Mo : 담금질 깊이 증가, 인장 강도, 탄성 한도 증가

⑤ Ti : 내식성 증가, 염산, 질산에 대한 부식 저항 증가, 고온 강도 개선, 인성 증가

⑥ Si : 내산화성 증가, 전자기적 특성 개선

⑦ W : 고온 강도, 경도 증가

⑧ B : 담금질 경화능 현저히 향상

⑨ V : 조직을 미세화시켜 내마모성과 경도를 현저히 증가

⑩ Co : 내마모성, 고온 경도 증가, 다량 첨가하면 취성 증가, V과 함께 사용하여 취성 방지

핵·심·문·제

9. 합금강에서 소량의 Cr이나 Ni을 첨가하는 이유로 가장 중요한 것은?

① 경화능을 증가시키기 위해

② 내식성을 증가시키기 위해

③ 마모성을 증가시키기 위해

④ 담금질 후 마텐자이트 조직의 경도를 증가시키기 위해

3 공구용 합금강

(1) 합금 공구강(STS)

탄소 공구강의 결점인 담금질 효과와 고온 경도를 개선하기 위하여 Cr, W, Mo, V을 첨가한 강이다.

 참고 고탄소 고크롬강은 다이, 펀치용이며 (W)−Cr−Mn강은 게이지 제조용이다. (200℃ 이상 장기 뜨임)

(2) 고속도강(SKH)

- 대표적인 절삭용 공구 재료
- 일명 HSS−하이스
- 표준형 고속도강 : 18W−4Cr−1V, 탄소량은 0.8%

① 특성 : 600℃까지 경도가 유지되므로 고속 절삭이 가능하고 담금질 후 뜨임으로 2차 경화 시킨다.

② 종류

㉮ W 고속도강(표준형)

㉯ Co 고속도강 : 3∼20% Co 첨가로 경도, 점성 증가, 중절삭용

㉰ Mo 고속도강 : 5∼8% Mo 첨가로 담금질성 향상, 뜨임 취성 방지

③ 열처리

㉮ 예열(800∼900℃) : W의 열전도율이 나쁘기 때문

㉯ 급가열(1250∼1300℃ 염욕) : 담금질 온도는 2분간 유지

㉰ 냉각(유랭) : 300℃에서부터 공기 중에서 서랭(균열 방지)−1차 마텐자이트

㉱ 뜨임(550∼580℃로 가열) : 20∼30분 유지 후 공랭, 300℃에서 더욱 서랭−2차 마텐자이트

 핵·심·문·제

10. 18−4−1형의 고속도강에서 18−4−1에 해당하는 원소로 맞는 것은?

① W−Cr−Co
② W−Ni−V
③ W−Cr−V
④ W−Si−Co

11. 다음 원소 중 고속도강의 주요 성분이 아닌 것은 어느 것인가?

① 니켈
② 텅스텐
③ 바나듐
④ 크롬

12. 표준 고속도강의 주성분으로 적합한 것은?

① 18(W)−7(Cr)−1(V)
② 18(W)−4(Cr)−1(V)
③ 28(W)−7(Cr)−1(V)
④ 28(W)−12(Cr)−1(V)

13. 고속도강의 담금질 온도는 몇 ℃인가?

① 750∼900℃
② 800∼900℃
③ 1200∼1350℃
④ 1500∼1600℃

•정답 10. ③ 11. ① 12. ② 13. ③

4 특수 용도용 합금강

(1) 스테인리스강(stainless steel)

강에 Cr, Ni 등을 첨가하여 내식성을 갖게 한 강이다.

① 13Cr 스테인리스 : 페라이트계 스테인리스강으로, 담금질로 마텐자이트 조직을 얻는다.

② 18Cr-8Ni 스테인리스 : 오스테나이트계 스테인리스강이다. 담금질이 되지 않으며 연전성이 크고 비자성체이며, 13Cr보다 내식·내열성이 우수하다.

(2) 내열강

① 내열강의 조건 : 고온에서 조직과 기계적·화학적 성질이 안정해야 한다.

② 내열성을 주는 원소 : Cr(고크롬강), Al(Al_2O_3), Si(SiO_2)

③ Si-Cr강 : 내연 기관 밸브 재료로 사용한다.

④ 초내열 합금 : 팀켄, 하스텔로이, 인코넬, 서미트 등이 있다.

(3) 자석강

① 자석강의 조건 : 잔류 자기와 항장력이 크고, 자기 강도의 변화가 없어야 한다.

② 규소강 : 1∼4% Si 함유(변압기 철심용)

> **참고** **비자성강**
> 비자성인 오스테나이트 조직의 강(오스테나이트강, 고 Mn강, 고 Ni강, 18-8 스테인리스강)

(4) 불변강(고 Ni강)

온도 변화에 대해 길이가 변하지 않는 재료 또는 탄성률이 변화하지 않는 재료를 말한다.

① 인바(invar) : Ni 36%. 줄자, 정밀 기계 부품으로 사용. 길이 불변

② 슈퍼인바(super invar) : Ni 29∼40%, Co 5% 이하. 인바보다 열팽창률이 작음

③ 엘린바(elinvar) : Ni 36%, Cr 12%. 시계 부품, 정밀 계측기 부품으로 사용. 탄성 불변

④ 코엘린바 : 엘린바에 Co 첨가

⑤ 퍼멀로이(permalloy) : Ni 75∼80%. 장하코일용

⑥ 플래티나이트(platinite) : Ni 42∼46%, Cr 18%의 Fe-Ni-Co 합금. 전구, 진공관 도선용

핵·심·문·제

14. 오스테나이트계 18-8형 스테인리스강의 성분은?

① 크롬 18%, 니켈 8%

② 니켈 18%, 크롬 8%

③ 티탄 18%, 니켈 8%

④ 크롬 18%, 티탄 8%

15. 자기 감응도가 크고, 잔류 자기 및 항자력이 작아 변압기 철심이나 교류 기계의 철심 등에 쓰이는 강은 무엇인가?

① 자석강　　　　② 규소강

③ 고 니켈강　　　④ 고 크롬강

5 주철의 성질

주철은 일반적으로 전 · 연성이 작고 가공이 안 되는 성질이 있다. 특히 점성은 C, Mn, P이 첨가되면 낮아진다.

① 비중 : 7.1 ~ 7.3(흑연이 많을수록 작아진다.)

② 열처리 : 담금질, 뜨임이 안되나 주조 응력 제거의 목적으로 풀림 처리는 가능(500 ~ 600℃, 6 ~ 10시간)하다.

③ 자연 시효(시즈닝) : 주조 후 장시간(1년 이상) 방치하여 주조 응력을 없애는 것을 말한다.

주철의 장단점

장 점	단 점
① 용융점이 낮고 유동성이 좋다.	① 인장 강도가 작다.
② 주조성이 양호하다.	② 취성이 크다.
③ 마찰 저항이 좋다.	③ 충격값이 작다.
④ 가격이 저렴하다.	④ 소성 가공이 안 된다.
⑤ 절삭성이 우수하다.	⑤ 가열에 의해 부피가 팽창한다.
⑥ 압축 강도가 크다(인장 강도의 3~4배).	⑥ 산성 분위기에서 부식된다.

핵·심·문·제

16. 주철의 성질을 가장 올바르게 설명한 것은 어느 것인가?

① 탄소의 함유량이 2.0% 이하이다.
② 인장 강도가 강에 비하여 크다.
③ 소성 변형이 잘된다.
④ 주조성이 우수하다.

17. 강과 비교한 주철의 특성이 아닌 것은?

① 주조성이 우수하다.
② 복잡한 형상을 생산할 수 있다.
③ 주물 제품을 값싸게 생산할 수 있다.
④ 강에 비해 강도가 비교적 높다.

18. 주철의 풀림 처리(500~600℃, 6~10시간) 목적과 가장 관계가 깊은 것은?

① 잔류 응력 제거
② 전 · 연성 향상
③ 부피 팽창 방지
④ 흑연의 구상화

19. 주철의 성질을 설명한 것으로 틀린 것은?

① 주조성이 우수해 복잡한 것도 제작할 수 있다.
② 인장 강도와 충격치가 작아서 단조하기 쉽다.
③ 비교적 절삭 가공이 쉽다.
④ 주물 표면은 단단하고 녹이 잘 슬지 않는다.

•정답 16. ④   17. ④   18. ①   19. ②

6 주철의 분류

(1) 보통 주철(회주철 : GC 1~3종)

① 경도가 높고 압축 강도가 크다.

② 용도 : 주물 및 일반 기계 부품(주조성이 좋고 값이 싸다.)

(2) 고급 주철

① 기지 조직을 펄라이트로 하고 흑연을 미세화시켜 인장 강도를 294MPa 이상으로 강화한 것이다.

② 내연 기관의 실린더, 라이너 등에 사용한다.

③ 미하나이트 주철 : 인장 강도 343~441MPa

④ 침상 주철 : 인장 강도 440~590MPa

(3) 칠드(chilled) 주철

냉각 속도가 빠른 금형을 사용하여 표면만 급랭시켜 경화하고 내부는 본래의 연한 조직으로 남게 한 내마모성 주철이다.

① 표면 경도 : $H_S=60\sim75$, $H_B=350\sim500$

② 칠의 깊이 : 10~25mm

③ 용도 : 각종 용도의 롤러, 기차 바퀴

④ 성분 : Si가 적은 용선에 Mn을 첨가하여 금형에 주입

(4) 가단주철

① 백주철을 풀림 처리하여 탈탄 또는 흑연화에 의하여 가단성을 준 주철이다(연신율 : 5~12%).

② 가단주철의 탈탄제로는 철광석, 밀 스케일, 헤어 스케일 등의 산화철을 사용한다.

핵 · 심 · 문 · 제

20. 주철이 고온에서 가열과 냉각을 반복하면 부피가 불어나, 변형이나 균열이 일어나서 강도나 수명을 저하시키는 원인이 되는 것은?

① 주철의 자연 시효   ② 주철의 자기 풀림

③ 주철의 성장   ④ 주철의 시효 경화

21. 보통 주철의 특징이 아닌 것은?

① 주조가 쉽고 가격이 저렴하다.

② 고온에서 기계적 성질이 우수하다.

③ 압축 강도가 크다.

④ 경도가 높다.

(5) 구상 흑연 주철(D.C ductile cast iron)

① 황(S) 성분이 적은 선철을 용해로, 전기로에서 용해한 후 주형에 주입하기 전에 마그네슘 (Mg), 칼슘(Ca), 세륨(Ce) 등을 첨가하여 편상의 흑연을 구상화하고 기지 조직의 균열을 지연시킴으로써 강인성을 높인 주철이다.

② 기계적 성질

  ㈎ 주조 상태 : 인장 강도 390~690MPa, 연신율 2~6%

  ㈏ 풀림 상태 : 인장 강도 440~540MPa, 연신율 12~20%

③ 조직 : 시멘타이트형(Mg 첨가량이 많을 때), 펄라이트형, 페라이트형(Mg의 첨가량이 적당할 때)

④ 불스 아이(bull's eye) 조직 : 펄라이트를 풀림 처리하여 페라이트로 변할 때 구상 흑연 주위에 나타나는 조직으로 경도, 내마멸성, 압축 강도가 증가한다.

⑤ 용도 : 풀림 열처리 가능, 내마멸·내열성이 우수하여 각종 기계 부품, 주철관, 압연 기계 부품, 항공기 엔진 부품, 자동차용 주물에 사용된다.

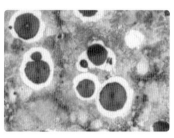

구상 흑연 주철의 불스 아이 조직

핵·심·문·제

22. 고탄소 주철로서 회주철과 같이 주조성이 우수한 백선주물을 만들고 열처리함으로써 강인한 조직으로 하여 단조를 가능하게 한 주철은?

① 회주철　　　　② 가단주철
③ 칠드 주철　　　④ 합금 주철

23. 주조 시 주형에 냉금을 삽입하고 표면을 급랭시켜 경도를 증가시킨 내마모성 주철은?

① 가단주철　　　　② 고급 주철
③ 칠드 주철　　　④ 합금 주철

24. 불스 아이 조직은 어느 주철에 나타나는가?

① 가단주철　　　　② 미하나이트 주철
③ 칠드 주철　　　④ 구상 흑연 주철

25. 니켈, 크롬, 몰리브덴, 구리 등을 첨가하여 재질을 개선한 것으로 노듈러 주철, 덕타일 주철 등으로 불리는 이 주철은 내마멸성, 내열성, 내식성 등이 대단히 우수하여 자동차용 주물이나 주조용 재료로 가장 많이 쓰이는 것은?

① 칠드 주철
② 구상 흑연 주철
③ 보통 주철
④ 펄라이트 가단주철

26. 황(S)이 적은 선철을 용해하고 주입 전에 Mg, Ce, C 등을 첨가하여 제조한 주철은?

① 펄라이트 주철　　② 구상 흑연 주철
③ 가단주철　　　　④ 강력 주철

7 일반 열처리

(1) 담금질(quenching)

강을 A_3 변태 및 A_1선 이상 $30\sim50℃$로 가열한 후 수랭 또는 유랭으로 급랭시키는 방법이며, A_1 변태가 저지되어 경도가 큰 마텐자이트로 된다.

① 담금질 목적 : 경도와 강도를 증가시킨다.

② 담금질 조직의 경도 순서 : 시멘타이트(H_B 800)>마텐자이트(600)>트루스타이트(400)>소르바이트(230)>펄라이트(200)>오스테나이트 (150)>페라이트(100)

③ 냉각 속도에 따른 조직의 변화 순서 : $M_{(수랭)}>T_{(유랭)}>S_{(공랭)}>P_{(노랭)}$

④ 담금질액

㈎ 소금물 : 냉각 속도가 가장 빠르다.

㈏ 물 : 경화능이 크다가 온도가 올라갈수록 저하한다(C강, Mn강, W강의 간단한 구조).

㈐ 기름 : 경화능이 작다가 온도가 올라갈수록 커진다(20℃까지 경화능 유지).

핵·심·문·제

27. 다음 열처리의 방법 중 강을 경화시킬 목적으로 실시하는 열처리는?

① 담금질　　　　　② 뜨임
③ 불림　　　　　　④ 풀림

28. 강도와 경도를 높이는 열처리 방법은?

① 뜨임　　　　　　② 담금질
③ 풀림　　　　　　④ 불림

29. 강을 충분히 가열한 후 물이나 기름 속에 급랭시켜 조직의 변태에 의한 재질의 경화를 주목적으로 하는 것은?

① 담금질　　　　　② 뜨임
③ 풀림　　　　　　④ 불림

30. 열처리에서 재질을 경화시킬 목적으로 강을 오스테나이트 조직의 영역으로 가열한 후 급랭시키는 열처리는?

① 뜨임　　　　　　② 풀림
③ 담금질　　　　　④ 불림

31. 강의 담금질 조직에서 경도가 큰 순서대로 올바르게 나열한 것은?

① 소르바이트>트루스타이트>마텐자이트
② 소르바이트>마텐자이트>트루스타이트
③ 트루스타이트>소르바이트>마텐자이트
④ 마텐자이트>트루스타이트>소르바이트

32. 담금질 시 재료의 두께에 따른 내·외부 냉각 속도가 다르기 때문에 경화된 깊이가 달라져 경도의 차이가 생기는데, 이를 무엇이라 하는가?

① 질량 효과　　　　② 담금질 균열
③ 담금질 시효　　　④ 변형 시효

33. 담금질 냉각제 중 냉각 속도가 가장 큰 것은?

① 물　　　　　　　② 공기
③ 기름　　　　　　④ 소금물

34. 강의 열처리 조직 중 경도가 가장 낮은 것은?

① 페라이트　　　　② 오스테나이트
③ 펄라이트　　　　④ 소르바이트

•정답 27. ① 28. ② 29. ① 30. ③ 31. ④ 32. ① 33. ④ 34. ①

(2) 뜨임(tempering)

담금질된 강을 A_1 변태점 이하로 가열한 후 냉각시켜 담금질로 인한 취성을 제거하고 강도를 떨어뜨려 강인성을 증가시키기 위한 열처리이다.

① 저온 뜨임 : 마텐자이트 조직으로 만들어 내부 응력만 제거하고 경도는 유지한다 (100~200℃).

② 고온 뜨임 : 트루스타이트 또는 소르바이트(sorbite) 조직으로 만들어 강인성을 부여한다 (400~650℃).

뜨임 조직의 변태

조직명	온도 범위(℃)
오스테나이트 → 마텐자이트	150~300
마텐자이트 → 트루스타이트	350~500
트루스타이트 → 소르바이트	550~650
소르바이트 → 펄라이트	700

(3) 불림(normalizing)

① 목적 : 결정 조직을 균일화(표준화)하고 가공 재료의 잔류 응력을 제거한다.

② 방법 : A_3, Acm 이상 30~50℃로 가열한 후 공기 중에 방랭하면 미세한 소르바이트(sorbite) 조직이 얻어진다.

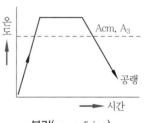

불림(normalizing)

핵·심·문·제

35. 같은 재질이라 할지라도 재료의 크기에 따라 열처리 효과가 다른 것을 무엇이라 하는가?

① 담금질 효과 ② 질량 효과
③ 시효 경화 ④ 뜨임 효과

36. 탄소강의 열처리에 대한 설명으로 틀린 것은?

① 불림 : 소재를 일정 온도에서 가열한 후 유랭시켜 표준화한다.
② 풀림 : 재질을 연하고 균일하게 한다.
③ 담금질 : 급랭시켜 재질을 경화시킨다.
④ 뜨임 : 담금질된 강에 인성을 부여한다.

37. 뜨임은 보통 어떤 강재에 하는가?

① 가공 경화된 강
② 담금질하여 경화된 강
③ 용접 응력이 생긴 강
④ 풀림하여 연화된 강

38. 마텐자이트 조직을 약 400℃ 정도로 뜨임했을 때 나타나는 조직은?

① 소르바이트 ② 펄라이트
③ 오스테나이트 ④ 트루스타이트

---

(4) 풀림(annealing)

① 목적 : 재질을 연하고 균일하게 한다.

⑺ 단조, 주조, 용접 등에 의해서 발생한 내부 조직의 불균일을 제거한다.

⑼ 열처리, 절삭 등에 의하여 변화된 조직을 연화시킨다.

⑾ 결정립을 미세화한다.

② 종류

⑺ 완전 풀림 : 강의 가장 무른 조직을 얻는 방법으로, 강을 A_3 또는 A_1 변태선보다 약 50℃ 높은 온도로 가열하여 그대로 충분한 시간을 유지했다가 상온까지 노(盧) 중에서 서랭한다. 강을 연화시키며 기계 가공과 소성 가공을 쉽게 한다.

⑼ 저온 풀림 : 응력 제거 풀림이라고도 하며 주조, 단조, 기계 가공, 냉간 가공 및 용접 후 잔류 응력을 제거하기 위한 것이다. 재결정 온도보다 낮은 온도에서 풀림 처리한다.

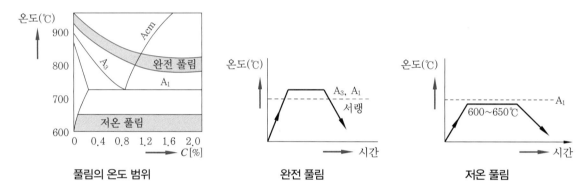

풀림의 온도 범위   완전 풀림   저온 풀림

⑾ 항온 풀림 : 자경성이 있는 강을 완전 풀림하기 위하여 이용되는 방법으로, 풀림 온도로 가열한 강을 600~650℃의 항온에서 냉각하고 변태를 완료시킨 다음 공랭 또는 수랭한다.

⒀ 확산 풀림 : 강괴를 제조한 다음 불순물의 편석을 확산에 의해 균일화하기 위한 것이다. 상당한 고온에서 장시간 가열한다.

⒁ 재결정 풀림 : 냉간 가공에 의해 가공 경화된 강은 약 600℃로 가열하면 응력이 감소되고 재결정이 일어난다.

 핵·심·문·제

39. 아공석강에서는 $A_{3, 2, 1}$ 변태점보다 30~50℃ 높게 하고, 공석강, 과공석강은 A_1 변태점보다 30~50℃ 높게 가열하여 적당 시간 유지시킨 후, 노에서 서서히 냉각시키는 열처리는?

① 저온 풀림   ② 완전 풀림
③ 중간 풀림   ④ 항온 풀림

40. 강을 Ac_3(아공석강) 또는 Ac_1(과공석강) 이상의 고온에서 가열하여 이것을 노(盧) 중에서 서서히 냉각하는 열처리는?

① 담금질   ② 풀림
③ 퀜칭   ④ 저온 뜨임

• 정답 **39.** ② **40.** ②

3-3 비철금속 재료

1 알루미늄

(1) 알루미늄의 성질

  ① 물리적 성질

    ㈎ 비중 2.7, 경금속이며, 용융점은 660℃이고 변태점이 없다.

    ㈏ 열 및 전기의 양도체이며 내식성이 좋다.

  ② 기계적 성질

    ㈎ 전연성이 풍부하다.

    ㈏ 압출, 압연, 단조 등의 소성 가공이 용이하다.

    ㈐ 소성 가공에 의해 가공 경화되어 경도·강도가 증가하고, 연신율이 감소된다.

    ㈑ 풀림 온도는 250~300℃이다.

    ㈒ 400~500℃에서 연신율이 최대이다.

  ③ 화학적 성질

    ㈎ 무기산, 염류에 침식된다.

    ㈏ 대기 중에서 안정한 산화 피막을 형성한다.

(2) 알루미늄의 특성과 용도

  ① Cu, Si, Mg 등과 고용체를 형성하며, 열처리로 석출 경화, 시효 경화시켜 성질을 개선한다.

  ② 용도 : 송전선, 전기 재료, 자동차, 항공기, 폭약 제조 등에 사용한다.

 석출 경화(Al의 열처리법)
급랭으로 얻은 과포화 고용체에서 과포화된 용해물을 석출시켜 안정화시킨다(석출 후 시간 경과와 더불어 시효 경화).
인공 내식 처리법
알루마이트법, 황산법, 크롬산법

핵·심·문·제

1. 비중이 2.70이며 가볍고 내식성과 가공성이 좋으며 전기 및 열전도도가 높은 금속 재료는?

  ① 금(Au)

  ② 알루미늄(Al)

  ③ 철(Fe)

  ④ 은(Ag)

2. 알루미늄의 성질을 설명한 것으로 잘못된 것은 어느 것인가?

  ① 전연성이 풍부하다.

  ② 소성 가공이 용이하다.

  ③ 600℃ 이상에서 풀림 처리한다.

  ④ 소성 가공에 의해 경도·강도가 증가한다.

•정답 1. ② 2. ③

2 알루미늄 합금

(1) 주조용 알루미늄 합금

- 요구되는 성질 : 유동성이 좋을 것, 열간 취성이 좋을 것, 응고 수축에 대한 용탕 보급성이 좋을 것, 금형에 대한 점착성이 좋지 않을 것
① Al-Cu계 합금 : Al에 8% Cu를 첨가한 합금으로, 주조성·절삭성이 좋으나 고온 메짐, 수축 균열이 있다.
② Al-Si계 합금
  ㈎ 실루민(silumin), 알팩스(alpax)가 있으며, 주조성이 좋으나 절삭성은 나쁘다.
  ㈏ 열처리 효과가 없고, 개량 처리(개질 처리)로 성질을 개선한다.
  ㈐ 개량 처리란 Si의 결정을 미세화하기 위하여 특수 원소를 첨가시키는 조작이며 금속 Na 첨가법, 불소(F) 첨가법, NaOH 첨가법이 있다.
③ Al-Cu-Si계 합금 : 라우탈(lautal)이 대표적이며, Si 첨가로 주조성을 향상시키고 Cu 첨가로 절삭성을 향상시킨다.
④ 내열용 Al 합금
  ㈎ Y 합금(내열 합금) : 4% Cu, 2% Ni, 1.5% Mg을 첨가한 합금으로, 510~530℃에서 온수 냉각 후 약 4일간 상온 시효한다. 고온 강도가 크므로(250℃에서도 상온의 90% 강도 유지) 내연 기관 실린더에 사용한다.
  ㈏ 로엑스(Lo-EX) 합금(내열 합금) : Al-Si에 Mg을 첨가한 특수 실루민으로 열팽창이 극히 작다. Na 개량 처리한 것이며 내연 기관의 피스톤에 사용한다.
⑤ 다이캐스트용 합금 : 유동성이 좋고 1000℃ 이하의 저온 용융 합금이며 Al-Cu계, Al-Si계 합금을 사용하여 금형에 주입시켜 만든다.

핵·심·문·제

3. 알루미늄(Al) 합금 중 510~530℃에서 인공 시효시켜 내연 기관의 실린더 피스톤, 실린더 헤드로 사용되는 재료는?
  ① 실루민
  ② 라우탈
  ③ 하이드로날륨
  ④ Y 합금

4. 주조성이 좋으며 열처리에 의하여 기계적 성질을 개량할 수 있는 라우탈(lautal)의 대표적인 합금은 어느 것인가?

  ① Al-Cu계 합금
  ② Al-Si 계 합금
  ③ Al-Cu-Si계 합금
  ④ Al-Mg-Si계 합금

5. 다이캐스팅용 알루미늄(Al) 합금이 갖추어야 할 성질로 틀린 것은?
  ① 유동성이 좋을 것
  ② 응고 수축에 대한 용탕 보급성이 좋을 것
  ③ 금형에 대한 점착성이 좋을 것
  ④ 열간 취성이 적을 것

(2) 가공용 알루미늄 합금

① 고강도 Al 합금

(가) 두랄루민(duralumin) : 주성분은 Al, 4% Cu, 0.5% Mg, 0.5% Mn이며 Si는 불순물로 함유되어 있다.

- 용체화 처리 후 시효 처리하여 인장 강도를 294~440MPa 정도로 높인 것으로 기계적 성질이 0.2% 탄소강과 비슷하다. 비중이 2.79 정도로 가벼우므로 비강도는 연강의 약 3배나 된다.

> ① 용체화 처리(solution treatment) : 재료를 약 470~530℃의 온도에서 어느 정도 유지한 후 급랭하여 Al 중에 함유된 Cu, Mg 등을 과포화 고용시키는 처리이다.
> ② 시효 처리(aging treatment) : 용체화 처리된 재료를 상온 또는 100~200℃ 정도의 온도로 재가열하여 과포화된 합금원소를 석출시키는 처리로서 경도와 강도가 향상된다. 상온에서 행하는 시효를 상온시효 또는 자연시효라고 하고, 가열하여 행하는 시효를 인공시효라고 한다.

(나) 초두랄루민(super-duralumin) : 두랄루민에 Mg를 증가시키고 Si를 감소시킨 것으로, 시효 경화 후 인장 강도는 490MPa 이상이다. 항공기 구조재, 리벳 재료로 사용한다.

② 내식용 Al 합금

(가) 알민(almin) : 1.2% Mn을 첨가한 합금으로 내식성, 가공성, 용접성이 우수하여 저장 탱크나 기름 탱크 등에 사용된다.

(나) 하이드로날륨(hydronalium) : 6~10% Mg을 첨가한 합금으로 hydro(물)와 aluminum(알루미늄)을 합성하여 만든 이름이다. 알루미늄이 바닷물에 부식되지 않도록 개량된 것이며, 주로 판, 봉, 관 등으로 사용되지만 4% Mg 또는 7~10% Mg 하이드로날륨은 주조용으로도 사용된다.

(다) 알드레이(aldrey) : 0.45~1.5% Mg, 0.2~1.2% Si를 첨가한 합금으로, 가공이 용이하고 전기 저항이 작아서 송전선으로 사용된다.

(라) 알클래드(alcled) : 두랄루민의 표면에 순 Al 또는 내식성 Al 합금을 피복한 합판재이다.

핵·심·문·제

6. 알루미늄 합금은 가공용과 주조용으로 나뉜다. 다음 중 가공용 알루미늄 합금에 해당되는 것은?

① 알루미늄 – 구리계 합금
② 다이캐스팅용 알루미늄 합금
③ 알루미늄 – 규소계 합금
④ 내식성 알루미늄 합금

7. 고강도 알루미늄 합금인 초두랄루민의 주성분은?

① Al-Cu-Mg-Zn
② Al-Cu-Mg-Mn
③ Al-Cu-Si-Mn
④ Al-Cu-Si-Zn

8. Cu 4%, Mn 0.5%, Mg 0.5% 함유된 알루미늄 합금으로 기계적 성질이 우수하여 항공기, 차량 부품 등에 많이 쓰이는 재료는?

① Y 합금
② 실루민
③ 두랄루민
④ 켈멧 합금

3 구리

(1) 구리의 종류

① 전기동 : 조동을 전해 정련하여 99.96% 이상의 순동으로 만든 동

② 무산소 구리 : 전기동을 진공 용해하여 산소 함유량을 0.006% 이하로 탈산한 구리

③ 정련 구리 : 전기동을 반사로에서 정련한 구리

(2) 구리의 성질

① 물리적 성질

㈎ 구리의 비중은 8.96, 용융점은 1083℃이며 변태점이 없다.

㈏ 비자성체이며 전기 및 열의 양도체이다.

② 기계적 성질

㈎ 전연성이 풍부하다.

㈏ 600~700℃에서 30분간 풀림하면 연화된다.

㈐ 인장 강도는 가공도 70%에서 최대이다.

㈑ 가공 경화로 경도가 증가한다.

③ 화학적 성질

㈎ 황산·염산에 용해된다.

㈏ 습기, 탄산가스, 해수에 녹이 생긴다.

㈐ 수소병 : 환원 여림의 일종이며, 산화 구리를 환원성 분위기에서 가열하면 H_2가 구리 중에 확산 침투하여 균열이 발생하는 것이다.

핵·심·문·제

9. 구리가 다른 금속에 비해 우수한 성질이 아닌 것은 어느 것인가?

① 전연성이 좋아 가공이 용이하다.

② 전기 및 열의 전도성이 우수하다.

③ 화학적 저항력이 커서 부식이 잘되지 않는다.

④ 비중이 크므로 경금속에 속하며 금속적 광택을 갖는다.

10. 구리의 설명 중 올바른 것은?

① 비중은 8.96, 용융점은 1083℃, 체심입방격자이다.

② 변태점이 있고 비자성체이며, 전기 및 열의 양도체이다.

③ 황산, 염산에 쉽게 용해된다.

④ 탄산가스(CO_2), 습기, 해수에 강하다.

•정답 9. ④ 10. ③

4 구리 합금

(1) 황동(Cu–Zn)

① **황동의 성질** : 구리와 아연의 합금으로 가공성, 주조성, 내식성, 기계성이 우수하다.

⑺ Zn의 함유량 ┌ 30% : 7 : 3 황동(α 고용체)은 연신율 최대, 상온 가공성 양호, 가공성이 목적

├ 40% : 6 : 4 황동($\alpha+\beta$ 고용체)은 인장 강도 최대, 상온 가공성 불량 (600~800℃ 열간 가공), 강도 목적

└ 50% 이상 : γ 고용체는 취성이 크므로 사용 불가

⑼ **자연 균열** : 냉간 가공에 의한 내부 응력이 공기 중의 NH_3, 염류로 인하여 입간 부식을 일으켜 균열이 발생하는 현상이다[방지책 : 도금법, 저온 풀림(200~300℃, 20~30분간)].

㈐ **탈아연 현상** : 해수에 침식되어 Zn이 용해 부식되는 현상으로, $ZnCl$이 원인이다(방지책 : Zn 30% 이하의 황동을 쓰거나 0.1~0.5%의 As 또는 Sb, 1% 정도의 Sn을 첨가하면 좋다).

㈑ **경년 변화** : 상온 가공한 황동 스프링이 사용 시간의 경과와 더불어 스프링의 특성을 잃는 현상을 말한다.

② **황동의 종류**

5% Zn	15% Zn	20% Zn	30% Zn	35% Zn	40% Zn
길딩 메탈	래드 브라스	로 브라스	카트리지 브라스	하이, 옐로 브라스	먼츠 메탈 6 : 4
화폐 · 메달용	소켓 · 체결구용	장식용 · 톰백	탄피 가공용 7 : 3	7 : 3 황동보다 값쌈	값싸고 강도 큼

☞ 톰백(tombac) : 8~20% Zn을 함유한 것으로 금에 가까운 색이며 연성이 크다. 금 대용품, 장식품에 사용한다.

핵 · 심 · 문 · 제

11. 황동에 대한 기계적 성질과 물리적 성질을 설명한 것 중에서 잘못된 것은?

① 30% Zn 부근에서 최대의 연신율을 나타낸다.

② 45% Zn에서 인장 강도가 최대로 된다.

③ 50% Zn 이상의 황동은 취약하여 구조용재에는 부적합하다.

④ 전도도는 50% Zn에서 최소가 된다.

12. 구리에 아연을 8~20% 첨가한 합금으로 α 고용체만으로 구성되어 있어 냉간 가공이 쉽게 되어 단추, 금박, 금 모조품 등으로 사용되는 재료는?

① 톰백(tombac)

② 델타 메탈(delta metal)

③ 니켈 실버(nickel silver)

④ 먼츠 메탈(muntz metal)

---

③ 특수 황동

㈎ 연황동(leaded brass, 쾌삭 황동) : 황동(6 : 4)에 Pb 1.5~3%를 첨가하여 절삭성을 개량한다. 대량 생산, 정밀 가공품에 사용한다.

㈏ 주석 황동(tin brass) : 내식성 목적(Zn의 산화, 탈아연 방지)으로 Sn 1%를 첨가한 것이다.

• 애드미럴티 황동 : 7 : 3 황동에 Sn 1%를 첨가한 것이며, 콘덴서 튜브에 사용한다.

• 네이벌 황동 : 6 : 4 황동에 Sn 1%를 첨가한 것이며, 내해수성이 강해 선박 기계에 사용한다.

㈐ 철황동(델타 메탈) : 6 : 4 황동에 Fe 1~2%를 첨가한 것으로 강도, 내식성이 우수하다(광산, 선박, 화학 기계에 사용).

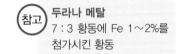

참고 **두라나 메탈**
7 : 3 황동에 Fe 1~2%를 첨가시킨 황동

㈑ 강력 황동(고속도 황동) : 6 : 4 황동에 Mn, Al, Fe, Ni, Sn 등을 첨가하여 주조와 가공성을 향상시킨 것으로 열간 단련성, 강인성이 뛰어나다(선박 프로펠러, 펌프 축에 사용).

㈒ 양은(german silver, nickel silver) : 7 : 3 황동에 Ni 15~20%를 첨가한 것으로 주단조가 가능하다. 양백, 백동, 니켈, 청동, 은 대용품으로 사용되며 전기 저항선, 스프링 재료, 바이메탈용으로 쓰인다.

㈓ 규소 황동 : Si 4~5%를 첨가한 것으로, 실진(silzin)이라 한다.

㈔ Al 황동 : 알브락(albrac)이라 하며, 금 대용품으로 사용한다.

 핵·심·문·제

13. 6 : 4 황동에 주석을 0.75~1% 정도 첨가하여 판, 봉 등으로 가공되어 용접봉, 파이프, 선박용 기계에 주로 사용되는 것은?

① 애드미럴티 황동(admiralty brass)
② 네이벌 황동(naval brass)
③ 델타 메탈(delta metal)
④ 두라나 메탈(durana metal)

14. 선박의 복수 기관에 많이 사용되며, 용접용으로도 쓰이는 것으로 7 : 3 황동에 1% 내외의 주석을 함유한 황동은?

① 켈밋 합금
② 쾌삭 황동
③ 델타 메탈
④ 애드미럴티 황동

15. 6 : 4 황동에 철 1~2%를 첨가한 동합금으로 강도가 크고 내식성도 좋아 광산 기계, 선반용 기계에 사용되는 것은?

① 톰백
② 먼츠 메탈
③ 네이벌 황동
④ 델타 메탈

16. 니켈-구리 합금 중 Ni의 일부를 Zn으로 치환한 것으로 Ni 8~12%, Zn 20~35%, 나머지가 Cu인 단일 고용체로 식기, 악기 등에 사용되는 합금은?

① 베네딕트메탈(benedict metal)
② 큐프로니켈(cupro-nickel)
③ 양백(nickel silver)
④ 콘스탄탄(constantan)

(2) 청동(Cu-Sn)

① 청동의 성질

㈎ 주조성, 강도, 내마멸성이 좋다.

㈏ Sn의 함유량 ┌ 4%에서 연신율 최대
└ 15% 이상에서 강도, 경도가 급격히 증대(Sn 함량에 비례하여 증가)

참고 **포금(건메탈)**
① 청동의 예전 명칭. 청동 주물(BC)의 대표이다. 유연성, 내식·내수압성이 좋다.
② 성분＝Cu＋Sn 10%＋Zn 2%

② 특수 청동

㈎ 인청동

- 성분 : Cu＋Sn 9%＋P 0.35%(탈산제)
- 성질 : 내마멸성이 크고 냉간 가공으로 인장 강도, 탄성 한계가 크게 증가한다.

참고 **두랄플렉스(duralflex)**
미국에서 개발한 5% Sn의 인청동으로 성형성, 강도가 좋다.

- 용도 : 스프링제(경년 변화가 없다), 베어링, 밸브 시트 등에 사용한다.

㈏ 베어링용 청동

- 성분 : Cu＋Sn 13～15%
- 성질 : $\alpha+\delta$ 조직으로 P를 가하면 내마멸성이 더욱 증가한다.
- 용도 : 외측의 경도가 높은 δ 조직으로 이루어졌기 때문에 베어링 재료로 적합하다.

㈐ 납청동

- 성분 : Cu＋Sn 10%＋Pb 4～16%
- 성질 및 용도 : Pb은 Cu와 합금을 만들지 않고 윤활 작용을 하므로 베어링에 적합하다.

핵·심·문·제

17. 청동에 1% 이하의 인을 첨가한 합금으로 기계적 성질이 좋고, 내식성을 가지며, 기어, 베어링, 밸브 시트 등 기계 부품에 많이 사용되는 청동은?

① 켈밋　　　　② 알루미늄 청동
③ 규소 청동　　④ 인청동

18. 다음 중 청동의 주성분 구성은?

① Cu-Zn 합금　　② Cu-Pb 합금
③ Cu-Sn 합금　　④ Cu-Ni 합금

19. 청동의 기계적 성질에 관한 사항 중 틀린 것은 어느 것인가?

① Sn이 17～18% 범위까지 증가하면 인장 강도가 커진다.
② 연신율은 Sn 4～5%일 때 최대이고, 25% 이상이면 오히려 취성이 생긴다.
③ Sn 32%에서 경도가 최대이며 가공성은 좋지 않다.
④ 전연성은 황동에 비해 양호하며, Sn 양이 큰 것은 압연하기 쉽다.

㈜ 켈밋(kelmet)

- 성분 : Cu+Pb 30~40%(Pb 성분이 증가될수록 윤활 작용이 좋다.)
- 성질 및 용도 : 열전도, 압축 강도가 크고 마찰 계수가 작다. 고속 고하중 베어링에 사용한다.

㈐ Al 청동

- 성분 : Cu+Al 8~12%
- 성질 : 내식, 내열, 내마멸성이 크다. 강도는 Al 10%에서 최대이며 가공성은 Al 8%에서 최대이다. 주조성이 나쁘다.

> **참고** **암스 청동(arms bronze)**
> Mn, Fe, Ni, Si, Zn을 첨가한 강력 Al 청동

- 자기 풀림(self−annealing) 현상이 발생 : $\beta \rightarrow \alpha+\delta$로 분해하여 결정이 커진다.

㈑ Ni 청동

- 어드밴스 : Cu 54%+Ni 44%+Mn 1%(Fe=0.5%)의 합금으로, 정밀 전기 기계의 저항선에 사용한다.
- 콘스탄탄 : Cu+Ni 45%의 합금으로 열전대용, 전기 저항선에 사용한다.
- 코슨(corson) 합금 : Cu+Ni 4%+Si 1%의 합금으로 통신선, 전화선으로 사용한다.
- 쿠니얼(kunial) 청동 : Cu+Ni 4~6%+Al 1.5~7%의 합금으로, 뜨임 경화성이 크다.

㈒ 베릴륨(Be) 청동

- Cu에 2~3% Be을 첨가한 석출 경화성 합금이다.
- Cu 합금 중 최고 강도를 갖는다.
- 피로한도, 내열성, 내식성이 우수하다.
- 베어링, 고급 스프링 재료에 이용된다.
- 산화하기 쉽고 가격이 비싸다.

핵·심·문·제

20. 구리에 니켈 40~45%의 함유량을 첨가하는 합금으로 통신기, 전열선 등의 전기 저항 재료로 이용되는 것은?

① 모넬메탈
② 콘스탄탄
③ 엘린바
④ 인바

21. 금속 재료 중 주석, 아연, 납, 안티몬의 합금으로 주성분인 주석과 구리, 안티몬을 함유한 것은 베빗 메탈이라고도 하는 것은?

① 켈밋
② 합성수지
③ 트리메탈
④ 화이트 메탈

•정답 **20.** ② **21.** ①

5 베어링 합금

(1) 베어링 합금의 정의

베어링 합금이란 주로 일반 기계, 자동차, 항공기, 전기 기계 등에 사용되는 미끄럼 베어링의 재료로 쓰이도록 만들어진 합금이다. 화이트 메탈, 켈밋, 포금(건메탈), 소결함유 베어링 등이 있다.

(a) 화이트 메탈 베어링

(b) 건메탈 베어링

(c) 소결함유 베어링 부시

(2) 베어링 합금의 구비 조건

① 하중에 견딜 수 있는 정도의 경도와 내압력을 가질 것
② 충분한 점성과 인성이 있을 것
③ 주조성, 절삭성이 좋고 열전도율이 클 것
④ 마찰 계수가 적고 저항력이 클 것
⑤ 내소착성이 크고 내식성이 좋으며 가격이 저렴할 것

핵·심·문·제

22. 베어링의 재료는 다음과 같은 성질을 갖고 있어야 한다. 이 중 틀린 것은?

① 눌러 붙지 않는 내열성을 가져야 한다.
② 마찰 계수가 적어야 한다.
③ 피로 강도가 높아야 한다.
④ 압축 강도가 낮아야 한다.

23. 다음 중 베어링 메탈의 구비 조건이 아닌 것은 어느 것인가?

① 피로 강도가 작아야 한다.

② 열전도도가 좋아야 한다.
③ 면압 강도와 강성이 커야 한다.
④ 마찰이나 마멸이 적어야 한다.

24. 베어링 메탈의 재료가 구비해야 할 조건이 아닌 것은 어느 것인가?

① 녹아 붙지 않을 것
② 마멸이 적을 것
③ 내식성이 작을 것
④ 피로 강도가 클 것

(3) 베어링 합금의 종류

① 화이트 메탈

  ㉮ 주석계 화이트 메탈 : 배빗 메탈(babbit)이 대표적이며 고속 및 고하중용 베어링에 사용한다.

  ㉯ Pb계 화이트 메탈 : 루기 메탈(lurgi metal), 반메탈(bann metal), 내소착성이 주석계와 별 차이가 없으나 피로 강도는 약간 나쁘다.

② 구리계 베어링 합금

  ㉮ 켈밋(kelmet) : 축에 대한 적응성이 우수하며 고속, 고하중용 베어링에 사용한다.

  ㉯ 그 밖에 Al 청동, 포금(건메탈), 인청동, 연청동 등이 있다.

③ 카드뮴계, 아연계 합금

  ㉮ Zn에 30~40% Al과 5~10% Cu를 첨가한 합금 화이트 메탈보다 경도가 높다.

  ㉯ 전차용 베어링에 사용한다.

④ 함유 베어링 : 다공질 재료에 윤활유를 흡수시킨 것

  ㉮ 소결 함유 베어링 : 오일라이트(oilite), 오일리스 베어링, 5~100μm의 구리 분말, 주석 분말, 흑연 분말을 혼합하고 윤활제를 첨가하여 가압 성형한 후 고온에서 소결하여 제조한다.

  ㉯ 주철 함유 베어링 : 주철 주조품에 가열, 냉각을 반복하면 내부에 미세한 균열이 생겨 다공질이 된다. 여기에 윤활제를 함유시켜 제조한다.

핵·심·문·제

25. 구리계 베어링 합금이 아닌 것은?

① 먼츠 메탈(muntz metal)
② 켈밋(kelmet)
③ 연청동(lead bronze)
④ 알루미늄 청동

26. 주석계 화이트 메탈로서 고속, 고하중용 베어링에 사용되는 것은?

① 루기 메탈
② 반메탈
③ 배빗 메탈
④ 건메탈

27. 다음 중 소멸 함유 베어링은?

① 켈밋
② 포금
③ 콘스탄탄
④ 오일라이트

28. 다공질 재료에 윤활유를 흡수시켜서 베어링으로 사용하는 것은?

① 함유 베어링
② 화이트 메탈
③ 카트리지 브라스
④ 로엑스 합금

3-4 비금속 재료

1 합성수지의 개요

(1) 합성수지

① 합성수지는 플라스틱(plastics)이라고도 하며, 플라스틱이라는 말은 어떤 온도에서 가소성을 가진 성질이라는 의미이다.

② 가소성 물질이란 유동체와 탄성체도 아닌 것으로서 인장, 굽힘, 압축 등의 외력을 가하면 어느 정도의 저항력으로 그 형태를 유지하는 성질의 물질을 말한다.

(2) 합성수지의 성질

합성수지는 인조수지로서 다음과 같은 공통적인 성질을 나타낸다.

① 가볍고 튼튼하다.
② 가공성이 크고 성형이 간단하다.
③ 전기 절연성이 좋다.
④ 산, 알칼리, 유류, 약품 등에 강하다.
⑤ 단단하나 열에는 약하다.
⑥ 투명한 것이 많으며, 착색이 자유롭다.
⑦ 비강도는 비교적 높다.
⑧ 금속 재료에 비해 충격에 약하다.
⑨ 표면 경도가 낮아 흠집이 나기 쉽다.
⑩ 열팽창은 금속보다 크다.

합성수지로 만든 베벨 기어

핵·심·문·제

1. 일반적으로 합성수지의 장점이 아닌 것은?
   ① 가공성이 뛰어나다.
   ② 절연성이 우수하다.
   ③ 가벼우며 비교적 충격에 강하다.
   ④ 임의의 색깔을 착색할 수 있다.

2. 합성수지의 공통된 성질 중 틀린 것은?
   ① 가볍고 튼튼하다.
   ② 전기 절연성이 좋다.
   ③ 단단하며 열에 강하다.
   ④ 가공성이 크고 성형이 간단하다.

•정답 1. ③ 2. ③

2 합성수지의 종류

(1) 열경화성 수지

가열 성형한 후 굳어지면 다시 가열해도 연화하거나 용융되지 않는 수지이다.

종 류		기 호	특 징	용 도
페놀 수지		PF	강도, 내열성	전기 부품, 베이클라이트
불포화폴리에스테르		UP	유리 섬유에 함침 가능	FRP용
아미노계	요소 수지	UF	접착성	접착제
	멜라민 수지	MF	내열성, 표면 경도	테이블 상판
폴리우레탄		PU	탄성, 내유성, 내한성	우레탄 고무, 합성 피혁
에폭시		EP	금속과의 접착력 우수	실링, 절연 니스, 도료
실리콘(silicone)		–	열 안정성, 전기 절연성	그리스, 내열 절연재

(2) 열가소성 수지

가열 성형하여 굳어진 후에도 다시 가열하면 연화 및 용융되는 수지이다.

종 류	기 호	특 징	용 도
폴리에틸렌	PE	무독성, 유연성	랩, 종이컵 원지 코팅, 식품 용기
폴리프로필렌	PP	가볍고 열에 약함	일회용 포장 그릇, 뚜껑, 식품 용기
오리엔티드폴리프로필렌	OPP	투명성, 방습성	투명 테이프, 방습 포장
폴리초산비닐	PVA	접착성 우수	접착제, 껌
폴리염화비닐	PVC	내수성, 전기 절연성	수도관, 배수관, 전선 피복
폴리스티렌	PS	굳지만 충격에 약함	컵, 케이스
폴리에틸렌테레프탈레이트	PET	투명, 인장파열 저항성	사출 성형품, 생수용기
폴리카보네이트	PC	내충격성 우수	차량의 창유리, 헬멧, CD
폴리메틸메타아크릴레이트	PMMA	빛의 투과율이 높음	광파이버

핵·심·문·제

3. 다음 합성수지 중 일명 EP라고 하며, 현재 이용되고 있는 수지 중 가장 우수한 특성을 지닌 것으로 널리 이용되는 것은?

① 페놀 수지   ② 폴리에스테르 수지
③ 에폭시 수지   ④ 멜라민 수지

4. 열경화성 수지 중에서 높은 전기 절연성이 있어 전기 부품 재료를 많이 쓰고 있으며 베이클라이트(bakelite)라고 불리는 수지는?

① 요소 수지   ② 페놀 수지
③ 멜라민 수지   ④ 에폭시 수지

• 정답   3. ③   4. ②

3 복합 재료 및 기타 비금속 재료

(1) 복합 재료

① 섬유 강화 플라스틱(fiber reinforced plastic, FRP) : 경량의 플라스틱을 매트릭스로 하고, 내부에 강화 섬유를 함유시킴으로써 비강도를 현저하게 높인 복합 재료이다.

② 섬유 강화 금속(fiber reinforced metal, FRM) : 메트릭스로 경량의 Al을 이용하고 섬유 강화한 것으로, 피스톤 헤드에 사용한다.

(2) 기타 비금속 재료

① 연마 재료

　㈎ 천연 연마제 : 다이아몬드, 에머리, 가닛, 트리폴리

　㈏ 인조 연마제 : 용융 알루미나, 탄화규소, 탄화붕소, 산화철, 산화크롬, 소성 알루미나

② 세라믹(ceramics)

　㈎ 산화물계 세라믹 : 금속 양이온이 산소와 결합하여 만들어진다(SiO_2, Al_2O_3, ZrO_3).

　㈏ 비산화물계 세라믹 : 질소, 탄소 등의 음이온과 결합하여 만들어진다(SiC, TiC, TiN, Si_3N_4).

③ 네오프렌(neoprene)

　㈎ 내약품성, 내유성, 내후성, 내열성, 내오존성, 내마모성이 우수한 합성 고무이다.

　㈏ 전선의 피복, 호스, 패킹, 개스킷, 접착제 등에 사용한다.

④ 제진 재료 : 진동의 기계 에너지를 흡수하여 열에너지로 변환하는 것으로 진동을 억제하는 재료이다.

핵·심·문·제

5. 다음 중 섬유강화 플라스틱으로 불리며 항공기, 선박, 자동차 등에 쓰이는 복합 재료는?

① optical fiber　　② 세라믹
③ FRP　　　　　　④ 초전도체

6. 비금속 재료에 속하지 않는 것은?

① 합성수지　　　② 네오프렌
③ 도료　　　　　④ 고속도강

7. 다음 중 섬유 강화 금속(FRM)의 용도로 가장 알맞은 것은?

① 파이프 이음쇠　　② 절삭 공구
③ 원자로 자기 장치　④ 피스톤 헤드

8. 산화물계 세라믹의 주재료는?

① SiO_2　　　② SiC
③ TiC　　　　④ TiN

---

4 신소재

(1) 클래드 재료

① 클래드 재료는 서로 다른 재질의 금속판을 겹쳐 압연하여 기계적으로 접착한 것이다.

② 스테인리스강과 인바 등을 조합시킨 것은 온도 조절용 바이메탈로 사용되며, 강판에 티타늄을 피복한 티타늄 강판은 내식용 강판으로 사용된다.

(2) 비정질 재료(amorphous material)

① 비정질 재료는 아몰포스라고도 한다.

② 산란된 불규칙한 원자 배열에 의해 이방성이 없고 특정한 슬립면이 없으므로 입계, 쌍정과 같은 결정 결함이 존재하지 않는다.

③ 내식성 및 경도와 강도가 일반 금속보다 훨씬 높다.

④ 비정질 재료는 핵연료 처리용 방식 재료, 골프 클럽의 샤프트 등에 사용된다.

(3) 자동차용 신소재

① 파인 세라믹스(fine ceramics)

㈎ 가볍고 내마모성 및 내열성이 우수하다.

㈏ 내화학성이 우수하다.

② HSLA(high strength low alloy steel) : 자동차용 탄소강판의 대용 제품이다.

핵·심·문·제

9. 스테인리스강과 인바(invar) 등을 조합시켜 가정용 전기기구 등의 온도 조절용 바이메탈(bimetal)에 사용되는 신소재는?

① 제진 재료
② 클래드 재료
③ 비정질 재료
④ 초전도 재료

10. 자동차용 신소재인 파인 세라믹스(fine ceramics)에 대한 설명 중 틀린 것은?

① 가볍다.
② 강도가 강하다.
③ 내화학성이 우수하다.
④ 내마모성 및 내열성이 우수하다.

(4) 초전도 재료

초전도 현상은 어떤 종류의 순금속이나 합금을 극저온으로 냉각하면 특정 온도에서 갑자기 전기 저항이 영(0)이 되는 현상이다.

(5) 형상 기억 합금

상온에서 다른 형상으로 변형되었을 때 특정 온도로 가열하면 마텐자이트 역변태에 의해 원래의 형상으로 돌아가는 합금이다. Ti-Ni, Ti-Ni-Cu, Ti-Ni-Fe, Cu-Al-Ni, Cu-Zn, Cu-Zn-Al 등의 합금이 형상 기억 합금에 속한다.

(6) 초소성 재료

특정한 온도에서 인장 응력을 받을 때 끊어지지 않고 수백 % 이상의 연신율을 나타내는 금속 재료이다(예 1.6%의 탄소강은 650℃에서 끊어지지 않고 길이가 11배까지 늘어난다).

핵·심·문·제

11. 신소재인 초전도 재료의 초전도 상태에 대한 설명으로 옳은 것은?

① 상온에서 자화시켜 강한 자기장을 얻을 수 있는 금속이다.
② 알루미나가 주가 되는 재료로 높은 온도에서 잘 견디어 낸다.
③ 비금속의 무기 재료(classical ceramics)를 고온에서 소결 처리하여 만든 것이다.
④ 어떤 종류의 순금속이나 합금을 극저온으로 냉각하면 특정 온도에서 갑자기 전기 저항이 영(0)이 된다.

12. 처음에 주어진 특정 모양의 것을 인장하거나 소성 변형된 것이 가열에 의하여 원래의 모양으로 돌아가는 현상에 의한 효과는?

① 크리프 효과
② 형상 기억 효과
③ 재결정 효과
④ 열팽창 효과

13. 다음 중 형상 기억 효과를 나타내는 합금은?

① Ti-Ni계 합금
② Fe-Al계 합금
③ Ni-Cr계 합금
④ Pb-Sb계 합금

14. 재료를 상온에서 다른 형상으로 변형시킨 후 원래 모양으로 회복되는 온도로 가열하면 원래 모양으로 돌아오는 합금은?

① 제진 합금
② 형상 기억 합금
③ 비정질 합금
④ 초전도 합금

15. 소결 합금으로 오일리스 베어링, 방직기용 소결 링크, 열교환기, 전극 촉매 등 유체를 취급하는 공업 분야에 널리 쓰이는 재료는?

① 자성 재료　　② 초전도 재료
③ 클래드 재료　　④ 다공질 재료

5 공구 재료

(1) 주조 경질 합금

Co-Cr-W(Mo)을 금형에 주조 연마한 합금으로 강철, 주철, 스테인리스강의 절삭용이다.

① 대표적인 합금 : 스텔라이트(stellite)는 Co-Cr-W의 합금으로, Co가 주성분(40%)이다.

② 특성 : 열처리가 불필요하고 절삭 속도는 SKH의 2배이며, 800℃까지 경도를 유지한다.

(2) 초경합금

금속 탄화물을 프레스로 성형·소결시킨 합금으로 분말 야금 합금이다.

① 금속 탄화물의 종류 : WC, TiC, TaC(결합재 : Co 분말)

② 제조 방법 : 1400℃ 이상의 고온으로 가열하면서 프레스로 소결 성형한다.

(3) 서멧(cermet)

내화물에 TiC, Ni 등을 결합한 소결복합제이다.

(4) 세라믹 공구(ceramics)

알루미나(Al_2O_3)를 주성분으로 소결시킨 일종의 도기이다.

① 제조 방법 : 산화물 Al_2O_3를 1600℃ 이상에서 소결한다.

② 특성 : 내열성이 가장 크며 고온 경도, 내마모성이 크다. 비자성이고 충격에 약하다.

③ 용도 : 고온 절삭, 고속 정밀 가공용, 강자성 재료의 가공용

(5) CBN(cubic boron nitride, 입방정질화붕소)

미소분말을 초고온(2000℃), 초고압(7만 기압)으로 소결한 공구로서 난삭재, 고속 도강, 열처리강의 연삭 및 절삭 가공에 사용된다.

핵·심·문·제

16. 스텔라이트계 주조 경질 합금에 대한 설명으로 틀린 것은?

① 주성분이 Co이다.

② 단조품이 많이 쓰인다.

③ 800℃까지의 고온에서도 경도가 유지된다.

④ 열처리가 불필요하다.

17. 금속 탄화물의 분말형 금속 원소를 프레스로 성형한 다음 이것을 소결하여 만든 합금으로 절삭 공구와 내열, 내마멸성이 요구되는 부품에 많이 사용되는 금속은?

① 초경합금

② 주조 경질 합금

③ 합금 공구강

④ 세라믹

2D 도면 관리

1. 치수 및 공차 관리

2. 도면 출력 및 데이터 관리

2D 도면 관리

1. 치수 및 공차 관리

1-1 치수 기입

1 치수의 종류

치수에는 재료 치수, 소재 치수, 마무리 치수 등이 있는데 도면에 표시되는 치수는 특별히 명시하지 않는 한 마무리 치수를 기입한다.

(1) 재료 치수

압력 용기, 철골 구조물 등을 만들 때 사용되는 재료가 되는 강판, 형강, 관 등의 치수로서 톱날로 전달되고 다듬어지는 부분을 모두 포함한 치수이다.

(2) 소재 치수

주물 공장에서 주조한 그대로의 치수로서 기계로 다듬기 전의 미완성된 치수이다.

(3) 마무리 치수

마지막 다듬질을 한 완성품의 치수 또는 다듬질 치수라고도 한다.

핵·심·문·제

1. 도면에 기입되는 치수는 특별히 명시하지 않는 한 보통 어떤 치수를 기입하는가?
  ① 재료 치수 ② 마무리 치수
  ③ 반제품 치수 ④ 소재 치수

2. 도면에 기입되는 치수에 대한 설명이 옳은 것은?
  ① 재료 치수는 재료 구입에 필요한 치수로, 잘림 여유나 다듬질 여유가 없는 치수이다.

② 소재 치수는 주물 공장이나 단조 공장에서 만들어진 그대로의 치수를 말하며, 가공할 여유가 없는 치수이다.
③ 마무리 치수는 가공 여유를 포함하지 않은 치수로, 가공 후 최종 검사할 완성된 제품의 치수를 말한다.
④ 도면에 기입되는 치수는 특별히 명시하지 않는 한 소재 치수를 기입한다.

●정답 1. ② 2. ③

2 치수 기입 방법

(1) 치수 기입의 원칙

도면에서 치수 기입은 중요한 것 중의 하나이다. 작도자가 도면에 기입한 치수는 작업자가 가공 완성한 치수이다. 그러므로 정확한 치수를 기입해야 한다.

도면에 치수를 기입하는 경우에는 다음 사항에 유의하여 기입한다.

① 대상물의 기능·제작·조립 등을 고려하여 필요하다고 생각되는 치수를 명료하게 도면에 지시한다.

② 치수는 대상물의 크기, 자세 및 위치를 가장 명확하게 표시하는 데 필요하고 충분한 것을 기입한다.

③ 도면에 나타내는 치수는 특별히 명시하지 않는 한, 그 도면에 도시한 대상물의 다듬질 치수를 표시한다.

④ 치수에는 기능상 필요한 경우 치수의 허용 한계를 기입한다. 다만, 이론적으로 정확한 치수는 제외한다.

⑤ 치수는 되도록 주투상도에 기입한다.

⑥ 치수는 중복 기입을 피한다.

⑦ 치수는 되도록 계산해서 구할 필요가 없도록 기입한다.

⑧ 치수는 필요에 따라 기준으로 하는 점, 선 또는 면을 기준으로 하여 기입한다.

⑨ 관련되는 치수는 되도록 한 곳에 모아서 기입한다.

⑩ 치수는 되도록 공정마다 배열을 분리하여 기입한다.

⑪ 치수 중 참고 치수에 대하여는 치수 수치에 괄호를 붙인다.

(2) 치수의 단위

치수 수치의 단위는 다음에 따른다.

① 길이의 치수 수치는 원칙적으로 mm의 단위로 기입하고 단위 기호는 붙이지 않는다.

② 각도의 치수 수치는 일반적으로 도의 단위로 기입하고, 필요한 경우 분 또는 초를 병용할 수 있다.

  ㈎ 도, 분, 초를 표시할 때에는 숫자의 오른쪽 어깨에 각각 °, ′, ″를 기입한다.

> **보기** 90°, 22.5°, 6°21′5″(또는 6°21′05″), 8°0′12″(또는 8°00′12″), 3′21″

  ㈏ 각도의 치수 수치를 라디안의 단위로 기입할 때에는 단위 기호 rad를 기입한다.

> **보기** 0.52rad, $\dfrac{\pi}{3}$rad

③ 치수 수치의 소수점은 아래쪽의 점으로 하고, 숫자 사이를 적당히 띄워 그 중간에 약간 크게 쓴다.

④ 치수 수치의 자릿수가 많은 경우에는 세 자리마다 숫자의 사이를 적당히 띄우고 쉼표는 찍지 않는다.

| 보기 | 123.25, 12.00, 22 320 |

핵·심·문·제

3. 치수 기입에서 (20)으로 표기된 것은 무엇을 의미 하는가?

① 기중 치수   ② 완성 치수
③ 참고 치수   ④ 비례척이 아닌 치수

4. 다음 중 치수 기입의 원칙에 대한 설명으로 틀린 것은 어느 것인가?

① 관련되는 치수는 되도록 한 곳에 모아서 기 입한다.

② 치수는 중복 기입을 할 수 있으며, 각 투상 도에 고르게 치수를 기입한다.

③ 치수는 되도록 주 투상도에 집중한다.

④ 치수는 되도록 공정마다 배열을 분리하여 기입한다.

5. 치수 기입에 있어서 참고 치수를 나타내는 것은 어 느 것인가?

① 치수 밑에 줄을 긋는다.
② 치수 앞에 ∨를 한다.
③ 치수에 ( )를 한다.
④ 치수 앞에 ※표를 한다.

6. 치수 기입 방법에 대한 설명으로 틀린 것은?

① 치수의 자릿수가 많을 경우에는 세 자리 숫 자마다 쉼표를 붙인다.

② 길이 치수는 원칙적으로 밀리미터(mm) 단 위로 기입하고, 단위 기호는 붙이지 않는다.

③ 각도 치수를 라디안 단위로 기입하는 경우 에는 단위 기호 rad를 기입한다.

④ 각도 치수는 일반적으로 도의 단위를 기입 하고, 필요한 경우에는 분 및 초를 같이 사용 할 수 있다.

7. 다음 치수 기입 방법에 대한 설명으로 틀린 것은 어느 것인가?

① 치수 단위는 mm이고 단위 기호는 붙이지 않는다.

② cm나 m를 사용할 필요가 있을 경우에는 반 드시 cm나 m 등의 기호를 기입해야 한다.

③ 한 도면 안에서의 치수는 같은 크기로 기입 한다.

④ 치수 숫자의 단위 수가 많은 경우에는 3단위 마다 숫자 사이를 조금 띄우고 쉼표를 사용 한다.

3 치수 기입에 사용되는 기호

치수 기입에는 치수선, 치수 보조선, 지시선, 화살표, 치수 숫자 등이 쓰인다.

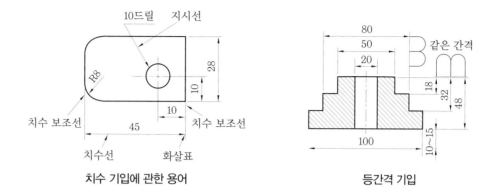

| 치수 기입에 관한 용어 | 등간격 기입 |

(1) 치수선

0.25mm 이하의 가는 실선으로 그어 외형선과 구별하고 양 끝에는 끝부분 기호를 붙인다.

① 외형선으로부터 치수선은 약 10~15mm 띄어서 긋고, 계속될 때는 같은 간격으로 긋는다.

② 원호를 나타내는 치수선은 호 쪽에만 화살표를 붙인다.

③ 원호의 지름을 나타내는 치수선은 수평선에 대해 45°의 직선으로 한다.

(2) 치수 보조선

치수 보조선은 0.25mm 이하의 가는 실선으로 치수선에 직각이 되게 긋고, 치수선의 위치보다 약간 길게 긋는다. 그러나 치수 보조선이 [그림 (b)]와 같이 외형선과 근접하여 선의 구별이 어려울 때에는 치수선과 적당한 각도(60° 방향)를 가지게 한다.

한 중심선에서 다른 중심선까지의 거리를 나타낼 때에는 [그림 (c)]와 같이 중심선으로 치수 보조선을 대신한다. 치수 보조선이 다른 선과 교차되어 복잡하게 될 경우, 또는 치수를 도형 안에 기입하는 것이 더 뚜렷할 경우에는 [그림 (d)]와 같이 외형선을 치수 보조선으로 사용할 수 있다.

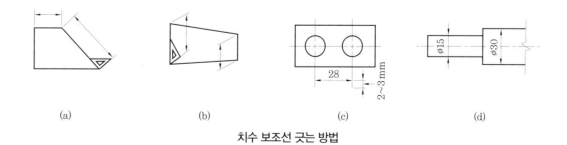

치수 보조선 긋는 방법

(3) 지시선

구멍의 치수, 가공법 또는 품번 등을 기입하는 데 사용한다. 지시선은 일반적으로 수평선에 60°가 되도록 그으며, 지시되는 쪽에 화살표를 하고 반대쪽은 수평으로 꺾어 그 위에 지시 사항이나 치수를 기입한다.

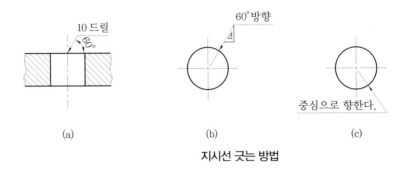

지시선 긋는 방법

(4) 화살표

치수나 각도를 기입하는 치수선의 끝에 화살표를 붙여 그 한계를 표시한다. 한계를 표시하는 기호에는 [그림 – 치수선의 양단을 표시하는 방법]이 있으며, 화살표를 그릴 때는 길이와 폭의 비율이 조화를 이루게 한다.

한 도면에서는 될 수 있는 대로 화살표의 크기를 같게 한다.

치수선의 양단을 표시하는 방법

(5) 치수 숫자

치수 숫자는 다음과 같은 원칙에 따라 기입한다.
① 수평 방향의 치수선에는 도면의 밑변 쪽에서 보고 읽을 수 있도록 기입하고, 수직 방향의 치수선에는 도면의 오른쪽에서 보고 읽을 수 있도록 기입한다[그림 (a)].
② 경사 방향의 치수 기입 [그림 (b)]도 ①에 준하나 수직선에서 반시계 방향으로 30° 범위 내에는 가능한 한 치수 기입을 피한다[그림 (c)].
③ 경사 방향의 금지된 구역에 치수 기입이 꼭 필요한 경우는 [그림 (d)]와 같이 한다.
④ 도형이 치수 비례대로 그려져 있지 않을 때는 다음 [그림 (e)]와 같이 치수 밑에 밑줄을 긋는다.

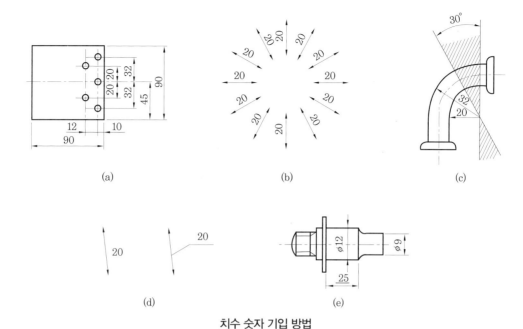

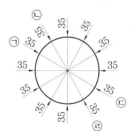

치수 숫자 기입 방법

핵 · 심 · 문 · 제

8. 다음 중 치수 기입의 요소에 해당하지 않는 것은 어느 것인가?

① 치수선   ② 치수 보조선
③ 치수 숫자   ④ 해칭선

9. 치수선과 치수 보조선에 대한 설명으로 틀린 것은 어느 것인가?

① 치수선과 치수 보조선은 가는 실선을 사용한다.
② 치수 보조선은 치수를 기입하는 형상에 대해 평행하게 그린다.
③ 외형선, 중심선, 기준선 및 이들의 연장선을 치수선으로 사용하지 않는다.
④ 치수 보조선과 치수선의 교차는 피해야 하나 불가피한 경우에는 끊김 없이 그린다.

10. 치수선 끝에 붙는 화살표의 길이와 너비의 비율은 어떻게 되는가?

① 2 : 1   ② 3 : 1
③ 4 : 1   ④ 5 : 1

11. 그림과 같이 여러 각도로 기울어진 면의 치수를 기입할 때 잘못 기입된 치수 방향은?

① ㉠   ② ㉡
③ ㉢   ④ ㉣

4 치수선의 배치

① 직렬 치수 기입법 : 직렬로 나란히 연결된 개개의 치수에 주어진 공차가 누적되어도 관계 없는 경우에 사용한다.

② 병렬 치수 기입법 : 개개의 치수 공차가 다른 치수 공차에는 영향을 주지 않는다.

③ 누진 치수 기입법 : 치수 공차에 대해서는 병렬 치수 기입법과 같은 의미를 가지면서 한 개의 연속된 치수선으로 간단하게 표시할 수 있다. 치수의 기준이 되는 위치는 기호(○)로 표시하고, 치수선의 다른 끝은 화살표를 그린다. 치수 수치는 치수 보조선에 나란히 기입 하거나 화살표 가까운 곳의 치수선 위쪽에 쓴다.

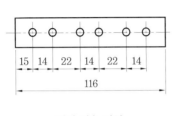
직렬 치수 기입

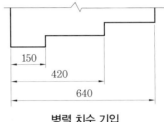
병렬 치수 기입

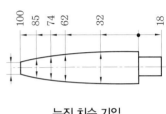
누진 치수 기입

④ 좌표 치수 기입법 : 구멍의 위치나 크기 등의 치수는 좌표를 사용하여 표로 기입하여도 좋다. 이때 표에 나타낸 X, Y의 수치는 기준점에서의 수치이다.

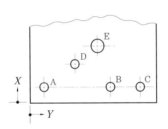
좌표 치수 기입

구 분	X	Y	ϕ
A	20	20	13.5
B	140	20	13.5
C	200	20	13.5
D	60	60	13.5
E	100	90	26

핵 · 심 · 문 · 제

12. 다음 그림에 사용된 치수의 배치 방법으로 알맞 은 것은?

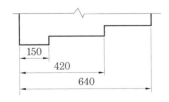

① 직렬 치수 기입 ② 병렬 치수 기입
③ 누진 치수 기입 ④ 좌표 치수 기입

13. 치수 기입법 중 치수 배치 방법이 아닌 것은?

① 누진 치수 기입법 ② 병렬 치수 기입법
③ 가로 치수 기입법 ④ 좌표 치수 기입법

5 치수 기입상의 유의점

치수는 다음 사항에 유의하여 기입한다.

① 치수 숫자는 도면에 그린 선에 의하여 분할되지 않는 위치에 쓰는 것이 좋다.

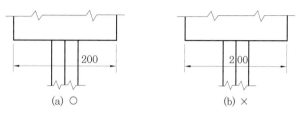

선에 의해 분할되지 않게 기입한다.

② 치수 숫자는 선에 겹쳐서 기입하면 안 된다. 다만, 할 수 없는 경우에는 숫자와 겹쳐지는 선의 일부분을 중단하여 기입한다.

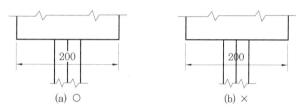

선을 일부 중단하고 기입한다.

③ 치수가 인접해서 연속될 때에는 되도록 치수선을 일직선이 되게 한다.
④ 치수선이 길어서 그 중앙에 치수 수치를 기입하면 알아보기 어려울 때에는 한쪽 끝부분 화살표 기호 가까이에 기입할 수 있다.

핵·심·문·제

14. 다음 치수 기입법 중 적당하지 않은 것은?

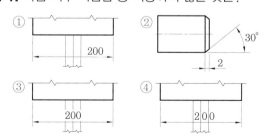

15. 치수 기입을 할 때의 유의사항으로 틀린 것은?

① 치수 숫자는 선에 겹쳐서 기입하지 않는다.
② 인접한 치수는 치수선이 일직선상에 있도록 한다.
③ 치수 숫자와 선이 겹칠 때는 선의 겹치는 부분을 중단하고 치수를 기입한다.
④ 치수선이 길어서 치수를 알아보기 어려워도 치수 숫자를 한쪽 끝에 기입하지 않는다.

⑤ 경사진 두 면의 만나는 부분이 둥글거나 모따기가 되어 있을 때, 두 면이 만나는 위치를 표시할 때에는 외형선으로부터 그은 연장선이 만나는 점을 기준으로 한다.

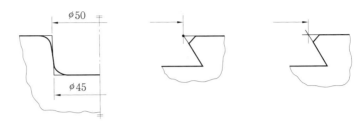

경사면의 치수 기입

⑥ 좁은 곳에서의 치수 기입 방법 : 부분 확대도를 그려서 기입하거나 다음 중 어느 한 방법을 사용한다.

㉮ 지시선을 끌어내어 그 위쪽에 치수를 기입하고, 지시선 끝에는 아무것도 붙이지 않는다([그림−지시선을 사용한 치수 기입] 참고).

㉯ 치수선을 연장하여 그 위쪽 또는 바깥 쪽에 기입해도 좋고 치수 보조선의 간격이 좁을 때에는 화살표 대신 검은 둥근점이나 경사선을 사용해도 좋다([그림−좁은 곳의 치수 표시] 참고).

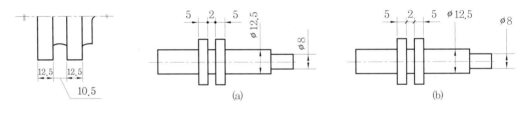

지시선을 사용한 치수 기입   **좁은 곳의 치수 표시**

핵 · 심 · 문 · 제

16. 경사진 두 면이 만나는 부분이 둥글게 되었을 때의 치수 기입 방법으로 가장 적당한 것은?

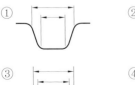

17. 다음 중 좁은 곳에서의 치수 기입 방법으로 잘못된 것은?

① 부분 확대도를 그려서 기입한다.
② 지시선을 끌어내어 치수를 기입한다.
③ 치수선을 연장하여 바깥쪽에 기입한다.
④ 치수 보조선의 간격이 좁을 때에는 화살표를 겹쳐서 그린다.

1-2　치수 보조 기호

1　치수 보조 기호의 종류

치수 보조 기호의 종류

기 호	설 명	기 호	설 명
∅	지름	⌒	원호의 길이
S∅	구의 지름	C	45° 모따기
□	정육면체의 변	t=	두께
R	반지름	⌴	카운터 보어
SR	구의 반지름	∨	카운터 싱크(접시 자리파기)
CR	제어 반지름	⤓	깊이

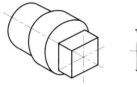 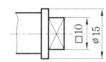  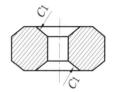 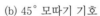

(a) 정사각형 기호 표시 방법　(b) 45° 모따기 기호　(c) 반지름 표시 방법

 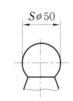  

(d) 두께 표시 방법　(e) 구의 지름 표시 방법　(f) 제어 반지름 지시의 예

치수 보조 기호의 표시 방법

핵·심·문·제

18. 45° 모따기(chamfering)의 기호로 사용되는 것은 어느 것인가?

① H
② F
③ M
④ C

19. 다음 중 치수 보조 기호의 사용 방법으로 옳은 것은 어느 것인가?

① ∅ : 구의 지름 치수 앞에 붙인다.
② R : 원통의 지름 치수 앞에 붙인다.
③ □ : 정육면체의 변의 치수 앞에 붙인다.
④ SR : 원형의 지름 치수 앞에 붙인다.

2 여러 가지 치수의 기입

(1) 지름, 반지름의 치수 기입

① 지름의 치수 기입

㈎ 지름 기호 ϕ 는 형체의 단면이 원임을 나타낸다. 도면에서 지름을 지시할 경우에는 ϕ 를 치수값 앞에 기입한다[그림 (a)].

㈏ 180°를 넘는 원호 또는 원형 도형에는 치수 앞에 지름 기호 ϕ 를 기입한다[그림 (b)].

㈐ 일반적으로 180°보다 큰 호에는 지름 치수로 표시한다. 지름을 지시하는 치수선을 하나의 화살표로 나타낼 때 치수선은 원의 중심을 통과하고 초과해야 한다[그림 (b)].

㈑ 지시선을 사용하여 지름을 표시할 수 있다[그림 (c)].

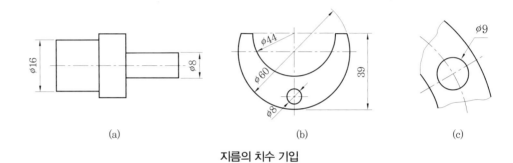

지름의 치수 기입

② 반지름의 치수 기입

㈎ 반지름의 치수는 반지름 기호 R을 치수 수치 앞에 기입한다. 단, 반지름을 표시하는 치수선을 원호의 중심까지 긋는 경우에는 R을 생략해도 좋다.

반지름 지시의 보기

㈏ 원호의 반지름을 표시하는 치수선에는 원호 쪽에만 화살표를 붙인다. 또한, 화살표나 치수 수치를 기입할 여유가 없을 때에는 [그림-반지름이 작은 경우]에 따른다.

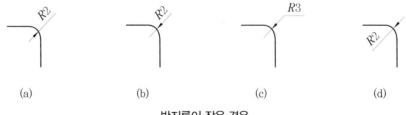

반지름이 작은 경우

㈐ 원호의 중심 위치를 표시할 필요가 있을 때에는 +자 또는 검은 둥근점으로 표시한다.

⒟ 원호의 반지름이 커서 중심 위치까지 치수선을 그을 수 없거나 여백이 없을 때에는 [그림-반지름이 큰 경우]와 같이 치수선을 꺾어 표시해도 좋다. 이때 화살표가 붙은 치수선은 원호의 중심 으로 향해야 하며, 점은 원호의 중심선상에 있어야 한다.

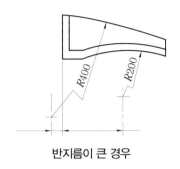

반지름이 큰 경우

⒠ 중심이 같은 반지름 치수가 연속된 경우에는 [그림-동일 중심의 반지름 치수 기입]과 같이 기점 기호(○)를 사용하여 누진 치수 기입법을 사용하여 표시할 수 있다.

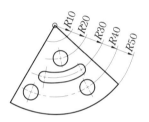

동일 중심의 반지름 치수 기입

 핵·심·문·제

20. 반지름의 치수 기입 방법으로 옳은 것은?

① 반지름 치수를 표시할 때에는 치수선의 양쪽에 화살표를 모두 붙인다.

② 화살표나 치수를 기입할 여유가 없을 때에는 중심 방향으로 치수선을 연장하여 긋고 화살표를 붙인다.

③ 반지름이 커서 중심 위치까지 치수선을 그을 수 없을 때에는 자유 실선을 원호 쪽에 사용하여 치수를 표기한다.

④ 반지름 치수는 중심을 반드시 표시하여 기입한다.

21. 원호의 반지름을 기입하는 방법으로 틀린 것은 어느 것인가?

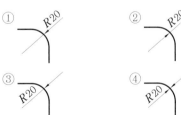

(2) 현, 원호, 각도의 치수 기입

① 현의 길이는 현에 수직으로 치수 보조선을 긋고 현에 평행한 치수선을 사용하여 표시한다.

② 원호의 길이는 현과 같은 치수 보조선을 긋고 그 원호와 같은 중심의 원호를 치수선으로 하며, 치수 수치 위에 원호를 표시하는 기호(⌒)를 붙인다.

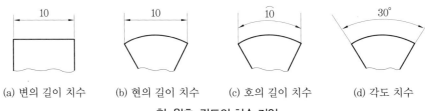

(a) 변의 길이 치수   (b) 현의 길이 치수   (c) 호의 길이 치수   (d) 각도 치수

현, 원호, 각도의 치수 기입

③ 각도를 기입하는 치수선은 그 각을 구성하는 두 변 또는 연장선 사이에 원호로 나타낸다.

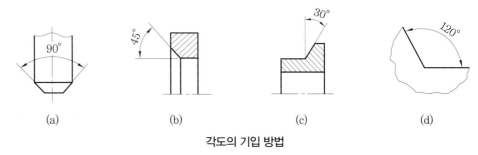

(a)   (b)   (c)   (d)

각도의 기입 방법

핵·심·문·제

22. 원호의 길이를 나타내는 치수선과 치수 보조선의 도시 방법으로 옳은 것은?

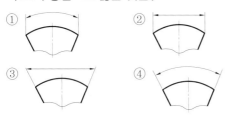

23. 다음 치수 중 원호의 길이를 나타내는 것은?

① □50
② ⌀50
③ ⌒50
④ t50

24. 각도 치수가 잘못 기입된 것은?

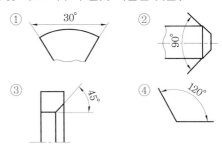

25. 다음 중 현의 길이의 치수 기입으로 옳은 것은?

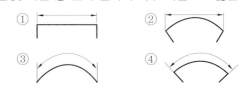

●정답   22. ①   23. ③   24. ①   25. ②

(3) 곡선의 치수 기입 방법

곡선의 치수는 다음 [그림]과 같이 원호의 반지름과 중심 위치, 원호의 접선 위치 및 곡선 각 점의 좌표로 나타낸다.

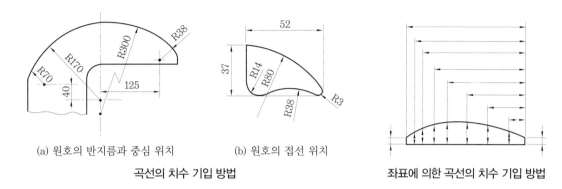

(a) 원호의 반지름과 중심 위치   (b) 원호의 접선 위치

곡선의 치수 기입 방법   **좌표에 의한 곡선의 치수 기입 방법**

(4) 테이퍼, 기울기의 기입 방법

① 테이퍼 : 중심선에 대하여 대칭으로 된 원뿔선의 경사를 테이퍼(taper)라 하며, 치수는 [그림-테이퍼]와 같이 나타낸다.

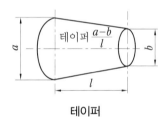

테이퍼

② 기울기 : 기준면에 대한 경사면의 경사를 기울기(물매 또는 구배, slope)라 하며, 치수는 [그림-기울기]와 같이 나타낸다.

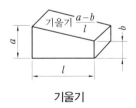

기울기

 핵·심·문·제

26. 그림과 같이 테이퍼 $\dfrac{1}{200}$ 로 표시되어 있는 경우 X 부분의 치수는?

① 89   ② 92

③ 96   ④ 98

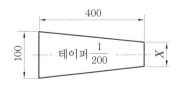

●정답 26. ④

다음 [그림]은 테이퍼와 기울기의 치수 기입의 예이다.

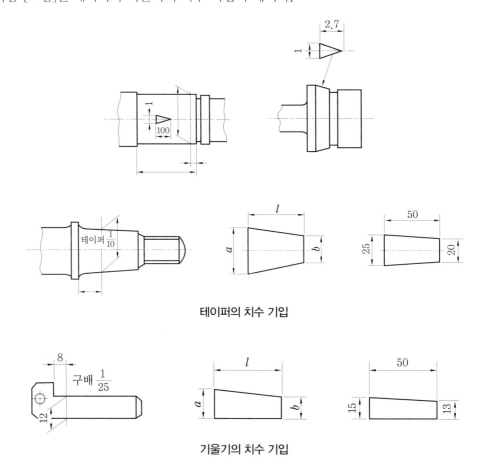

테이퍼의 치수 기입

기울기의 치수 기입

핵·심·문·제

27. 다음의 테이퍼 표기법 중 표기 방법이 틀린 것은 어느 것인가?

①

②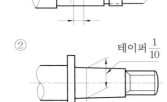

③

④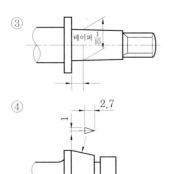

(5) 구멍의 치수 기입 방법

① 드릴 구멍, 펀칭 구멍, 코어 구멍 등 구멍의 가공 방법을 표시할 필요가 있을 때에는 치수 수치 뒤에 가공 방법의 용어를 표시한다.

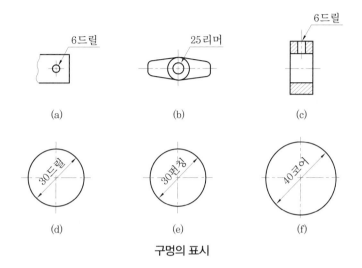

구멍의 표시

② 구멍의 깊이 표시

㈎ 구멍의 지름을 나타내는 치수 다음에 구멍의 깊이를 나타내는 기호 ▼를 표기하고 구멍의 깊이 수치를 기입한다[그림 (a)].

㈏ 관통 구멍일 때에는 구멍의 깊이를 기입하지 않는다[그림 (b)].

㈐ 구멍의 깊이란 드릴의 앞 끝의 모따기부를 포함하지 않는 원통부의 깊이이다[그림 (c)].

③ 경사진 구멍의 깊이는 구멍의 중심축 선상의 길이 치수로 나타낸다[그림 (d)].

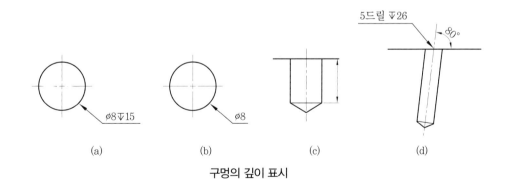

구멍의 깊이 표시

④ 카운터 보어의 표시

㈎ 카운터 보어 지름 앞에 카운터 보어를 나타내는 기호 ⊔를 기입한다[그림 (a), (b)].

㈏ 주조품, 단조품 등 표면을 깎아 평면을 확보하기 위한 경우에도 깊이를 지시한다[그림 (c)].

㈐ 깊은 카운터 보어의 바닥 위치를 반대쪽 면에서 치수를 규제할 필요가 있는 경우에는 그 치수를 지시한다[그림 (d)].

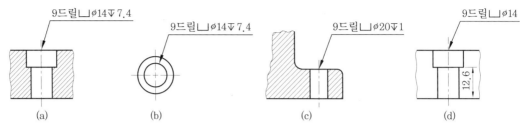

카운터 보어의 표시

⑤ 카운터 싱크의 표시

　㉮ 카운터 싱크 입구 지름 치수 앞에 카운터 싱크를 나타내는 기호 ∨를 기입한다[그림 (a)].

　㉯ 카운터 싱크 구멍의 깊이 치수를 규제할 필요가 있는 때에는 개구각 및 카운터 싱크 구멍의 깊이 치수를 기입한다[그림 (b)].

　㉰ 원형 형상에 표시할 때에는 지시선을 끌어내고 참조선의 상단에 기입한다[그림 (c)].

　㉱ 간단한 지시 방법으로는 카운터 싱크 구멍 입구 지름 및 카운터 싱크 구멍이 뚫린 각도 사이에 ×를 적어 기입한다[그림 (d)].

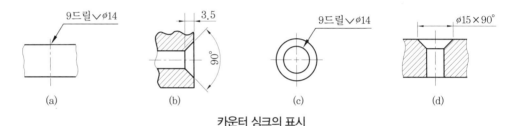

카운터 싱크의 표시

⑥ 하나의 피치선, 피치원에 배치되는 1군의 동일 치수의 볼트 구멍, 작은 나사 구멍, 핀 구멍, 리벳 구멍 등은 구멍에서 지시선을 끌어내어 전체 수를 나타내는 숫자 다음에 ×를 사용하여 치수를 지시한다.

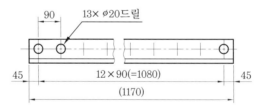

1군의 동일 치수 지시의 보기

 핵 · 심 · 문 · 제

28. 오른쪽 도면에서 전체 길이 A는 얼마인가?

　① 700mm　　　② 800mm

　③ 900mm　　　④ 1,000mm

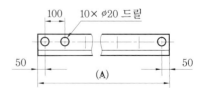

(6) 모따기의 치수 기입 방법

일반적인 모따기는 보통 치수 기입 방법에 따라 표시한다. 45° 모따기의 경우에는 모따기의 치수×45° 또는 모따기의 기호 C를 치수 앞에 기입하여 표시한다.

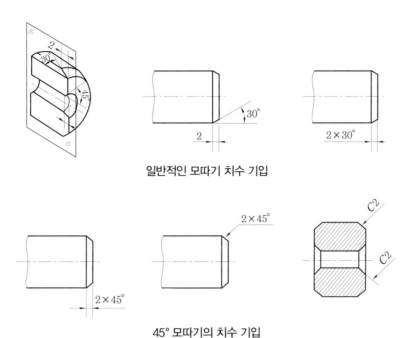

일반적인 모따기 치수 기입

45° 모따기의 치수 기입

핵·심·문·제

29. 다음 그림에서 모따기가 2일 때 모따기의 각도로 알맞은 것은?

① 15°
② 30°
③ 45°
④ 60°

30. 축의 도시에 대한 설명이다. 옳은 것은?

① 긴 축은 중간 부분을 파단하여 짧게 그리며, 그림의 80은 짧게 줄인 치수를 기입한 것이다.

② 축의 끝에는 모따기를 하고, 모따기 치수 기입은 그림과 같이 기입할 수 있다.

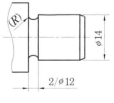

③ 그림은 축에 단을 주는 치수 기입으로, 홈의 너비는 12mm이고 지름은 2mm이다.

④ 그림은 빗줄 널링에 대한 도시이며, 축선에 대하여 45° 엇갈리게 그린다.

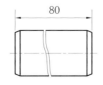

1-3 치수 공차

1 치수 공차의 용어

(1) 치수 공차

대량 생산 방식에 의해서 제작되는 기계 부품은 호환성을 유지할 수 있도록 가공되어야 한다. 즉, 모든 부품은 확실하게 조립되고 요구되는 성능을 얻을 수 있어야 한다. 치수 공차와 기하학적 형상 공차 및 표면 거칠기는 상호 상관 관계를 갖도록 설정해야 하고, 이들 중 기본이 되는 것이 치수 공차이다. 이 치수 공차는 IT 공차에 따르며 KS B 0401에 규정되어 있다.

다음 그림은 공차역·치수 허용차·기준선의 상호 관계만을 나타내기 위해 간단화한 것이다. 기준선은 수평으로 하고 정(+)의 치수 허용차는 그 위쪽에, 부(−)의 치수 허용차는 그 아래쪽에 나타낸다.

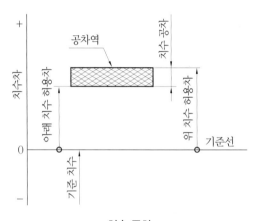

치수 공차

 핵·심·문·제

1. 위 치수 허용차와 아래 치수 허용차의 차이 값은 어느 것인가?

① 치수 공차
② 기준 치수
③ 치수 허용차
④ 허용 한계 치수

2. 도면에 $\phi 70^{+0.07}_{-0.04}$ 로 표시되어 있을 때 치수 공차는?

① +0.07
② −0.04
③ 0.03
④ 0.11

3. 축의 지름이 $\phi 50^{+0.025}_{-0.020}$일 때 공차는?

① 0.025
② 0.02
③ 0.045
④ 0.005

(2) 용어의 뜻

① 구멍 : 주로 원통형의 내측 형체를 말하나, 원형 단면이 아닌 내측 형체도 포함된다.

② 축 : 주로 원통형의 외측 형체를 말하나, 원형 단면이 아닌 외측 형체도 포함된다.

③ 기준 치수(basic dimension) : 치수 허용 한계의 기본이 되는 치수이다. 도면상에는 구멍, 축 등의 호칭 치수와 같다.

④ 기준선(zero line) : 허용 한계 치수와 끼워 맞춤을 도시할 때 치수 허용차의 기준이 되는 선으로, 치수 허용차가 0(zero)인 직선이며 기준 치수를 나타낼 때 사용한다.

⑤ 허용 한계 치수(limits of size) : 형체의 실치수가 그 사이에 들어가도록 정한, 허용할 수 있는 대소 2개의 극한의 치수, 즉 최대 허용 치수 및 최소 허용 치수이다.

⑥ 실치수(actual size) : 형체를 측정한 실측 치수이다.

⑦ 최대 허용 치수(maximum limits of size) : 형체의 허용되는 최대 치수이다.

⑧ 최소 허용 치수(minimum limits of size) : 형체의 허용되는 최소 치수이다.

⑨ 공차(tolerance) : 최대 허용 한계 치수와 최소 허용 한계 치수와의 차이다(치수 허용차).

⑩ 치수 허용차(deviation) : 허용 한계 치수에서 기준 치수를 뺀 값으로 허용차라고도 한다.

⑪ 위 치수 허용차(upper deviation) : 최대 허용 치수에서 기준 치수를 뺀 값이다.

⑫ 아래 치수 허용차(lower deviation) : 최소 허용 치수에서 기준 치수를 뺀 값이다.

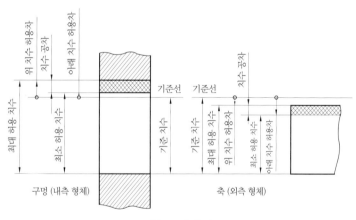

치수 공차 용어

 핵 · 심 · 문 · 제

4. 허용 한계 치수에서 기준 치수를 뺀 값을 무엇이라 하는가?

① 실치수 ② 치수 허용차
③ 치수 공차 ④ 틈새

5. 기준 치수가 30, 최대 허용 치수가 29.98, 최소 허용 치수가 29.95일 때 아래 치수 허용차는?

① +0.03 ② +0.05
③ -0.02 ④ -0.05

• 정답 4. ② 5. ④

(3) 치수 공차를 수치에 의해 기입하는 방법

① 기준 치수 다음에 치수 허용차의 수치를 기입하여 표시한다.

㈎ 외측 형체, 내측 형체에 관계없이 위 치수 허용차는 위에, 아래 치수 허용차는 아래에 기입한다[그림 (a)].

㈏ 위·아래 치수 허용차의 어느 한 쪽이 0일 때는 숫자 0으로 표시하고 부호는 붙이지 않는다[그림 (b)].

㈐ 위·아래 치수 허용차와의 수치가 같을 때는 수치를 하나만 쓰고 위치 앞에 ±기호를 붙인다[그림 (c)].

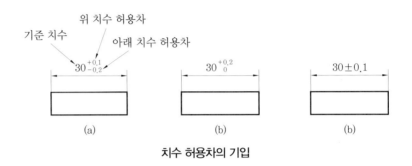

치수 허용차의 기입

② 치수 공차를 허용 한계 치수로 나타낼 때에는 최대 허용 치수를 위에, 최소 허용 치수를 아래에 기입한다.

허용 한계 치수의 기입

(4) 치수 공차를 기호에 의해 기입하는 방법

① 기준 치수 다음에 치수 허용차의 기호를 기입하여 표시한다. 이때 구멍에는 대문자로, 축에는 소문자로 표시한다.

② 위·아래 치수 허용차를 괄호 안에 표기하거나[그림 (b)], 허용 한계 치수를 괄호 안에 표기해도 된다[그림 (c)].

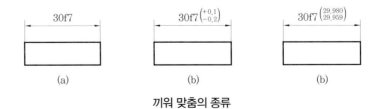

끼워 맞춤의 종류

(5) 치수 공차의 누적

1개의 부품에서 서로 관련되는 치수에 치수 공차를 기입하는 경우에는 다음과 같이 한다.

① 기준면이 없이 직렬로 기입할 경우에는 치수 공차가 누적되므로 공차 누적이 기능에 관계되지 않을 때 사용하는 것이 좋다[그림 (a), (b)].

② 치수 중 기능상 중요도가 적은 치수는 (   )를 붙여서 참고 치수로 나타낸다[그림 (c)].

③ [그림 (d)]는 한 변을 기준으로 하여 병렬로 기입하는 방법이고, [그림 (e)]는 누진 치수로 기입하는 방법이다.

④ ③과 같은 경우는 기입된 공차가 다른 치수의 공차에 영향을 주지 않는다.

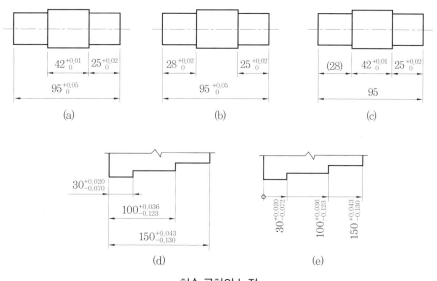

치수 공차의 누적

6. 어떤 구멍의 치수가 다음과 같을 때, 그에 대한 설명으로 틀린 것은?

$$\phi 20^{+0.041}_{+0.025}$$

① 구멍의 기준 치수는 $\phi 20$이다.
② 구멍의 위 치수 허용차는 +0.041이다.
③ 최대 허용 한계 치수는 $\phi 20.041$이다.
④ 구멍의 공차는 0.066이다.

7. 다음 그림에서 부품 ㉠의 공차와 부품 ㉡의 공차가 순서대로 바르게 나열된 것은?

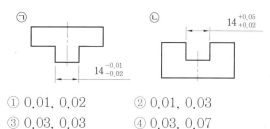

① 0.01, 0.02   ② 0.01, 0.03
③ 0.03, 0.03   ④ 0.03, 0.07

2 IT 기본 공차

(1) 기본 공차의 구분 및 적용

기본 공차는 IT01, IT0 그리고 IT1~IT18까지 20등급으로 구분하여 규정되어 있으며, IT01과 IT0에 대한 값은 사용 빈도가 적어 별도로 정하고 있다. IT 공차를 구멍과 축의 제작 공차로 적용할 때 제작 난이도를 고려하여 구멍에는 IT_n, 축에는 IT_{n-1}을 부여한다.

기본 공차의 적용

용 도	게이지 제작 공차	끼워 맞춤 공차	끼워 맞춤 이외 공차
구멍	IT01~IT5	IT6~IT10	IT11~IT18
축	IT01~IT4	IT5~IT9	IT10~IT18

(2) 기본 공차의 수치

[표 – 기본 공차의 수치]는 기준 치수가 500 이하인 경우와 500을 초과하여 3150 이하인 경우 공차 등급 IT1부터 IT18에 대한 기본 공차 수치를 나타낸 것이며, [표 – 기본 공차의 수치 (공차 등급 IT01 및 IT0)]은 IT01~IT0에 대한 수치를 나타낸 것이다.

기본 공차의 수치(공차 등급 IT01 및 IT0)

기준 치수 (mm)	초과	–	3	6	10	18	30	50	80	120	180	250	315	400
	이하	3	6	10	18	30	50	80	120	180	250	315	400	500
기본 공차 (μm)	IT01	0.3	0.4	0.4	0.5	0.6	0.6	0.8	1	1.2	2	2.5	3	4
	IT0	0.5	0.6	0.6	0.8	1	1	1.2	1.5	2	3	4	5	6

핵 · 심 · 문 · 제

8. IT 기본 공차에 대한 설명으로 틀린 것은?

① IT 기본 공차는 치수 공차와 끼워 맞춤에 있어서 정해진 모든 치수 공차를 의미한다.

② IT 기본 공차의 등급은 IT01부터 IT18까지 20등급으로 구분되어 있다.

③ IT 공차 적용 시 제작의 난이도를 고려하여 구멍에는 IT_{n-1}, 축에는 IT_n을 부여한다.

④ 끼워 맞춤 공차를 적용할 때 구멍일 경우 IT6~IT10, 축일 경우 IT5~IT9이다.

9. 다음 중 구멍용 게이지 제작 공차에 적용되는 IT 공차는?

① IT6 ~ IT10   ② IT01 ~ IT5

③ IT11 ~ IT18   ④ IT5 ~ IT9

10. IT 기본 공차에서 주로 축의 끼워 맞춤 공차에 적용되는 공차의 등급은?

① IT01 ~ IT5   ② IT6 ~ IT10

③ IT01 ~IT4   ④ IT5 ~IT9

기본 공차의 수치

기준치수의 구분(mm)		공차 등급																	
		1	2	3	4	5	6	7	8	9	10	11	12	13	14[1]	15[1]	16[1]	17[1]	18[1]
초과	이하	기본 공차의 수치(μm)											기본 공차의 수치(mm)						
–	3[1]	0.8	1.2	2	3	4	6	10	14	25	40	60	0.10	0.14	0.26	0.40	0.60	1.00	1.40
3	6	1	1.5	2.5	4	5	8	12	18	30	48	75	0.12	0.18	0.30	0.48	0.75	1.20	1.80
6	10	1	1.5	2.5	4	6	9	15	22	36	58	90	0.15	0.22	0.36	0.58	0.90	1.50	2.20
10	18	1.2	2	3	5	8	11	18	27	43	70	110	0.18	0.27	0.43	0.70	1.10	1.80	2.70
18	30	1.5	2.5	4	6	9	13	21	33	52	84	130	0.21	0.33	0.52	0.84	1.30	2.10	3.30
30	50	1.5	2.5	4	7	11	16	25	39	62	100	160	0.25	0.39	0.62	1.00	1.60	2.50	3.90
50	80	2	3	5	8	13	19	30	46	114	120	190	0.30	0.46	0.74	1.20	1.90	3.00	4.60
80	120	2.5	4	6	10	15	22	35	54	87	140	220	0.35	0.54	0.87	1.40	2.20	3.50	5.40
120	180	3.5	5	8	12	18	25	40	63	100	160	250	0.40	0.63	1.00	1.60	2.50	4.00	6.30
180	250	4.5	7	10	14	20	29	46	72	115	185	290	0.46	0.72	1.15	1.85	2.90	4.60	7.20
250	315	6	8	12	16	23	32	52	81	130	210	320	0.52	0.81	1.30	2.10	3.20	5.20	8.10
315	400	7	9	13	18	25	36	57	89	140	230	360	0.57	0.89	1.40	2.30	3.60	5.70	8.90
400	500	8	10	15	20	27	40	63	97	155	250	400	0.63	0.97	1.55	2.50	4.00	6.30	9.70
500	630	9[2]	11	16	22	30	44	70	110	175	280	440	0.70	1.10	1.75	2.80	4.40	7.00	11.00
630	800	10	13	18	25	35	50	80	125	200	320	500	0.80	1.25	2.00	3.20	5.00	8.00	12.50
800	100	11	15	21	29	40	56	90	140	230	360	560	0.90	1.40	2.30	3.60	5.60	9.00	14.00
1000	1250	13	18	24	34	46	66	105	165	260	420	660	1.05	1.65	2.60	4.20	6.60	10.50	16.50
1250	1600	15	21	29	40	54	78	125	195	310	500	780	1.25	1.95	3.10	5.00	7.80	12.50	19.50
1600	2000	18	25	35	48	65	92	150	230	370	600	920	1.50	2.30	3.70	6.00	9.20	15.00	23.00
2000	2500	22	30	41	57	77	110	175	280	440	700	1100	1.75	2.80	4.40	7.00	11.00	17.50	28.00
2500	3150	26	36	50	69	93	135	210	330	540	860	1350	2.10	3.30	5.40	8.60	13.50	21.00	33.00

🖐 [1] : 공차 등급 IT14 ～ IT18은 기준 치수 1mm 이하에는 적용하지 않는다.
　　[2] : 500mm를 초과하는 기준 치수에 대한 공차 등급 IT1 ～ IT5의 공차값은 실험적으로 사용하기 위한 잠정적인 것이다.

핵 · 심 · 문 · 제

11. 치수 공차에 대한 설명으로 옳지 않은 것은?

① 최대 허용 한계 치수와 최소 허용 한계 치수
　의 차를 공차라 한다.
② 구멍일 경우 끼워 맞춤 공차의 적용 범위는
　IT6 ～ IT10이다.
③ IT 기본 공차의 등급 수치가 작을수록 공차
　의 범위 값은 크다.
④ 구멍일 경우에는 영문 대문자로, 축일 경우
　에는 영문 소문자로 표기한다.

12. IT 기본 공차의 등급 수는 몇 가지인가?

① 16　　　　　② 18
③ 20　　　　　④ 22

13. 끼워 맞춤에서 IT 기본 공차의 등급이 커질 때 공
차값은? (단, 기타 조건은 일정함)

① 작아진다.　　② 커진다.
③ 일정하다.　　④ 관계없다.

1-4 기하 공차

(1) 기하 공차의 분류

기하 공차는 단독 형체에 대한 기하 공차와 관련 형체에 대한 기하 공차로 크게 분류할 수 있다.

① 단독 형체에 대한 기하 공차

㈎ 기하학적으로 옳은 모양에 대한 기하 편차의 허용값을 의미한다.

㈏ 진직도, 평면도, 진원도, 원통도, 선의 윤곽도와 같은 모양 공차가 여기에 속한다.

㈐ 공차 기입 틀을 그 형체에 지시선으로 연결한다.

㈑ 데이텀이 필요 없다.

② 관련 형체에 대한 기하 공차

㈎ 기하학적으로 옳은 자세 또는 위치로부터 벗어나는 기하 공차의 허용값을 의미한다.

㈏ 평행도, 직각도, 경사도와 같은 자세 공차, 위치도, 동축도 또는 동심도, 대칭도와 같은 위치 공차, 그리고 흔들림 공차가 여기에 속한다.

㈐ 공차를 지정하는 형체와 관련된 기준점, 기준선, 기준면을 데이텀이라고 한다.

㈑ 데이텀과 관련하여 공차 기입 틀을 그 형체에 지시선으로 연결한다.

핵·심·문·제

1. 다음 중 기하 공차를 분류한 것으로 틀린 것은 어느 것인가?

① 모양 공차
② 자세 공차
③ 위치 공차
④ 치수 공차

2. 기하 공차의 분류 중 적용하는 형체가 관련 형체에 속하지 않는 것은?

① 자세 공차　　② 모양 공차
③ 위치 공차　　④ 흔들림 공차

3. 다음 중 기준이 되는 데이텀을 바탕으로 허용값이 정해지는 관련 형체에 적용되는 기하 공차는?

① 진직도 공차
② 진원도 공차
③ 직각도 공차
④ 원통도 공차

4. 다음 기하 공차 중에서 데이텀 필요없이 단독으로 규제가 가능한 것은?

① 평행도　　② 진원도
③ 동심도　　④ 대칭도

• 정답　1. ④　2. ②　3. ③　4. ②

(2) 기하 공차의 기호

용 도	공차의 명칭		기 호
단독 형체	모양 공차	진직도 공차	—
		평면도 공차	▱
		진원도 공차	○
		원통도 공차	⌭
단독 형체 또는 관련 형체		선의 윤곽도 공차	⌒
		면의 윤곽도 공차	⌓
관련 형체	자세 공차	평행도 공차	∥
		직각도 공차	⊥
		경사도 공차	∠
	위치 공차	위치도 공차	⊕
		동축도 공차 또는 동심도 공차	◎
		대칭도 공차	⌱
	흔들림 공차	원주 흔들림 공차	↗
		온 흔들림 공차	⌰

핵 · 심 · 문 · 제

5. 기하 공차의 종류 중 자세 공차가 아닌 것은?

① ∥   ② ⊥   ③ ⊕   ④ ∠

6. 기하 공차의 기호 연결이 옳은 것은?

① 진원도 : ◎   ② 원통도 : ○
③ 위치도 : ⊕   ④ 진직도 : ⊥

7. 기하 공차의 기호에 대한 설명으로 잘못된 것은?

① 원통도 : ○   ② 평행도 : ∥
③ 경사도 : ∠   ④ 평면도 : ▱

8. 다음 중 대칭도 공차를 나타내는 기호는?

① ⌱   ② ◎   ③ ⊕   ④ ∥

9. 기하 공차의 종류와 기호가 잘못 연결된 것은?

① 원통도 : ⌭   ② 평행도 : ∥
③ 원주 흔들림 : ↗   ④ 대칭도 : ⌱

10. 기하 공차의 종류 중 위치 공차인 것은?

① 평면도   ② 원통도
③ 동심도   ④ 직각도

표시하는 내용		표시 방법
공차붙이 형체	직접 표시하는 경우	
	문자 기호에 의하여 표시하는 경우	
데이텀(datum)	직접 표시하는 경우	
	문자 기호에 의하여 표시하는 경우	
데이텀 타깃(target) 기입 틀		
이론적으로 정확한 치수(데이텀 치수)		50
돌출 공차역		Ⓟ
최대 실체 공차 방식		Ⓜ
대칭인 부품		⊬ ⊬

핵 · 심 · 문 · 제

11. 다음 치수 중 ▭이 뜻하는 것은?

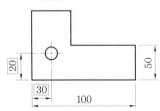

① 정사각형의 한 변의 치수
② 참고 치수
③ 판 두께의 치수
④ 이론적으로 정확한 치수

12. 모양 및 위치 공차 식별 기호 표시에서 최대 실체 공차 방식의 기호는?

① Ⓐ   ② Ⓑ
③ Ⓜ   ④ Ⓟ

13. 데이텀(datum)의 도시 방법으로 맞는 것은?

①   ②
③   ④

(3) 기하 공차 기입 틀

기하 공차의 요구사항은 2개 이상의 칸으로 나눈 직사각형 틀 안에 지시하며, 분할된 칸의 왼쪽에서 오른쪽으로의 순서로 지시한다.

직사각형의 칸에는 왼쪽으로부터 다음 순서에 의해 기입한다.
① 공차의 종류를 나타내는 기호와 공차값은 [그림 (a)]와 같이 나타내며, 데이텀(datum, 기준선 또는 기준면)을 지시하는 문자 기호는 [그림 (b), (c)]와 같이 기입한다.

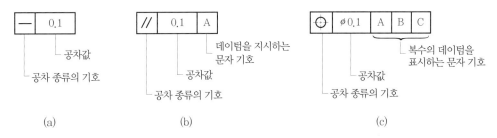

(a) (b) (c)

공차의 종류를 나타내는 기호와 공차값

 핵·심·문·제

14. 다음과 같은 기하 공차 기입 틀의 지시사항에 해당하지 않는 것은?

① 데이텀 문자 기호
② 공차값
③ 물체의 등급
④ 공차의 종류 기호

15. 다음과 같이 기하 공차가 기입되었을 때의 설명으로 틀린 것은?

① 0.01은 공차값이다.

② //은 모양 공차이다.
③ //은 공차의 종류 기호이다.
④ A는 데이텀을 지시하는 문자 기호이다.

16. 다음 공차 기입의 표시 방법 중 복수의 데이텀(datum)을 표시하는 방법으로 올바른 것은?

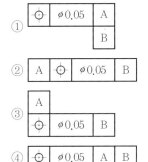

② '6구멍', '4면'과 같이 형체의 공차에 연관시켜 지시할 때에는 [그림 (a)]와 같이 기입한다.

③ 1개의 형체에 2개 이상의 공차를 표시할 때에는 [그림 (b)]와 같이 겹쳐서 기입한다.

(a) 구멍의 공차 표시 방법   (b) 2개 이상의 공차 표시 방법

형체의 공차 표시

(4) 규제되는 형체의 지정 방법

① 선 또는 면 자체에 공차를 지정하는 경우에는 형체의 외형선 위 또는 외형선의 연장선 위에(치수선의 위치를 피하여) 지시선의 화살표를 [그림 (a)] 및 [그림 (b)]와 같이 수직으로 나타낸다.

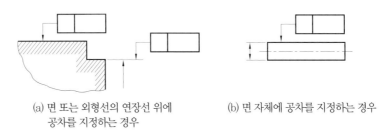

(a) 면 또는 외형선의 연장선 위에   (b) 면 자체에 공차를 지정하는 경우
공차를 지정하는 경우

선 또는 면 자체에 지시선을 붙이는 경우

핵·심·문·제

17. "6구멍"과 같이 형체의 공차에 연관시켜 지시할 때 올바른 기입 방법은?

① $\boxed{\oplus \ \ \phi 0.1}$ 6구멍

② 6구멍
$\boxed{\oplus \ \ \phi 0.1}$

③ $\boxed{\oplus \ \ \phi 0.1}$
6구멍

④ 6구멍 $\boxed{\oplus \ \ \phi 0.1}$

18. 모양 및 위치의 정밀도 허용값을 도시한 것 중 바르게 나타낸 것은?

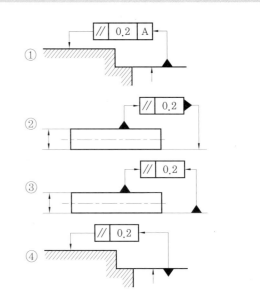

② 치수가 지정되어 있는 형체의 축선 또는 중심면에 공차를 지정하는 경우에는 치수선의 연장선이 공차 기입란으로부터 지시선이 되도록 [그림 (a), (b), (c)]와 같이 나타낸다.

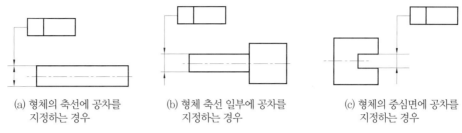

(a) 형체의 축선에 공차를 지정하는 경우

(b) 형체 축선 일부에 공차를 지정하는 경우

(c) 형체의 중심면에 공차를 지정하는 경우

치수선의 연장선에 지시선을 붙이는 경우

③ 축선 또는 중심면이 형체의 공통일 경우에는 축선 또는 중심면을 나타내는 중심선에 수직으로, 공차 기입란으로부터 지시선의 화살표를 [그림 (a), (b), (c)]와 같이 나타낸다.

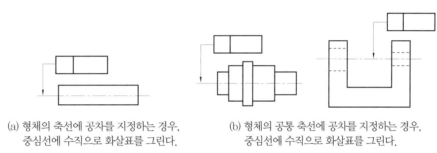

(a) 형체의 축선에 공차를 지정하는 경우, 중심선에 수직으로 화살표를 그린다.

(b) 형체의 공통 축선에 공차를 지정하는 경우, 중심선에 수직으로 화살표를 그린다.

중심선에 지시선을 붙이는 경우

 핵·심·문·제

19. 다음 그림이 뜻하는 기하 공차는?

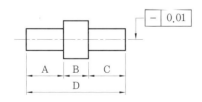

① A부분의 진직도
② B부분의 진직도
③ C부분의 진직도
④ D부분의 진직도

20. 다음 도면의 형상 기호 해독으로 가장 올바른 것?

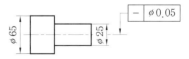

① ∅25mm 부분만 중심축에 대한 평면도가 ∅0.05mm 이내
② 중심축에 대한 전체 평면도가 ∅0.05mm 이내
③ ∅25mm 부분만 중심축에 대한 진직도가 ∅0.05mm 이내
④ 중심축에 대한 전체의 진직도 ∅0.05mm 이내

(5) 기하 공차의 공차역

① 공차값 앞에 ∅가 있는 경우의 공차역은 원 또는 원통의 내부에 존재하는 것으로 [그림]
과 같이 표시한다.

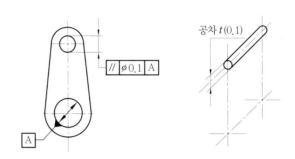

공차값 앞에 ∅가 있는 경우 공차의 도시 방법과 공차역의 관계

② 공차역의 너비가 규제면에 대하여 법선 방향으로 존재하는 것으로 취급할 경우에는 [그
림]과 같이 도시한다.

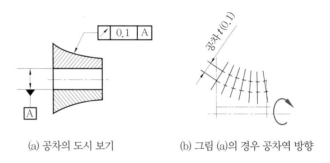

(a) 공차의 도시 보기   (b) 그림 (a)의 경우 공차역 방향

공차역의 너비가 규제면에 대하여 법선 방향으로 존재하는 것으로 취급할 경우

핵·심·문·제

21. 다음 투상도에서 │ // │ ∅0.03 │ A │ 표시에 일맞은
설명은?

① 데이텀 A에 대칭하는 허용값이 지름 0.03의
원통 안에 있어야 한다.

② 데이텀 A에 평행하고 허용값이 지름 0.03
떨어진 두 평면 안에 있어야 한다.

③ 데이텀 A에 평행하고 허용값이 지름 0.03의
원통 안에 있어야 한다.

④ 데이텀 A와 수직인 허용값이 지름 0.03의
두 평면 안에 있어야 한다.

---

(6) 데이텀 지정 방법

데이텀은 관련 형체에 기하 공차를 지시할 때 그 공차 영역을 규제하기 위하여 설정된 이론적으로 정확한 기하학적 기준이다. 예를 들어, 그 기준이 점, 직선, 축 직선, 평면 및 중심 평면인 경우에는 각각 데이텀 점, 데이텀 직선, 데이텀 축 직선, 데이텀 평면 및 데이텀 중심 평면이라고 부른다.

① 형체에 지정하는 공차가 데이텀과 관련되는 경우에는 데이텀은 영문자의 대문자를 정사각형으로 둘러싸고, 이것과 데이텀 삼각 기호 지시선을 연결해서 나타낸다. 이때 데이텀 삼각 기호는 까맣게 칠해도 좋고 칠하지 않아도 좋다.

② 선 또는 면 자체가 데이텀 형체인 경우에는 형체의 외형선 위 또는 외형선을 연장한 가는 선 위에(치수선의 위치를 피해서) 데이텀 삼각 기호를 붙인다[그림 (a)].

③ 치수가 지정되어 있는 형체의 축 직선, 또는 중심 평면이 데이텀인 경우에는 치수선의 연장선을 데이텀의 지시선으로 사용하여 붙인다[그림 (b)].

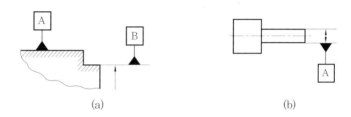

(a)   (b)

④ 축 직선 또는 중심 평면이 공통인 형체에 데이텀을 표시할 경우에는 축 직선, 또는 중심 평면을 나타내는 중심선에 데이텀 삼각 기호를 붙인다[그림 (c)].

⑤ 잘못 볼 염려가 없는 경우에는 공차 기입란과 데이텀 삼각 기호를 직접 지시선에 연결하여 데이텀을 지시하는 문자 기호를 생략할 수 있다[그림 (d)].

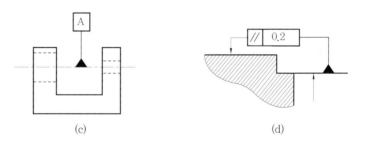

(c)   (d)

핵 · 심 · 문 · 제

22. 기준점, 선, 평면, 원통 등으로 관련 형체에 기하 공차를 지시할 때 그 공차 영역을 규제하기 위하여 설정된 기준을 무엇이라고 하는가?

① 돌출 공차역   ② 데이텀
③ 기준 치수   ④ 최대실체 공차방식

●정답 22. ②

(7) 공차 적용의 한정

① 대상으로 한 형체의 임의의 위치에서 특정한 길이마다 공차를 지정할 경우에는 공차값 다음에 사선을 긋고 지정 길이를 기입한다.

//	0.1/100	A

평행도	공차값/지정 길이	문자 기호(데이텀)

② 대상으로 한 형체의 전체에 대한 공차값과 그 형체의 어느 길이마다에 대한 공차값을 동시에 지정할 때에는 다음과 같이 기입한다.

| // | 0.1 | A |
| | 0.05 / 200 | |

평행도	형체의 전체 공차값	문자 기호 (데이텀)
	지정 길이의 공차값/지정 길이	

③ 공차역 내에서 형체의 성질을 특별히 지시하고 싶을 때에는 공차 기입란 부근에 요구사항을 기입하거나 또는 이것을 인출선으로 연결한다.

| ▱ | 0.3 | 중앙이 높지 않을 것
|---|---|

중앙이 높지 않을 것

//	0.1	A

④ 선 또는 면의 어느 한정된 범위에만 공차값을 적용할 때에는 굵은 1점 쇄선으로 한정하는 범위를 나타내고 도시한다.

어느 한정된 범위에만 공차값을 적용할 경우

핵·심·문·제

23. 다음과 같은 기하학적 치수 공차 방식의 설명으로 틀린 것은?

⊥	0.009/150	A

① ⊥ : 공차의 종류 기호
② 0.009 : 공차값
③ 150 : 전체 길이
④ A : 데이텀 문자 기호

24. 다음과 같이 도면에 기입된 기하 공차에서 0.011이 뜻하는 것은?

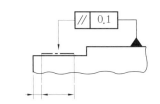

| // | 0.011 | A |
| | 0.05/200 | |

① 기준 길이에 대한 공차값
② 전체 길이에 대한 공차값
③ 전체 길이 공차값에서 기준 길이 공차값을 뺀 값
④ 치수 공차값

(8) 데이텀 기입 방법

① 한 개의 형체에 의하여 설정하는 데이텀은 그 데이텀을 지시하는 한 개의 문자 기호로 나타낸다[그림 (a)].

② 두 개의 데이텀 형체에 의하여 설정하는 공통 데이텀을 지시하는 두 개의 문자 기호를 하이픈으로 연결한 기호로 나타낸다[그림 (b)].

③ 두 개 이상의 데이텀이 있고, 그들 데이텀에 우선순위를 지정할 때에는 우선순위가 높은 순서로 왼쪽에서 오른쪽으로 데이텀을 지시하는 문자 기호를 각각 다른 칸에 기입한다. [그림 (c)]

④ 두 개 이상의 데이텀이 있고 그들 데이텀의 우선 순위를 문제삼지 않을 때에는 데이텀을 지시하는 문자 기호를 같은 구획 내에 나란히 기입한다[그림 (d)].

		A				A-B				A	C	B				AB
(a)				(b)				(c)						(d)		

(9) 최대 실체 공차 방식

① 최대 실체 공차 방식을 공차의 대상으로 적용하는 경우에는 공차값 뒤에 Ⓜ을 기입한다[그림 (a)].

② 최대 실체 공차 방식을 공차의 대상으로 데이텀 형체에 적용하는 경우에는 데이텀을 나타내는 문자 기호 뒤에 Ⓜ을 기입한다[그림 (b)].

③ 최대 실체 공차 방식을 공차의 대상으로 공차붙이 형체와 그 데이텀 형체의 양자에 적용하는 경우에는 공차값 뒤, 데이텀을 나타내는 문자 기호 뒤에 Ⓜ을 기입한다[그림 (c)].

⊕	∅0.04Ⓜ	A		⊕	∅0.04	AⓂ		⊕	∅0.04Ⓜ	AⓂ
(a)				(b)				(c)		

핵·심·문·제

25. 두 가지의 데이텀 형태에 의해서 설정하는 공통 데이텀을 지시하기 위한 도시 방법으로 옳은 것은?

① | | | A/B |
② | | | A-B |
③ | | | A | B |
④ | | | AB |

26. 아래 그림에 표시된 공차를 올바르게 설명한 것은 어느 것인가?

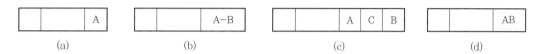

① 데이텀 형체에 최대 실체 공차가 적용
② 치수에 최소 실체 공차가 적용
③ 동축도 공차로 최대 실체 공차를 적용
④ 진원도 공차로 최소 실체 공차를 적용

(10) 기하 공차의 해석

기하 공차	위 치	표시 방법	해 설
① 진직도 : 이상 직선과의 차이 나는 정도를 뜻한다.	㉠ 공차의 치수가 기호 ϕ 뒤에 있을 때의 공차역은 지름 t의 원통이 된다. ϕt	$\boxed{-\ \phi 0.08}$	실제 원통 원주의 지름은 그 축심이 0.08mm의 원통상 내에 있지 않으면 안된다. $\phi 0.08$ 공차역
	㉡ 공차가 1개의 평면 내에서만 규정되었을 때 공차역은 t 만큼 떨어진 평행 직선 사이가 된다. t	$\boxed{-\ 0.08}$	화살표 한 원통이 이루는 0.08mm만큼 떨어진 2개의 평행 직선 사이에 있어야 한다. 0.08 0.08
	㉢ 공차가 서로 수직인 두 평면 내에 규정될 경우의 공차역은 단면이 $t_1 \times t_2$인 평행 육면체가 된다. t_1 t_2	$\boxed{-\ 0.1}$ $\boxed{-\ 0.2}$	육면체의 축심은 수직 방향에서 0.1mm, 수평 방향에 0.2mm의 폭을 갖는 평행 육면체 내에 있어야 한다. 0.2 0.1
	㉣ 선의 진직도 공차 : 공차역은 1개의 평면에 투상되었을 때에는 t 만큼 떨어진 2개의 평행한 직선 사이에 있는 영역이다. t	$\boxed{-\ 0.1}$ △	지시선의 화살표로 나타낸 직선은 화살표 방향으로 0.1mm만큼 떨어진 2개의 평행한 평면 사이에 있어야 한다.

핵・심・문・제

27. 오른쪽 도면에서 다음의 기하 공차가 지시하는 공차역의 위치는 어디인가?

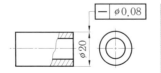

① 0.08mm 떨어진 두 평면
② 지름 0.08mm의 원통
③ 0.08mm만큼 떨어져 있는 동축 원통 사이
④ 0.08mm만큼 떨어져 있는 동심원 사이

② 평면도 : 이상 평면에 대해 차이 나는 정도를 뜻한다.	공차역은 t만큼 떨어져 있는 두 개의 평행 평면 사이가 된다.	□ 0.08	지시된 면은 0.08mm만큼 떨어져 있는 두 개의 평행 평면 사이에 있어야 한다. 0.08 공차역
③ 진원도 : 이상적인 진원에 대해 벗어난 정도를 뜻한다.	공차역은 t만큼 떨어져 있는 2중의 동심원 사이가 된다.	○ 0.03	원판의 원주는 0.03mm만큼 떨어진 2개의 동심원 사이에 있어야 한다. 0.03
④ 원통도 : 원통 부분의 2개소 이상에서의 지름의 불균일한 차이를 뜻한다.	공차역은 t만큼 떨어져 있는 동일축의 원통 사이가 된다.	⌀ 0.05	대상이 되는 표면은 0.05mm만큼 반지름이 차이 나는 2개의 동축 원통 사이에 있어야 한다. 0.05 0.05 공차역
⑤ 임의의 선의 윤곽도	공차역은 정확한 기하학적 형상의 선 위에 중심을 두는 지름 t의 원이 이루는 두 개의 포락선 사이가 된다.	⌒ 0.04	투상면에 평행한 각 단면은 형상의 선을 중심으로 한 지름 0.04mm의 원을 이루는 두 개의 포락선 사이에 있어야 한다. 0.04 공차역
⑥ 임의의 표면에 대한 윤곽도	공차역은 올바른 기하학적 형상의 표면을 중심으로 한 지름 t의 구가 이루는 두 개의 포락면 사이가 된다. 구⌀l	⌓ 0.02	지시된 면은 올바른 기하학적 형상을 갖는 면을 중심으로 지름 0.02mm의 구를 이루는 두 개의 포락면 사이에 있어야 한다.

핵·심·문·제

28. 다음 그림에서 표시된 기하 공차 기호는?

① 선의 윤곽도   ② 면의 윤곽도
③ 원통도   ④ 위치도

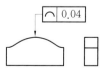

•정답 28. ①

⑦ 평행도 : 직선과 직선, 직선과 평면, 평면과 평면 사이 중 어느 한쪽을 이상 직선 또는 이상 평면으로 기준을 삼아 상대적인 직선 또는 평면 부분이 어느 정도 평행한지 나타내는 것이다.

(개) 기준선에 대한 선의 평행도	㉠ 공차역은 공차의 수치 앞에 φ가 있을 때 기준선에 평행한 지름 t의 원통 내에 있다.	위 축은 밑의 축 A에 평행한 지름 0.03mm의 원통 내에 있지 않으면 안 된다.
	㉡ 공차가 평면 내에서만 규정될 때의 공차역은 t만큼만 서로 떨어져서 기준선과 평행한 두 개의 평행 직선 내에 있다.	위 축은 밑의 축 A에 평행하고 수직면 내에 있는 0.1mm 간격의 두 직선 사이에 있지 않으면 안된다.
		위 축은 밑의 축에 평행하고 수평면 내에 있는 0.1mm 간격의 두 직선 사이에 있지 않으면 안 된다.

핵·심·문·제

29. 다음 설명에 맞는 기하 공차의 표시는?

기하 공차로 지시한 축은 데이텀 A로 지정된 축에 평행한 지름 0.03mm의 원통 내에 있어야 한다.

① ⫽ | 0.03

② ⫽ | 0.03 | A

③ ⫽ | φ0.03 | A

④ ⫽ | φ0.03

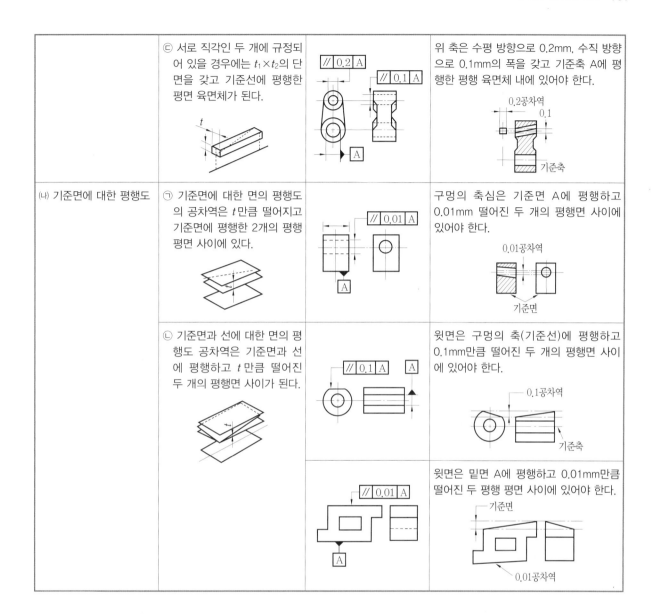

	㉢ 서로 직각인 두 개에 규정되어 있을 경우에는 $t_1 \times t_2$의 단면을 갖고 기준선에 평행한 평면 육면체가 된다.		위 축은 수평 방향으로 0.2mm, 수직 방향으로 0.1mm의 폭을 갖고 기준축 A에 평행한 평행 육면체 내에 있어야 한다.
(나) 기준면에 대한 평행도	㉠ 기준면에 대한 면의 평행도의 공차역은 t만큼 떨어지고 기준면에 평행한 2개의 평행 평면 사이에 있다.		구멍의 축심은 기준면 A에 평행하고 0.01mm 떨어진 두 개의 평행면 사이에 있어야 한다.
	㉡ 기준면과 선에 대한 면의 평행도 공차역은 기준면과 선에 평행하고 t만큼 떨어진 두 개의 평행면 사이가 된다.		윗면은 구멍의 축(기준선)에 평행하고 0.1mm만큼 떨어진 두 개의 평행면 사이에 있어야 한다.
			윗면은 밑면 A에 평행하고 0.01mm만큼 떨어진 두 평행 평면 사이에 있어야 한다.

 핵·심·문·제

30. 그림에서 기하 공차의 해석으로 맞는 것은?

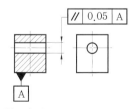

① 데이텀 A를 기준으로 0.05mm 이내로 평면

이어야 한다.
② 데이텀 A를 기준으로 0.05mm 이내로 평행해야 한다.
③ 데이텀 A를 기준으로 0.05mm 이내로 직각이 되어야 한다.
④ 데이텀 A를 기준으로 0.05mm 이내로 대칭이어야 한다.

⑧ 직각도 : 직선과 직선, 직선과 평면, 평면과 평면 사이 중 이상 직선 또는 이상 평면으로 기준을 삼아 상대적인 직선 또는 상대적인 평면 부분이 어느 정도 직각인지 나타내는 것이다.

(가) 기준선에 대한 선의 직각도	공차역이 기준선에 직각이고 t만큼 떨어진 두 개의 평행 평면 사이에 있는 경우		수직 방향의 구멍 축심은 기준 구멍 A의 축심과 직각이고 0.05mm만큼 떨어진 두 개의 평행 평면 사이에 있어야 한다.
(나) 기준면에 대한 선의 직각도	㉠ 공차의 수치 앞에 ϕ가 있을 때의 공차역은 기준면에 직각인 지름 t의 원통 내부가 된다.		지시된 원통의 축선은 기준면 A에 수직인 지름 0.01mm의 원통 내에 있어야 한다.
	㉡ 공차가 평면 내에서만 규정된 경우 공차역은 기준면에 직각이고 t만큼 떨어진 두 개의 평행 직선 내부가 된다.		원통의 축선은 기준면에 직각인 면에서 0.1mm만큼 떨어진 평행 평면 내에 있어야 한다.

핵·심·문·제

31. 다음 그림과 같이 기하 공차를 적용할 때 알맞은 기하 공차 기호는?

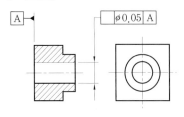

① ◎   ② ∥   ③ ⌀̸   ④ ⊥

32. 다음 그림의 빈칸에 들어갈 기하 공차 기호로 알맞은 것은 어느 것인가?

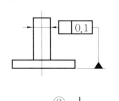

① ⌒   ② ⊥

③ ∥   ④ ⌀̸

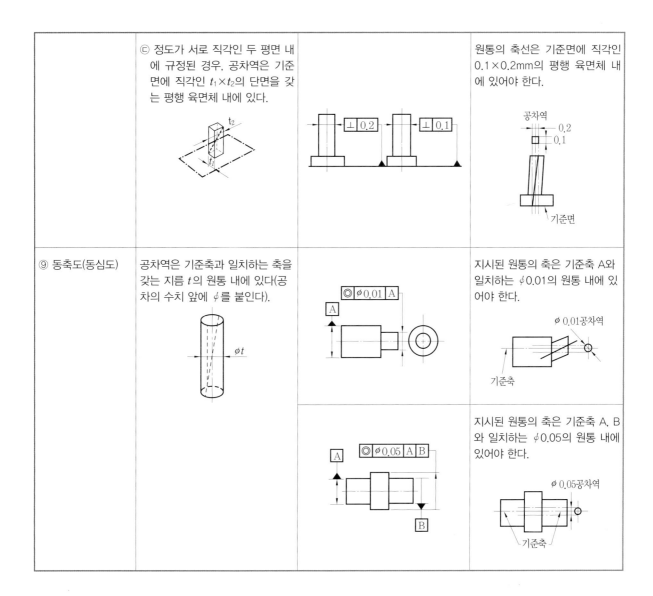

© 정도가 서로 직각인 두 평면 내에 규정된 경우, 공차역은 기준면에 직각인 $t_1 \times t_2$의 단면을 갖는 평행 육면체 내에 있다.		원통의 축선은 기준면에 직각인 0.1×0.2mm의 평행 육면체 내에 있어야 한다.
⑨ 동축도(동심도)	공차역은 기준축과 일치하는 축을 갖는 지름 t의 원통 내에 있다(공차의 수치 앞에 ϕ를 붙인다).	지시된 원통의 축은 기준축 A와 일치하는 $\phi 0.01$의 원통 내에 있어야 한다.
		지시된 원통의 축은 기준축 A, B와 일치하는 $\phi 0.05$의 원통 내에 있어야 한다.

 핵·심·문·제

33. 그림에서 기하 공차 기호 ◎ $\phi0.08$ A–B 의 설명으로 옳은 것은?

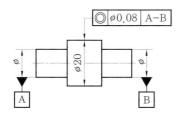

① 데이텀 A–B를 기준으로 흔들림 공차가 지름 0.08mm의 원통 안에 있어야 한다.
② 데이텀 A–B를 기준으로 동심도 공차가 지름 0.08mm의 두 평면 안에 있어야 한다.
③ 데이텀 A–B를 기준으로 동심도 공차가 지름 0.08mm의 원통 안에 있어야 한다.
④ 데이텀 A–B를 기준으로 원통도 공차가 지름 0.08mm의 두 평면 안에 있어야 한다.

⑩ 대칭도 : 선의 대칭도	공차가 한 평면 내에서 규정될 경우 공차역은 기준축(혹은 기준면)에 대해서 대칭이고 t만큼 떨어져 있는 두 개의 평면 사이가 된다.		실제 구멍의 축은 기준이 되는 홈 A 및 B의 실제의 공통 중 양면에 대해 대칭이고, 0.08만큼 떨어져 있는 두 개의 평행 평면 사이에 있어야 한다.
⑪ 경사도 공차	㉠ 데이텀 직선에 대한 선의 경사도 공차 : 한 평면에 투상되었을 때의 공차역은 데이텀 직선에 대하여 지정된 각도로 기울고, t만큼 떨어진 2개의 평행한 직선 사이에 있는 영역이다.		지시선의 화살표로 나타낸 구멍의 축선은 데이텀 축 직선 A−B에 대하여 이론적으로 정확하게 60°기울고, 지시선의 화살표 방향으로 0.08mm만큼 떨어진 2개의 평행한 평면 사이에 있어야 한다.
	㉡ 데이텀 평면에 대한 선의 경사도 공차 : 한 평면에 투상된 공차역은 데이텀 평면에 대하여 지정된 각도로 기울고, t만큼 떨어진 2개의 평행한 직선 사이에 있는 영역이다.		지시선의 화살표로 나타내는 원통의 축선은 데이텀 평면에 대하여 정확하게 80°기울고, 지시선의 화살표 방향으로 0.08mm만큼 떨어진 2개의 평행한 평면 사이에 있어야 한다.

핵 · 심 · 문 · 제

34. 형상 정도 표기 내용 중 기호 표시가 잘못된 것은?

①   ② 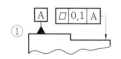 ③  ④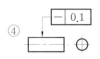

⑫ 위치도 공차	㉠ 점의 위치도 공차 : 공차역은 대상으로 하고 있는 점의 정확한 위치(이하 진위치라 한다.)를 중심으로 하는 지름 t의 원 안 또는 구 안의 영역이다. 진위치 진위치	(기하공차 도면)	지시선의 화살표로 나타낸 점은 데이텀 직선 A로부터 60mm, 데이텀 직선 B로부터 100mm 떨어진 진위치를 중심으로 하는 지름 0.03mm의 원 안에 있어야 한다. 또한, 보기의 그림에서 데이텀 직선 A, B의 우선 순위는 없다.
	㉡ 선의 위치도 공차 : 공차의 지정이 한 방향에만 실시되어 있는 경우, 선의 위치도 공차역은 진위치에 대하여 대칭으로 배치하고, t만큼 떨어진 2개의 평행한 직선 사이 또는 2개의 평행한 평면 사이에 있는 영역이다. t	(기하공차 도면)	지시선의 화살표로 나타낸 각각의 선은 그들 직선의 진위치로서 지정된 직선에 대하여 대칭으로 배치되고, 0.05mm의 간격을 가지는 2개의 평행한 직선 사이에 있어야 한다.
⑬ 원주 흔들림 공차	축 방향의 원주 흔들림 공차 : 공차역은 임의의 반지름 방향의 위치에 있어서 데이텀 축 직선과 일치하는 축선을 가지는 측정 원통 위에 있고, 축 방향으로 t만큼 떨어진 2개의 원 사이에 낀 영역이다. 측정원통	(기하공차 도면)	지시선의 화살표로 나타낸 원통 측면의 축 방향 흔들림은 데이텀 축 직선 D에 대하여 1회전시켰을 때 임의의 측정 위치에서 0.1mm를 초과해서는 안 된다.

핵 · 심 · 문 · 제

35. 다음의 기하 공차는 무엇을 뜻하는가?

① 원주 흔들림　　② 진직도
③ 대칭도　　④ 원통도

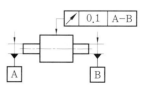

⑭ 온 흔들림 공차	㉠ 반지름 방향의 온 흔들림 공차 : 공차역은 데이텀 축 직선과 일치하는 축선을 가지고, 반지름 방향으로 t만큼 떨어진 2개의 동축 원통 사이의 영역이다.		지시선과 화살표로 나타낸 원통면의 반지름 방향의 온 흔들림은 데이텀 축 직선 A−B에 관하여 원통 부분을 회전시켰을 때, 원통 표면 위의 임의의 점에서 0.1mm를 초과해서는 안 된다.
	㉡ 축 방향 온 흠들림 공차 : 공차역은 데이텀 축 직선에 수직이고, 데이텀 축 직선 방향으로 t만큼 떨어진 2개의 평행한 평면 사이에 끼인 영역이다.		지시선의 화살표로 나타낸 원통 방향의 온 흔들림은 데이텀 축 직선 D에 관하여 원통 측면을 회전시켰을 때, 원통 측면 위의 임의의 점에서 0.1mm를 초과해서는 안 된다.

핵·심·문·제

36. 다음과 같이 표시된 기하 공차 도면에서 ⟋가 의미하는 것은?

① 원주 흔들림 공차
② 진원도 공차
③ 온 흔들림 공차
④ 경사도 공차

37. 아래 도면의 기하 공차가 나타내고 있는 것은 어느 것인가?

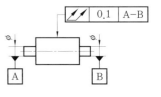

① 원통도   ② 진원도
③ 온 흔들림   ④ 원주 흔들림

1-5 끼워 맞춤 공차

(1) 틈새와 죔새

구멍과 축이 조립되는 관계를 끼워 맞춤(fitting)이라 한다.

① 틈새(clearance) : 구멍의 지름이 축의 지름보다 큰 경우 두 지름의 차이다[그림 (a)].

② 죔새(interference) : 축의 지름이 구멍의 지름보다 큰 경우 두 지름의 차이다[그림 (b)].

   ㈎ 최소 틈새 : 구멍의 최소 허용 치수 − 축의 최대 허용 치수

   ㈏ 최대 틈새 : 구멍의 최대 허용 치수 − 축의 최소 허용 치수

   ㈐ 최소 죔새 : 축의 최소 허용 치수 − 구멍의 최대 허용 치수

   ㈑ 최대 죔새 : 축의 최대 허용 치수 − 구멍의 최소 허용 치수

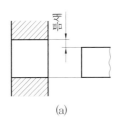
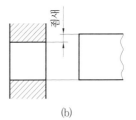

(a)   (b)

틈새와 죔새

핵·심·문·제

1. 끼워 맞춤 방식에서 축의 지름이 구멍의 지름보다 큰 경우 조립 전 두 지름의 차를 무엇이라 하는가?

① 죔새   ② 틈새
③ 공차   ④ 허용차

2. 치수 공차와 끼워 맞춤 용어의 뜻이 틀린 것은?

① 실치수 : 부품을 실제로 측정한 치수
② 틈새 : 구멍의 치수가 축의 치수보다 작을 때의 치수 차
③ 치수 공차 : 최대 허용 치수와 최소 허용 치수의 차
④ 위 치수 허용차 : 최대 허용 치수에서 기준 치수를 뺀 값

3. 끼워 맞춤에서 최대 죔새를 구하는 방법은?

① 축의 최대 허용 치수 − 구멍의 최소 허용 치수
② 구멍의 최소 허용 치수 − 축의 최대 허용 치수
③ 구멍의 최대 허용 치수 − 축의 최소 허용 치수
④ 축의 최소 허용 치수 − 구멍의 최대 허용 치수

4. 표와 같은 구멍과 축에서 최소 틈새는 얼마인가?

	구 멍	축
최대 허용 치수	30.05	29.975
최소 허용 치수	30.00	29.950

① 0.05   ② 0.025
③ 0.01   ④ 0.075

●정답 1. ① 2. ② 3. ① 4. ②

(2) 헐거움과 억지 끼워 맞춤

① **헐거운 끼워 맞춤** : 구멍의 최소 치수가 축의 최대 치수보다 큰 경우이며, 항상 틈새가 생기는 끼워 맞춤이다.

② **억지 끼워 맞춤** : 구멍의 최대 치수가 축의 최소 치수보다 작은 경우이며, 항상 죔새가 생기는 끼워 맞춤이다.

③ **중간 끼워 맞춤** : 중간 끼워 맞춤은 축, 구멍의 치수에 따라 틈새 또는 죔새가 생기는 끼워 맞춤으로, 헐거운 끼워 맞춤이나 억지 끼워 맞춤으로 얻을 수 없는 더욱 작은 틈새나 죔새를 얻는 데 적용된다.

A : 구멍의 최소 허용 치수 B : 구멍의 최대 허용 치수 a : 축의 최대 허용 치수 b : 축의 최소 허용 치수

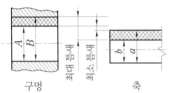

(a) 헐거운 끼워 맞춤   (b) 억지 끼워 맞춤   (c) 중간 끼워 맞춤

끼워 맞춤의 종류

 핵·심·문·제

5. 헐거운 끼워 맞춤에서 구멍의 최소 허용 치수와 축의 최대 허용 치수와의 차이 값을 무엇이라 하는가?

① 최대 죔새
② 최대 틈새
③ 최소 죔새
④ 최소 틈새

6. 구멍의 최소 치수가 축의 최대 치수보다 큰 경우이며 항상 틈새가 생기는 끼워 맞춤으로, 직선 운동이나 회전 운동이 필요한 기계 부품의 조립에 적용하는 것은?

① 억지 끼워 맞춤
② 중간 끼워 맞춤
③ 헐거운 끼워 맞춤
④ 구멍기준식 끼워 맞춤

7. 구멍과 축 사이에 항상 죔새가 있는 끼워 맞춤은?

① 헐거운 끼워 맞춤
② 억지 끼워 맞춤
③ 중간 끼워 맞춤
④ 억지 중간 끼워 맞춤

8. 그림과 같은 ∮50H7−r6 끼워 맞춤에서 최소 죔새는 얼마인가?

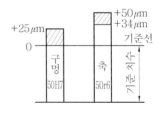

① 0.009
② 0.025
③ 0.034
④ 0.05

(3) 구멍 기준식과 축 기준식

① **구멍 기준식 끼워 맞춤** : 아래 치수 허용차가 0인 H 기호 구멍을 기준 구멍으로 하고, 이에 적당한 축을 선택하여 필요한 죔새나 틈새를 얻는 끼워 맞춤이다. H6~H10의 다섯 가지 구멍을 기준 구멍으로 사용한다.

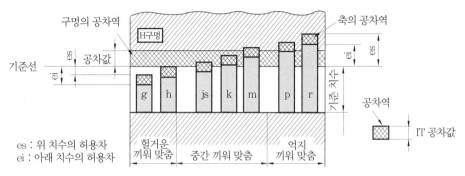

es : 위 치수의 허용차
ei : 아래 치수의 허용차

구멍 기준 끼워 맞춤

기초가 되는 허용차 : 기준선에 대한 공차역의 위치를 정한 치수 허용차이다. 위 치수 허용차 또는 아래 치수 허용차의 한쪽이며, 기준선과 가까운 쪽이 된다.

상용하는 구멍 기준 끼워 맞춤

기준 구멍	축의 공차역 클래스												
	헐거운 끼워 맞춤				중간 끼워 맞춤			억지 끼워 맞춤					
H6				g5	h5	js5	k5	m5						
			f6	g6	h6	js6	k6	m6	n6	p6				
H7				f6	g6	h6	js6	k6	m6	n6	p6	r6	s6	t6	u6	x6
			e7	f7		h7	js7								
H8					f7		h7								
			e8	f8		h8								
		d9	e9											
H9			d8	e8		h8								
	c9	d9	e9		h9									
H10	b9	c9	d9											

핵·심·문·제

9. 다음 그림은 20H7–p6로 억지 끼워 맞춤을 나타내는 것이다. 최대 죔새는?

① 0.001
② 0.014
③ 0.035
④ 0.043

```
                              +0.035
              +0.021    ┌──┐  +0.022
         0  ┌──────┐    │  │
            │ 구  │    │축│
            │ 멍  │    │  │
```

10. "ɸ100H7/g6"은 어떤 끼워 맞춤 상태를 나타낸 것인가?

① 구멍 기준식 중간 끼워 맞춤
② 구멍 기준식 헐거운 끼워 맞춤
③ 축 기준식 억지 끼워 맞춤
④ 축 기준식 중간 끼워 맞춤

② 축 기준식 끼워 맞춤 : 위 치수 허용차가 0인 h축을 기준으로 하고, 이에 적당한 구멍을 선정하여 필요한 죔새나 틈새를 얻는 끼워 맞춤이다. h5~h9의 다섯 가지 축을 기준 축으로 사용한다.

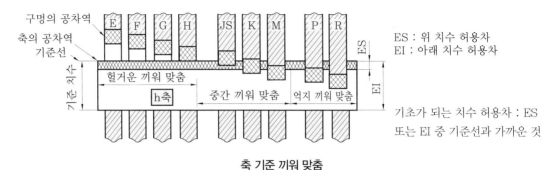

구멍의 공차역
축의 공차역
기준선

헐거운 끼워 맞춤
h축
중간 끼워 맞춤
억지 끼워 맞춤

ES : 위 치수 허용차
EI : 아래 치수 허용차

기초가 되는 치수 허용차 : ES
또는 EI 중 기준선과 가까운 것

축 기준 끼워 맞춤

상용하는 축 기준 끼워 맞춤

기준 축	구멍의 공차역 클래스													
	헐거운 끼워 맞춤					중간 끼워 맞춤			억지 끼워 맞춤					
h5					H6	JS6	K6	M6	N6	P6				
h6				F6	G6	H6	JS6	K6	M6	N6	N6			
				F7	G7	H7	JS7	K7	M7	N7	N7	R7	S7	T7	U7	K7
h7			E7	F7		H7								
				F8		H8								
h8			D8	E8	F8	H8								
			D9	E9		H9								
h9			D8	E8		H8								
		C9	D9	E9		H9								
	B10	C10	D10											

 핵·심·문·제

11. 축의 치수 $\phi 100^{+0.02}_{+0.01}$ 와 구멍의 치수 $\phi 100^{-0.01}_{-0.02}$ 의 최대 죔새와 최소 죔새값은?

① 최대 죔새 : 0.05, 최소 죔새 : 0.02
② 최대 죔새 : 0.04, 최소 죔새 : 0.02
③ 최대 죔새 : 0.04, 최소 죔새 : 0.00
④ 최대 죔새 : 0.05, 최소 죔새 : 0.00

12. $\phi 40g6$ 축을 가공할 때 허용 한계 치수가 맞게 계산된 것은? (단, IT6의 공차값 $T=16\mu m$, $\phi 40g6$

축에 대한 기초가 되는 치수 허용차 값 i=−9μm)

① 위 치수 허용차 = 39.991, 아래 치수 허용차 = 39.975
② 위 치수 허용차 = 40.009, 아래 치수 허용차 = 40.016
③ 위 치수 허용차 = 39.975, 아래 치수 허용차 = 39.964
④ 위 치수 허용차 = 40.016, 아래 치수 허용차 = 40.025

(4) 구멍과 축의 종류

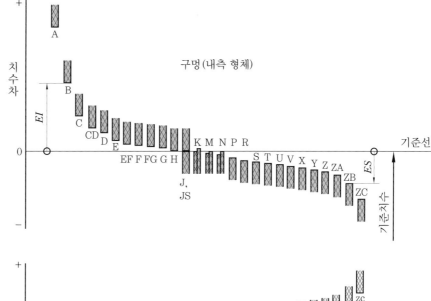

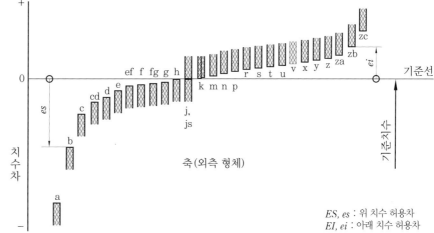

 JS 구멍의 경우

$$|ES| = |EI| = \frac{IT \ 기본 \ 공차}{2}$$

js 축의 경우

$$|es| = |ei| = \frac{IT \ 기본 \ 공차}{2}$$

ES, es : 위 치수 허용차
EI, ei : 아래 치수 허용차

구멍과 축의 종류

핵 · 심 · 문 · 제

13. ∅ 50H7과의 끼워 맞춤에서 틈새가 가장 큰 경우는 어느 것인가?

① ∅ 50g6   ② ∅ 50n6
③ ∅ 50js6   ④ ∅ 50p6

14. 다음 중 억지 끼워 맞춤은?

① H7/h6   ② F7/h6
③ G7/h6   ④ H7/p6

15. 위 치수 허용차가 "0"이 되는 IT 공차는?

① js7   ② g7
③ h7   ④ k7

16. 18JS7의 공차 표시가 옳은 것은? (단, 기본 공차의 수치는 18μm이다.)

① $18^{+0.018}_{0}$ ② $18^{0}_{-0.018}$
③ 18 ± 0.009 ④ 18 ± 0.018

---

(5) 조합한 상태에서의 기입 방법

① 공차 기호에 의한 기입법 : 끼워 맞춤은 구멍, 축의 공통 기준 치수에 구멍의 공차 기호와 축의 공차 기호를 계속하여 [보기]와 같이 표시한다.

> 보기　50H7 구멍과 50g6 축의 끼워 맞춤 기입일 경우 50H7/g6, 50H7−g6, $50\dfrac{\text{H7}}{\text{g6}}$ 와 같이 기입한다.

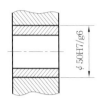

공차 기호에 의한 기입법

② 공차값에 의한 기입법 : 같은 기준 치수에 대하여 구멍 및 축에 대한 위·아래 치수 허용차를 표시할 필요가 있을 때에는 구멍에 대한 기준 치수와 허용차를 위쪽에, 축에 대한 기준 치수와 허용차를 아래쪽에 기입하고, 구멍과 축의 기준 치수 앞에 '구멍', '축'이라고 표시하거나 부품 번호를 사용하여 표시한다.

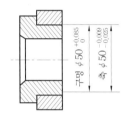

공차값에 의한 기입법

핵·심·문·제

17. 다음 중 끼워 맞춤에서 치수 기입 방법으로 틀린 것은?

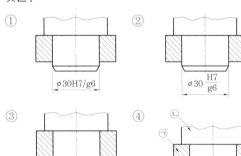

① $\phi 30\text{H7/g6}$

② $\phi 30\dfrac{\text{H7}}{\text{g6}}$

③ 축 $\phi 30^{-0.007}_{-0.020}$　구멍 $\phi 30^{-0.021}_{0}$

④ $\phi 30$　ⓐ $^{+0.021}_{0}$　ⓑ $^{-0.007}_{-0.020}$

18. 조립한 상태에서 끼워 맞춤 공차의 기호를 표시한 것으로 옳은 것은?

① $\phi 30\text{g6H7}$

② $\phi 30\text{g6}-\text{H7}$

③ $\phi 30\text{g6/H7}$

④ $\phi 30\dfrac{\text{H7}}{\text{g6}}$

19. 50H7 구멍과 50g6 축의 끼워 맞춤 기입법으로 틀린 것은?

① 50H7/g6

② 50H7−g6

③ 50H7+g6

④ $50\dfrac{\text{H7}}{\text{g6}}$

• 정답　17. ③　18. ④　19. ③

1-6 공차 관리

(1) 일반 공차

① 치수에 공차를 특별히 지시하지 않는 경우 도면상의 모든 치수에는 ISO 또는 KS 표준에서 정한 일반 공차가 적용된다.

② 절삭 가공품에는 등급 구분에 따라 기준 치수별로 아래 표와 같은 일반 공차가 적용된다.

제거 가공을 하는 기준 치수에 대한 허용차(KS A ISO 2768-1)   (단위 : mm)

공차의 등급		기준 치수 구분							
기호	등급 구분	0.5 이상 3 이하	3 초과 6 이하	6 초과 30 이하	30 초과 120 이하	120 초과 400 이하	400 초과 1000 이하	1000 초과 2000 이하	2000 초과 4000 이하
		허용차(±)							
f	정밀 급	0.05	0.05	0.10	0.15	0.2	0.3	0.5	—
m	보통 급	0.10	0.10	0.20	0.30	0.5	0.8	1.2	2.0
c	거친 급	0.20	0.30	0.50	0.80	1.2	2.0	3.0	4.0
v	아주 거친 급	—	0.50	1.00	1.50	2.5	4.0	6.0	8.0

(2) 공차 관리

① 부품을 제작할 때 생기는 각각의 공차가 누적되면 하나의 치수에 대해서는 도면의 공차 이내로 합격되지만 조립이나 동작을 할 때에는 원활하지 않은 경우가 발생한다. 이러한 문제가 발생하지 않도록 하는 것이 공차 관리이다.

② 누적되는 공차를 줄이기 위해 단순히 공차를 줄여서 기입하는 것은 제작 비용의 증가로 이어지므로 제품 설계 시 공차의 분배 및 공정의 합리화가 중요하다.

③ 설계상 공차 누적을 피하는 방법

(개) 직렬식 치수 기입을 피한다.

(내) 축, 구멍 등과 같이 조립이 명확한 지점을 기준으로 하여 치수를 기입한다.

(대) 주요 치수 및 가공상의 기준이 되는 면을 기준으로 치수를 기입한다.

핵·심·문·제

1. 일반 공차가 ±0.2일 때 오른쪽 도면의 공작물 전체 길이의 최대 허용 치수는?

① 28
② 28.2
③ 28.4
④ 28.6

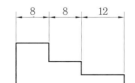

2. 치수 기입을 할 때 공차를 관리하는 방법으로 잘못된 것은?

① 주요 치수를 기준으로 기입
② 가공상의 기준면을 기준으로 기입
③ 길이 방향의 치수는 직렬식으로 기입
④ 조립이 명확한 지점을 기준으로 기입

●정답   1. ④   2. ③

1-7 표면 거칠기

(1) 표면 거칠기의 종류

다듬질한 면을 수직인 피측정면으로 절단했을 때, 그 단면에 나타난 윤곽을 표면 프로파일이라고 하며, 프로파일 필터 λ_c를 이용해 장파 성분을 억제한 것을 거칠기 프로파일이라고 한다. 이 프로파일은 거칠기 파라미터를 산출하는 근거가 된다.

거칠기 파라미터는 산술 평균 높이(Ra), 최대 높이(Rz) 등으로 표기되며 KS B ISO 4287에 규정되어 있다.

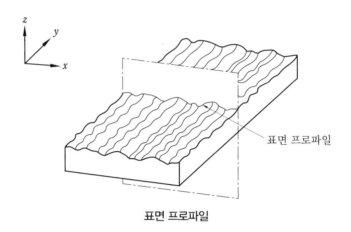

표면 프로파일

> 참고 이전의 표면 거칠기 파라미터 Rz(10점 높이)는 ISO에 의해 더 이상 표준이 아니다. Rz는 이전의 기호 Ry를 대체하였다(이전에는 Ry가 최대 높이 기호였음).
>
> (출처 : KS A ISO 1302 부속서 H "새로운 ISO 표면의 결 표준의 중요성")

핵·심·문·제

1. 한국산업표준에서 규정하고 있는 표면 거칠기 파라미터 중 Ra로 표기되는 것은?

① 최대 높이   ② 10점 평균 거칠기
③ 요철 평균 간격   ④ 산술 평균 거칠기

2. 표면 거칠기를 나타내는 방법 중 표면 프로파일에서 기준 길이를 잡고, 가장 높은 곳과 낮은 곳의 차를 측정하여 미크론 단위로 나타내는 것은?

① 최대 높이   ② 10점 평균 거칠기
③ 산술 평균 거칠기   ④ 요철 평균 간격

• 정답 1. ④ 2. ①

(2) 표면 거칠기 지시용 그림기호(KS A ISO 1302)

기본 그림기호는 대상 면을 나타내는 선에 약 $60°$ 경사되도록 서로 다른 길이의 2개 직선으로 구성된다.

기본 그림기호   완전 그림기호

① 절삭 등 제거 가공 필요 여부를 문제 삼지 않을 때는 기본 그림기호를 사용한다[그림 (a)].

② 제거 가공을 필요로 한다는 것을 지시할 때는 기본 그림기호에서 짧은 쪽의 다리 끝에 가로선을 추가한다[그림 (b)].

③ 제거 가공을 해서는 안 된다는 것을 지시할 때는 기본 그림기호에 내접하는 원을 추가한다[그림 (c)].

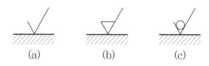

(a)   (b)   (c)

표면의 결 지시용 그림기호

④ 같은 표면의 결이 가공물 윤곽 주위의 모든 표면에 요구되고, 가공물의 닫힌 윤곽선으로 도면에 표현될 경우 완전 그림기호에 원을 추가한다.

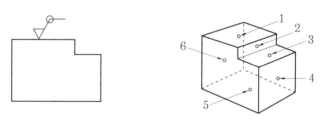

가공물 윤곽 주위의 모든 표면에 대한 그림기호

 핵·심·문·제

3. 주조, 압연, 단조로 생산되어 제거 가공하지 않은 상태로 그대로 두고자 할 때 사용하는 지시기호는?

①   ②

③   ④

4. 금형으로 생산되는 플라스틱 눈금자와 같은 제품에 제거 가공 여부를 묻지 않을 때 사용되는 기호는?

①   ②

③   ④

• 정답   3. ③   4. ①

(3) 표면 거칠기 값의 지시

표면의 결 특성에 대한 상호 보완적 요구사항이 지시되어야 할 때는 기본 그림기호에 보다 긴 선(팔)을 선 끝에 가로로 추가한다.

면의 지시기호에 대한 각 지시 사항의 기입 위치는 다음 그림과 같다.

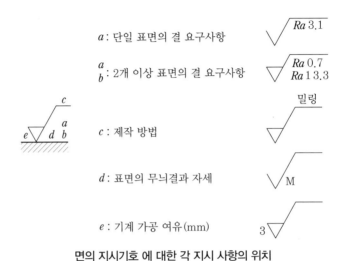

면의 지시기호에 대한 각 지시 사항의 위치

> **참고** 아래와 같은 지시 방법은 제도 규칙 개정에 의해 새로운 도면에서는 피하여야 하고, 이전에는 수치값 단독이라면 Ra 파라미터를 나타내었으나, 제도 규칙이 개정되어 "Ra"를 관련 수치 값과 함께 표기해야 한다.

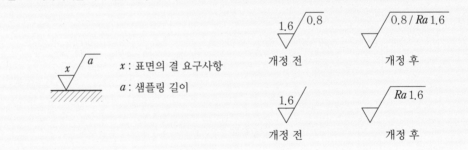

핵·심·문·제

5. 오른쪽 그림에서 면의 지시기호에 대한 각 지시 사항의 기입 위치 중 e에 해당되는 것은?

① 표면의 결 요구사항
② 제작 방법
③ 표면의 무늬결
④ 기계 가공 여유

① 표면 거칠기값을 어느 구간으로 지시하는 경우에는 그림과 같이 U 다음에 상한값을 위로, L 다음에 하한값을 아래로 나란히 기입한다.

② 컷오프값(mm 단위)을 표시할 때는 거칠기 파라미터 앞에 사선(/)을 긋고, 그 앞에 단파장 필터와 장파장 필터값 사이를 하이픈(−)으로 분리하여 지시한다.

구분 구간으로 지시하는 경우   컷오프값을 지시하는 경우

(4) 제작 방법의 표기법

어떤 표면의 결을 얻기 위해 특정한 제작방법을 지시할 때에는 그림과 같이 가로로 그은 선 위에 표기한다. 금속 가공 방법의 약호를 대신 기입해도 된다.

$$\sqrt{\frac{\text{선삭}}{Rz\,3.1}}$$

제작 방법의 지시

가공 방법의 약호   (KS B 0107)

가공 방법	약 호	가공 방법	약 호	가공 방법	약 호
선반 가공	L	호닝 가공	GH	벨트 샌딩 가공	GR
드릴 가공	D	액체 호닝 가공	SPL	주조	C
보링 머신 가공	B	배럴 연마 가공	SPBR	용접	W
밀링 가공	M	버프 다듬질	FB	압연	R
평삭반 가공	P	블라스트 다듬질	SB	압출	E
형삭반 가공	SH	랩핑 다듬질	FL	단조	F
브로치 가공	BR	줄 다듬질	FF	전조	RL
리머 가공	FR	스크레이퍼 다듬질	FS	인발	D
연삭 가공	G	페이퍼 다듬질	FCA	−	−

 핵·심·문·제

6. 다음과 같이 특정한 가공 방법을 지시하려고 한다. 가공 방법의 지시기호 위치로 옳은 것은?

(5) 무늬결 방향의 지시기호

표면의 무늬결 방향을 지시할 때에는 [표-표면의 무늬결 지시]에 나타낸 기호를 사용한다.

표면의 무늬결 지시

기 호	뜻	설명도
=	가공에 의한 커터의 줄무늬 방향이 기호를 기입한 그림의 투상면에 평행 예 셰이핑 면	커터의 줄무늬 방향
⊥	가공에 의한 커터의 줄무늬 방향이 기호를 기입한 그림의 투상면에 직각 예 셰이핑 면(수평으로 본 상태) 선삭, 원통 연삭면	커터의 줄무늬 방향
×	가공에 의한 커터의 줄무늬 방향이 기호를 기입한 그림의 투상면에 경사지고 두 방향으로 교차 예 호닝 다듬질면	커터의 줄무늬 방향
M	가공에 의한 커터의 줄무늬가 여러 방향으로 교차 또는 무방향 예 래핑 다듬질면, 슈퍼 피니싱면, 가로 이송을 한 정면 밀링 또는 엔드 밀 절삭면	
C	가공에 의한 커터의 줄무늬가 기호를 기입한 면의 중심에 대하여 대략 동심원 모양 예 끝면 절삭면 그림	
R	가공에 의한 커터의 줄무늬가 기호를 기입한 면의 중심에 대하여 대략 반지름 방향	
P	무늬결 방향이 특별하여 방향이 없거나 돌출(돌기가 있는)	

핵·심·문·제

7. 가공에 의한 커터의 줄무늬가 여러 방향으로 교차 또는 무방향을 나타내는 표면의 무늬결 지시기호는 어느 것인가?

① ×   ② M

③ C   ④ R

8. 다음 그림은 면의 지시기호이다. 그림에서 M은 무엇을 의미하는가?

① 밀링 가공
② 가공에 의한 무늬결
③ 표면 거칠기
④ 선반 가공

1-8 표면처리

어떤 표면의 결을 얻기 위해 특정한 표면처리 및 코팅 등의 관련 정보를 지시할 때는 [그림(a)]와 같이 하고, 표면처리 전과 후의 표면 거칠기를 지시할 때는 [그림(b)]와 같이 한다.

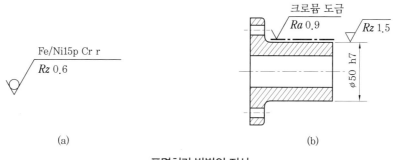

표면처리 방법의 지시

1-9 열처리(KS B ISO 15787)

① 표면 경화 부품의 표면 경화 영역 또는 질화 침탄된 부품의 비열처리 영역과 같은 특수한 조건을 가지는 부품의 국부 영역을 지시할 때는 아래와 같이 한다.

국부 영역 적용 표시를 위한 선의 종류

설 명	표 시	적 용
굵은 일점 쇄선	—— - ——	표면 경화 또는 침탄 경화해야 할 영역 지시
굵은 점선	------------	열처리가 허용되지 않는 영역 지시

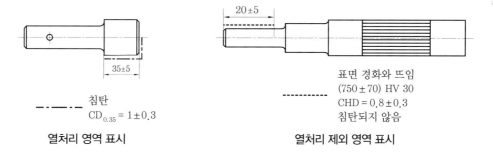

열처리 영역 표시   열처리 제외 영역 표시

② 경도 깊이는 열처리법에 따라 표면 경화 깊이(SHD), 침탄 경화 깊이(CHD), 질화 경도 깊이(NHD)로 표기한다.

③ 침탄 깊이(CD)의 탄소 함유량 한계는 기호에 아래첨자로 부가한다. (例 탄소 함유량 한계가 질량에 의한 탄소 백분율 0.35이면 "$CD_{0.35}$"로 나타낸다.)

1-10 면의 지시기호

① 그림기호는 아래쪽에서 또는 오른쪽에서 읽을 수 있도록 기입한다[그림 (a)].

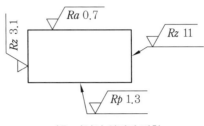

기호 기입의 위치와 방향

② 윤곽선상에서 또는 기준선과 지시선에 표시되는 그림기호는 표면에 닿거나 표면에 연결되어야 하고, 가공물 재료의 바깥쪽 표면에서 윤곽이나 그 연장을 향해 가리켜야 한다.

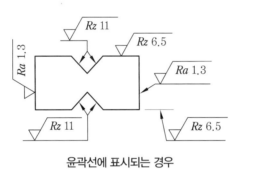

윤곽선에 표시되는 경우   **지시선에 표시되는 경우**

핵·심·문·제

1. 표면 거칠기 값을 직접 면에 지시하는 경우 표시 방향이 잘못된 것은?

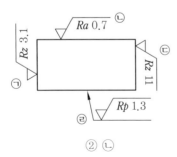

① ㉠   ② ㉡
③ ㉢   ④ ㉣

2. 다음 중 표면 거칠기 기입 방법으로 틀린 것은 어느 것인가?

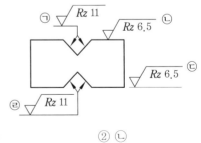

① ㉠   ② ㉡
③ ㉢   ④ ㉣

•정답 **1.** ③ **2.** ③

③ 원통 표면이나 각기둥 표면이 같은 표면의 결 요구사항을 가지고 있으면 한 번만 규정해도 된다. 그러나 각각의 표면에 다른 표면의 결이 요구되면 분리해서 각각 지시한다.

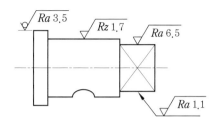

하나의 각기둥에 서로 다른 표면의 결이 요구되는 경우

④ 도면 기입의 간략법

㈎ 부품 전체 면을 동일 거칠기로 지정하고 일부분만 별도로 지정할 때는 그림과 같다.

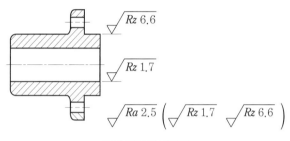

도면 기입의 간략법

㈏ 복잡한 지시의 반복을 피하기 위해 주석에 할애된 공간에 문자에 의한 간략화 기준을 지시하여 설명하고 사용해도 된다.

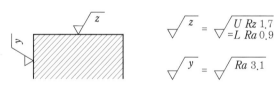

문자로서 그림기호에 의한 지시

핵 · 심 · 문 · 제

3. 표면 거칠기의 지시가 아래와 같은 경우에 대한 설명으로 맞는 것은?

$$\sqrt{Ra\,2.5} \left(\sqrt{Rz\,1.7} \quad \sqrt{Rz\,6.6} \right)$$

① 부품 중 $Ra2.5$로 지시된 면은 $Rz1.7$ 또는 $Rz6.6$으로 가공해도 된다.

② 부품 대부분의 면은 $Ra2.5$이고, 별도로 지시된 부분만 $Rz1.7$과 $Rz6.6$으로 한다.

③ 별도로 지시된 부분만 $Ra2.5$로 하고, 나머지 부분은 $Rz1.7$~$Rz6.6$ 범위로 한다.

④ $Ra2.5$로 지시된 부분을 $Rz1.7$~$Rz6.6$ 범위의 표면 거칠기로 변경한다.

2. 도면 출력 및 데이터 관리

2-1 데이터 형식 변환(DXF, IGES)

CAD/CAM 시스템을 사용하여 도형을 구성한 경우, 구성된 도형의 자료들에 대하여 어떤 종류의 그래픽 소프트웨어를 사용하더라도 이미 구성된 자료를 사용할 수 있도록 그래픽 소프트웨어의 표준화가 되어 있어야 한다.

(1) DXF(drawing exchange file)

DXF는 AutoCAD 데이터와의 호환성을 위해 재정한 ASCⅡ Format이다. ASCⅡ 문자로 구성되어 있어 text editor에 의해 편집이 가능하고, 다른 컴퓨터 하드웨어에서도 처리가 가능하다. header section, tables section, blocks section 및 entities section으로 구성되어 있으며, 데이터의 종류를 미리 알려주는 그룹 코드가 있다.

(2) IGES(initial graphics exchange specification)

IGES는 기계, 전기·전자, 유한요소법(FEM), 솔리드 모델 등의 표현 및 3차원 곡면 데이터를 포함하여 CAD/CAM 데이터를 교환하는 세계적인 표준이다.

3차원 모델링 기법인 CSG(constructive solid geometry : 기본 입체의 집합 연산 표현 방식) 모델링과 B-rep(boundary representation : 경계 표현 방식)에 의한 모델을 정의할 수 있으며, ASCⅡ 파일로 한 라인이 구성된다. start, global, directory entry, parameter data, flag, terminate의 6개 섹션으로 구성되어 있다.

핵·심·문·제

1. IGES 파일 포맷에서 엔티티들에 관한 실제 데이터, 즉 직선 요소의 경우 두 끝점에 대한 6개 좌푯값이 기록되어 있는 부분은?

① 스타트 섹션(start section)

② 글로벌 섹션(global section)

③ 디렉토리 엔트리 섹션(directory entry section)

④ 파라미터 데이터 섹션(parameter data section)

2. DXF(data exchange file)의 섹션 구성에 해당되지 않는 것은?

① header section   ② library section

③ tables section   ④ entities section

3D 형상 모델링 작업

1. 3D 형상 모델링 작업 준비

2. 3D 형상 모델링 작업

제3장

3D 형상 모델링 작업

1. 3D 형상 모델링 작업 준비

1-1 3D 좌표계 활용

(1) 3차원 직교 좌표계 : x, y, z로 표시

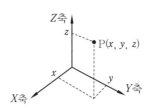

(2) 원통 좌표계 : r, θ, h로 표시

$$x = r\cos\theta$$
$$y = r\sin\theta$$
$$z = h$$

(3) 구면 좌표계 : ρ, θ, ϕ로 표시

$$x = \rho\sin\theta\cos\phi$$
$$y = \rho\sin\theta\sin\phi$$
$$z = \rho\cos\theta$$

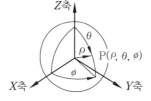

핵·심·문·제

1. CAD 시스템에서 점을 정의하기 위해 r, θ, h로 표시하는 좌표계는?

① 직교 좌표계　　　　② 원통 좌표계
③ 구면 좌표계　　　　④ 동차 좌표계

2. 구면 좌표계(ρ, θ, ϕ)를 직교 좌표계 (x, y, z)로 변경할 때 x의 값으로 옳은 것은?

① $x = \rho\sin\theta\cos\phi$　　　　② $x = \rho\sin\theta\cos\theta$
③ $x = \rho\sin\theta$　　　　④ $x = \rho\cos\phi$

•정답　1. ②　2. ①

1-2 3D CAD 시스템 일반

(1) 와이어 프레임 모델링

3차원적인 형상을 면과 면이 만나는 에지(edge)로 나타내는 것으로, 공간상의 선으로 표현하며 점과 선으로 구성된다. 와이어 프레임 모델은 점과 선으로 구성되기 때문에 실체감이 나타나지 않으며 디스플레이된 형상을 보는 견지에 따라 서로 다른 해석이 될 수도 있다.

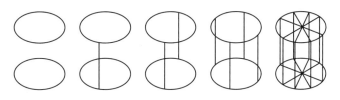

실린더의 와이어 프레임 표현의 예

그림에서와 같이 실린더나 구(sphere)상의 형상 표현은 약간 곤란한 점이 있다. 와이어 프레임 모델은 데이터 구조가 간단하다는 장점이 있으나 물리적 성질의 계산(질량, 관성 모멘트 등)에 대한 정보가 부족하고 단면에 대한 정보를 갖지 못하여 은선 처리가 불가능하다.

와이어 프레임 모델의 특징을 요약하면 다음과 같다.

① 데이터의 구성이 간단하다.　　② 모델 작성을 쉽게 할 수 있다.

③ 처리 속도가 빠르다.　　④ 3면 투시도의 작성이 용이하다.

⑤ 은선 제거가 불가능하다.　　⑥ 단면도 작성이 불가능하다.

⑦ 물리적 성질의 계산이 불가능하다.

⑧ 내부에 관한 정보가 없어 해석용 모델로 사용되지 못한다.

핵·심·문·제

1. 다음 설명에 해당하는 3차원 모델링에 해당하는 것은?

> 보기
> · 데이터의 구조가 간단하다.
> · 처리 속도가 빠르다.
> · 단면도 작성이 불가능하다.
> · 은선 제거가 불가능하다.

① 서피스 모델링　　② 솔리드 모델링
③ 시스템 모델링　　④ 와이어 프레임 모델링

2. 아래 그림은 공간상의 선을 이용하여 3차원 물체의 가장자리 능선을 표시하여 주는 모델이다. 이러한 모델링은?

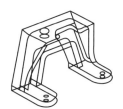

① 서피스 모델링
② 와이어 프레임 모델링
③ 솔리드 모델링
④ 이미지 모델링

(2) 서피스 모델링

서피스 모델은 와이어 프레임 모델의 선으로 둘러싸인 면을 정의한 것으로 와이어 프레임 모델에서 나타나는 시각적인 장애가 극복되며, 에지(edge) 대신에 면을 사용하므로 은선 처리가 가능하다. 또한, 면의 구분이 가능하므로 가공면을 자동적으로 처리할 수 있어서 NC 가공이 가능하다.

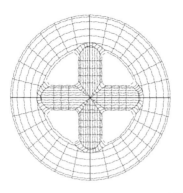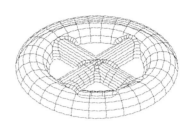

서피스 모델

회전에 의한 곡면(surface of revolution), 룰드 곡면(ruled surface), 테이퍼 곡면(tapered surface), 경계 곡면, 스위프 곡면, lofted 곡면 등을 사용하여 boolean 연산을 함으로써 복잡하고 새로운 하나의 형상을 표현할 수 있다.

서피스 모델의 특징을 요약하면 다음과 같다.

① 은선 제거가 가능하다. ② 단면도를 작성할 수 있다.
③ 복잡한 형상 표현이 가능하다. ④ 2개 면의 교선을 구할 수 있다.
⑤ NC 가공 정보를 얻을 수 있다. ⑥ 물리적 성질을 계산하기가 곤란하다.
⑦ 유한 요소법(FEM)의 적용을 위한 요소 분할이 어렵다.

 핵 · 심 · 문 · 제

3. 아래 그림과 같은 3차원 모델링 중 은선 처리가 가능하고 면의 구분이 가능하므로 일반적인 NC 가공에 가장 적합한 모델링은?

① 이미지 모델링　　② 솔리드 모델링
③ 서피스 모델링　　④ 와이어 프레임 모델링

4. 서피스 모델을 임의의 평면으로 절단했을 때 어떤 도형으로 나타나는가?

① 선(line)　　② 점(point)
③ 면(face)　　④ 표면(surface)

(3) 솔리드 모델링

솔리드 모델은 1973년 부다페스트의 PROLAMAT 국제 회의에서 케임브리지 대학의 브레이드(I. C. Braid)가 BUILD를 발표한 후 다수의 대학, 연구소 및 소프트웨어 개발 회사에서 참여하기 시작하였다. 솔리드 모델은 가장 고급 모델로서 물리적 성질(체적, 무게중심, 관성 모멘트 등)을 제공할 수 있다는 장점이 있다.

솔리드 모델링은 일반적으로 입체의 경계면을 평면에 근사시킨 다면체로 취급하고, 컴퓨터는 이 면과 변, 꼭짓점의 수를 관리하게 된다. 다면체에서 오일러 지수는 다음과 같다.

> 오일러 지수=꼭짓점의 수-변의 수-면의 수

솔리드 모델의 특징을 요약하면 다음과 같다.
① 은선 제거가 가능하다.
② 물리적 성질 등의 계산이 가능하다.
③ 간섭 체크가 용이하다.
④ boolean 연산(합, 차, 적)을 통하여 복잡한 형상 표현도 가능하다.
⑤ 형상을 절단한 단면도 작성이 용이하다.
⑥ 컴퓨터의 메모리량이 많아진다.
⑦ 데이터의 처리가 많아진다.
⑧ 이동·회전 등을 통하여 정확한 형상 파악을 할 수 있다.
⑨ FEM을 위한 메시 자동 분할이 가능하다.

솔리드 모델링은 상업적으로 널리 알려진 CAD 시스템에서는 아래의 방식을 채택하고 있다.
- B-rep(boundary representation) 방식(경계 표현)
- CSG(constructive solid geometry) 방식(기본 입체의 집합 연산 표현)
- Hybrid 방식(경계 표현과 집합 연산 표현을 혼용)

 핵·심·문·제

5. CAD 시스템에서 3차원 모델링 중 솔리드(solid) 모델링의 특징으로 틀린 것은?
① 데이터의 구성이 간단하다.
② 데이터의 메모리량이 많다.
③ 정확한 형상을 파악할 수 있다.
④ 물리적 성질의 계산이 가능하다.

6. 다음 중 솔리드 모델링의 특징에 해당하지 않는 것은 어느 것인가?
① 복잡한 형상의 표현이 가능하다.
② 체적, 관성 모멘트 등의 계산이 가능하다.
③ 부품 상호간의 간섭을 체크할 수 있다.
④ 다른 모델링에 비해 데이터의 양이 적다.

1-3   3D CAD 입출력 장치

키보드와 마우스를 이용하여 좌표를 입력하고, 프린터를 이용하여 도면용지에 출력하는 방법 외에 다음과 같은 장치들이 사용되기도 한다.

(1) 접촉식 입력 장치

터치 프루브를 사용하여 물체의 표면 전체에 걸쳐 포인트(X, Y, Z)를 기록하는 방식의 3차원 측정기(CMM, coordinate measuring machine)가 사용된다. 항온항습, 방진 등의 엄격한 환경조건에서 사용되며, 매우 정밀한 측정값을 얻을 수 있지만 시간이 많이 소요된다.

(2) 비접촉식 입력 장치

레이저 방식, 백색광 방식, 변조광 방식, 사진 방식 등의 3D 스캐너가 사용된다. 비교적 신속하게 3D 형상을 얻을 수 있고 진동의 영향을 받지 않는 장점이 있다.

(3) 3D 프린터

3D CAD로 제작된 모델을 슬라이서(slicer) 소프트웨어에 의해 얇은 층들로 변환하고, 각각에 대해 G-Code를 생성하여 출력물을 만들며 적층하여 입체를 완성하는 출력 장치이다.

(a) 3D 스캐너   (b) 3D 프린터

핵·심·문·제

1. 3D CAD 입력 방식 중 비접촉식 방식이 아닌 것은 어느 것인가?

① 레이저 방식   ② 백색광 방식
③ 변조광 방식   ④ 터치 프루브 방식

2. 3D 프린터로 입체를 출력할 때 3D 모델을 얇은 층들로 변환하는 것은?

① 피처   ② 스케치
③ G-Code   ④ 슬라이서

정답 1. ④   2. ④   • 사진 출처 (a) www.wevolver.com (b) entrepreneurhandbook.co.uk

2. 3D 형상 모델링 작업

2-1 스케치 작업

3D 형상의 기본이 되는 밑그림을 프로파일이라고 하며, 프로파일을 만드는 작업을 스케치라고 한다.

2-2 3D 피처 형상 작업

(1) 스케치 기반 형상 명령어

스케치 작업에서 만든 프로파일을 사용하여 3D 형상을 생성하기 위한 명령어로 스케치 없이는 사용하지 못한다. 주로 사용되는 명령에는 돌출, 회전 돌출, 경로 곡선 돌출, 돌출 빼기, 회전 돌출 빼기, 경로 곡선 돌출 빼기, 구멍 가공 등이 있다.

(2) 참조 요소 기반 명령어

기존에 작업된 솔리드 모델에서 임의의 요소(꼭짓점, 모서리, 면)에 대한 참조를 통하여 만들어지는 작업으로 3D 필렛, 3D 챔퍼 등이 있다.

(3) 형상 편집

① **미러(mirror)** : 기존에 작업된 솔리드 모델을 참조 평면을 기준으로 대칭 이동 및 복사한다.
② **선형 패턴** : 기존에 작업된 솔리드 모델을 일정한 거리, 각도, 방향으로 작업자가 원하는 수량만큼 나열한다.
③ **원형 패턴** : 솔리드 모델을 기준 축에 의하여 원주상으로 복사하여 나열한다.
④ **사용자 패턴** : 선형 및 원형이 아닌 작업자가 정의하는 임의의 스케치 형상을 따라 복사 배열한다.

핵 · 심 · 문 · 제

1. 3D 형상 모델링 작업 중 돌출 명령을 사용하기 전에 반드시 해야 하는 것은?
① 3D 필렛　　　② 3D 챔퍼
③ 스케치 작업　　④ 선형 패턴

2. 3D 형상 모델링 작업 중 솔리드 모델을 기준 축에 의해 원주상으로 복사하여 나열하는 명령은?
① 회전 돌출　　　② 돌출 빼기
③ 미러　　　　　④ 원형 패턴

• 정답 1. ③　2. ④

3D 형상 모델링 검토

1. 3D 형상 모델링 검토

2. 3D 형상 모델링 출력 및 데이터 관리

3D 형상 모델링 검토

1. 3D 형상 모델링 검토

3D 형상으로 기계부품을 모델링 하면 구속조건을 적용하여 조립할 경우 발생될 간섭 여부를 확인할 수 있다. 조립 구속조건이란 어셈블리상에서 단품이나 서브 어셈블리를 해당 위치에 고정시키거나 다른 부품과의 관계로 인하여 움직임에 대한 제한조건을 설정하는 기능이다.

1-1 조립 구속조건의 종류

선택 요소의 개수	구속조건의 종류
1	고정
2	일치, 동심, 옵셋, 각도, 평행, 수직, 탄젠트
3	대칭

1-2 조립 구속조건의 의미

① 고정 : 단품 및 서브 어셈블리가 움직이지 않도록 하는 명령
② 일치 : 대상물의 점, 선 또는 면을 일치시켜 정렬
③ 동심 : 원통과 원통의 중심축에 대한 동심(옆면에 대한 일치조건이 아님)
④ 옵셋 : 두 요소에 대한 간격 설정(평행조건 내포) ⑤ 각도 : 두 요소에 대한 각도 설정
⑥ 평행 : 두 요소에 대해 평행 상태 유지 ⑦ 수직 : 두 요소 사이의 각도를 90°로 유지
⑧ 탄젠트 : 고정 요소를 기준으로 대상 요소를 접선 방향으로 배치
⑨ 대칭 : 3개의 대상물에 대한 요소 사이의 대칭 구조를 형성

핵·심·문·제

1. 3D 형상 모델링 S/W로 작성한 모델을 조립하여 검토할 때 움직임에 대한 제한조건을 설정하는 것은?
① 구속조건　　　② 프로파일
③ 형상 편집　　　④ 스케치 작업

2. 3D 형상 모델링 검토를 위해 어셈블리할 때 사용되는 조립 구속조건 중 선택요소가 3개인 것은?
① 고정　　　② 일치
③ 동심　　　④ 대칭

---

2. 3D 형상 모델링 출력 및 데이터 관리

2-1 3D CAD 데이터 형식 변환

(1) STEP(standard for the exchange of product model data)

제품의 모델과 이와 관련된 데이터의 교환에 관한 국제 표준(ISO 10303)으로, 정식 명칭은 "Industrial automation system-Product data representation and exchange-ISO 10303"이다. 개념 설계에서 상세 설계, 시제품 테스트, 생산, 생산지원 등 제품에 관련된 life cycle의 모든 부문에 적용되는 데이터를 뜻하므로, 형상 데이터뿐만 아니라 부품표, 재료, NC 가공 데이터 등 많은 종류의 데이터를 포함한다. 이것이 DXF나 IGES와의 차이점이다.

(2) IGES(initial graphics exchange specification)

기계, 전기·전자, 유한요소법(FEM), 솔리드 모델 등의 표현 및 3차원 곡면 데이터를 포함하여 CAD/CAM 데이터를 교환하는 세계적인 표준이다.

IGES는 3차원 모델링 기법인 CSG(constructive solid geometry : 기본 입체의 집합 연산 표현 방식) 모델링과 B-rep(boundary representation : 경계 표현 방식)에 의한 모델을 정의할 수 있으며, ASCⅡ 파일로 한 라인이 구성된다. start, global, directory entry, parameter data, flag, terminate의 6개 섹션으로 구성되어 있다.

(3) Parasolid

지멘스에서 개발한 기학학적 모델링 커널이다. Parasolid 파일의 확장자는 .x_t(텍스트 기반)와 .x_b(바이너리 기반)가 있으며 지오메트리, 토폴로지, 색상과 같은 3D 모델링 데이터가 포함된다. 직접(direct) 편집 및 자유형(free-form) 표면 모델링 등 다양한 모델링 기술이 지원되며, 패싯(facet) 표현 기반의 강력한 B-rep 모델링 기능을 제공한다. NX, Inventor, SolidWorks, SolidEdge, MasterCAM, Onshape 등 다양한 CAD 소프트웨어에서 사용된다.

핵·심·문·제

1. CAD 데이터 교환 규격인 IGES에 대한 설명으로 틀린 것은?

① CAD/CAM/CAE 시스템 사이의 데이터 교환을 위한 최초의 표준이다.

② 1개의 IGES 파일은 6개의 섹션(section)으로 구성되어 있다.

③ 디렉토리 엔트리 섹션(directory entry section)은 파일에서 정의한 모든 요소(entity)의 목록을 저장한다.

④ 제품 데이터 교환을 위한 표준으로서 CALS에서 채택되어 주목받고 있다.

● 정답 1. ④

(4) STL(stereo lithography)

미국의 3D 시스템 사에서 개발한 SLA CAD 소프트웨어 파일 형식인 STL(stereo litho-graphy)은 ASCⅡ 또는 binary 파일 형식으로 저장된 것으로, 입체의 표면을 다각형(polygon)화 된 크고 작은 삼각형의 면으로 배열하여 각진 형태에서 부드러운 곡면까지로 인식시키는 파일 형식이다.

STL은 쾌속 조형의 표준 입력 파일 형식으로 많이 사용되고 있으며, 모델링 된 곡면을 정확히 삼각형 다면체로 옮길 수 없고, 이를 정확히 변환시키려면 용량을 많이 차지하는 단점이 있다.

(5) GKS(graphical kernel system)

컴퓨터 그래픽의 표준화 움직임은 ACM과 SIGGRAPH에 의해 CORE라고 불리는 표준안을 만들게 되었다. 1977년에 처음 발표되었으나 레스터 그래픽 기법에 대한 표준안이 다루어지지 않아서 2년 후 수정안이 다시 발표되었다.

이 무렵 독일의 DIN에 의해 GKS(graphical kernel system)가 제안되어 1985년에 국제 표준 기구인 ISO, ANSI 등에서 GKS를 표준으로 채택하게 되었다.

(6) CGI(computer graphic interface)

CGI(computer graphic interface)는 VDI(virtual device interface)라는 이름으로 시작된 하드웨어 기준의 표준이며, 이를 ISO에서 취급하게 되면서 CGI로 명칭이 바뀐 것이다.

그래픽 기능과 하드웨어 드라이버 간에 공유되어 각종 하드웨어를 조절할 수 있도록 하는 표준 규격이다.

(7) CGM(computer graphic metafile)

CGM(computer graphic metafile)은 서로 다른 시스템 간에 형성된 모형에 대하여 같은 형태의 이미지와 정보 저장 방법 및 정보를 파일로 저장할 때 도형의 종류에 따라 일정한 규칙을 정하여 저장 파일을 구성하게 하는 표준이다. 다른 시스템에서도 이 파일을 이용하여 수정 및 편집이 가능하도록 한 표준으로, VDM(virtual device metafile)이라고도 한다.

핵·심·문·제

2. CAD 시스템 간에 상호 데이터를 교환할 수 있는 표준이 아닌 것은?

① DWG   ② IGES
③ DXF   ④ STEP

•정답 2. ①

(8) NAPLPS(north american presentation level protocol syntax)

NAPLPS는 문자와 도형을 전송하기 위해 통신회선을 사용하고자 할 때 필요한 규정으로 미국의 AT&T가 채택한 하드웨어 기준의 표준이다.

즉, 문자와 도형으로 나타난 영상자료를 전송할 때 필요한 코드 체계를 정한 것이다.

(9) GKS-3D와 PHIGS(programmer's hierarchical interactive graphic system)

GKS-3D는 GKS에 3차원 기능을 부여한 것으로, 3D 입력요소의 입력과 디스플레이 등을 추가한 것이다.

PHIGS(programmer's hierarchical interactive graphic system)는 3차원 그래픽을 표현하는 primitive를 단계적으로 그룹화하여 사용할 수 있도록 한 그래픽 표준으로, 계층적 구조를 가지는 그래픽 표준이라 할 수 있다.

최근에는 PHIGS를 보완하여 가상현실 기법을 적용할 수 있도록 PHIGE를 발표하여 항공교통망 시뮬레이션, 물 분자 모델링, 건축 설계 등에 이용하고 있다.

 표준화된 그래픽 소프트웨어 사용의 장점
- 개발된 CAD/CAM 시스템을 컴퓨터의 종류와 무관하게 사용할 수 있다.
- 응용 프로그램, API(application program interface)를 개발할 때 또는 사용자가 바뀌거나 새로운 주변장치를 개발할 때 처음부터 수정·설계하는 시간을 절약할 수 있다.
- 이미 구성된 표준안에 따라 주변장치를 개발할 경우 프로그램을 작성하는 일이 없어진다.

 핵·심·문·제

3. CAD 시스템에서 서로 다른 CAD 시스템 간의 데이터 교환을 위한 대표적인 표준 파일 형식이 아닌 것은?

① IGES   ② ASCII
③ DXF   ④ STEP

4. CAD 데이터의 교환 표준 중 하나로 국제표준화기구(ISO)가 국제 표준으로 지정하고 있으며, CAD의 형상 데이터뿐만 아니라 NC 데이터, 부품표, 재료 등도 표준 대상이 되는 규격은?

① IGES   ② DXF
③ STEP   ④ GKS

5. CAD 정보를 이용한 공학적 해석 분야와 가장 거리가 먼 것은?

① 질량 특성 분석
② 정밀한 도면 제도
③ 공차 분석
④ 유한 요소 해석

기본 측정기 사용

제5장 기본 측정기 사용

1. 작업계획 파악

1-1 측정 방법

1 측정의 종류

① 직접 측정(direct measurement) : 측정기로부터 직접 측정값을 읽을 수 있는 방법이다. 눈금자, 버니어 캘리퍼스, 마이크로미터, 하이트게이지 등이 있다.

② 비교 측정(relative measurement) : 피측정물에 의한 기준량으로부터의 변위를 측정하는 방법이다. 다이얼 게이지, 내경 퍼스, 미니미터, 옵티미터, 전기 마이크로미터, 공기 마이크로미터, 다이얼 테스트 인디케이터, 오르토테스터, 패소미터, 패시미터, 측미현미경, 지침측미기 등이 있다.

③ 절대 측정(absolute measurement) : 피측정물의 절대량을 측정하는 방법이다.

④ 간접 측정(indirect measurement) : 나사 또는 기어 등과 같이 형태가 복잡한 것에 이용되며 기하학적으로 측정값을 구하는 방법이다. 측정하고자 하는 양과 일정한 관계가 있는 양을 측정하여 간접적으로 측정값을 구한다. 사인 바에 의한 테이퍼 측정, 전류와 전압을 측정하여 전력을 구하는 방법이 있다.

⑤ 편위법 : 측정량의 크기에 따라 지침이 영점에서 벗어난 양을 측정하는 방법이다.

⑥ 영위법 : 지침이 영점에 위치하도록 측정량을 기준량과 똑같이 맞추는 방법이다.

핵·심·문·제

1. 이미 치수를 알고 있는 표준과의 차를 구하여 치수를 알아내는 측정 방법을 무엇이라 하는가?

① 절대 측정　　　　② 비교 측정
③ 표준 측정　　　　④ 간접 측정

2. 비교 측정에 사용하는 측정기가 아닌 것은?

① 버니어 캘리퍼스

② 다이얼 테스트 인디케이터
③ 다이얼 게이지
④ 지침 측미기

3. 다음 중 직접 측정기에 속하는 것은?

① 옵티미터　　　　② 다이얼 게이지
③ 미니미터　　　　④ 마이크로미터

●정답　1. ②　2. ①　3. ④

2 측정 오차

① 개인 오차 : 측정하는 사람에 따라서 생기는 오차로 숙련 정도에 따라 어느 정도 오차를 줄일 수 있다.

② 계기 오차

㉮ 측정 기구의 눈금 등 불변의 오차 : 보통 기차(器差)라고 하며 0점의 위치 부정, 눈금선의 간격 부정으로 생긴다.

㉯ 측정 기구의 사용 상황에 따른 오차 : 계측기 가동부의 녹, 마모로 생긴다.

③ 시차(視差) : 측정기의 눈금과 눈의 위치가 같지 않은 데서 생기는 오차로, 측정 시에는 반드시 눈과 눈금의 위치가 수평이 되도록 한다.

측정 위치 불량 오차   시차

④ 온도 변화에 따른 측정 오차 : KS에서는 표준온도 20℃, 표준습도 58%, 표준기압 760mmHg에서 측정하도록 하고 있다.

⑤ 재료의 탄성에 기인하는 오차 : 자중 또는 측정 압력에 의해 생기는 오차

⑥ 확대 기구의 오차 : 확대 기구의 사용 부정으로 생긴다.

⑦ 우연 오차 : 확인될 수 없는 원인으로 생기는 오차로서 측정값을 분산시키는 원인이 된다.

 핵 · 심 · 문 · 제

4. 측정기의 눈금과 눈의 위치가 같지 않은 데서 생기는 측정 오차를 무엇이라 하는가?

① 샘플링 오차   ② 계기 오차
③ 우연 오차   ④ 시차

5. KS 규격에 따라 물체를 측정할 때의 표준 온도는 몇 ℃인가?

① 16℃   ② 20℃
③ 24℃   ④ 36.5℃

6. 확인될 수 없는 원인에 의해 생기는 오차로, 측정값을 분산시키는 원인이 되는 것은?

① 개인 오차   ② 계기 오차
③ 온도 변화   ④ 우연 오차

7. 측정기를 사용할 때 0점의 위치가 잘못 맞추어진 것은 무엇에 해당하는가?

① 계기 오차   ② 우연 오차
③ 개인 오차   ④ 시차

● 정답 4. ④ 5. ② 6. ④ 7. ①

1-2 단위의 종류

1 단위와 단위계

(1) 단위(unit)

단위는 특정량을 정의하고 그와 같은 종류의 다른 양을 이 특정량과 비교해서 나타내도록 약정한 것이다.

(2) 단위계(system of units)

단위계는 일정한 기본 단위 및 그것으로 조립된 유도 단위를 합쳐 계통적인 단위의 집합을 만들어 놓은 것이다.

(3) 단위계의 종류

① 야드파운드법

　(가) 길이 : 야드(1yd＝3ft＝36in＝0.9144m)

　(나) 질량 : 파운드(lb, libra(천칭)의 약어＝16oz)＝0.4536kg

② 미터법

　(가) 길이 : 미터(m)　　　　　　　　(나) 질량 : 그램(g)

　(다) 부피 : 리터(1L＝1000cm^3＝1000cc＝1000mL)

③ 국제 단위계(SI, the internation system of units)

　(가) 미터법을 발전시켜 1960년 국제도량형총회(CGPM)에서 채택

　(나) 프랑스어 "le systeme international d'unites"의 약어

④ MKS 단위계 : 길이 m, 질량 kg, 시간 s, 힘의 단위로 N 사용

⑤ CGS 단위계 : 길이 cm, 질량 g, 시간 s, 힘의 단위로 dyn(dyne) 사용

⑥ FPS 단위계 : 길이 ft, 질량 lb, 시간 s, 힘의 단위로 pdl(poundal) 사용

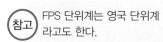

참고　FPS 단위계는 영국 단위계 라고도 한다.

핵·심·문·제

1. 국제 단위계(SI)의 기초가 된 것으로 길이의 단위로 m, 질량의 단위로 g을 사용하는 단위계는?

① 척관법　　　　　② 야드파운드법
③ 미터법　　　　　④ 인치법

2. 다음 중 CGS 단위계에서 사용되는 길이 단위는 어느 것인가?

① m　　　　　　　② cm
③ ft　　　　　　　④ in

•정답　1. ③　2. ②

2 국제 단위계(SI)

(1) SI의 특징

① 전 세계가 공통으로 사용   ② 각 속성에 대하여 한 가지 단위만 사용

③ 수치적 인자없이 SI 단위로만 조합   ④ 배우기와 사용하기가 용이함

⑤ 과학, 기술, 상업 등 모든 활동 분야에 적용

(2) SI 기본 단위(7개) : 서로 독립된 차원을 가지는 단위로 정의한다.

SI 기본 단위

양	명칭	기호	양	명칭	기호	양	명칭	기호
길이	미터	m	온도	켈빈	K	질량	킬로그램	kg
물질량	몰	mol	시간	초	s	광도	칸델라	cd
전류	암페어	A	–	–	–	–	–	–

(3) SI 보조 단위(2개) – 무차원 단위

SI 보조 단위

양	명칭	기호
평면각	라디안	rad
입체각	스테라디안	sr

(4) 병용 단위 : 특수한 경우 병용하도록 국제도량형총회(CGPM)에서 인정한 단위이다.

병용 단위

양	시간	평면각	부피	질량
명칭	분, 시간, 일	도, 분, 초	리터	톤
기호	min, h, d	°, ′, ″	L	t
정의	60s, 60min, 24h	$\frac{\pi}{180}$rad, $\frac{1}{60}$°, $\frac{1}{60}$′	1cm³	10^3kg

핵·심·문·제

3. 국제 단위계(SI)의 기본 단위에 해당하지 않는 것은?

① 질량(kg)   ② 평면각(rad)

③ 전류(A)   ④ 광도(cd)

4. 무차원 단위에 해당하는 것은?

① rad   ② deg

③ K   ④ lx

(5) SI 유도 단위(32개)

① 물리적 원리에 따라 연결된 기본 단위들의 조합

② 면적(m^2), 속도(m/s), 가속도(m/s^2), 각속도(rad/s), 힘($kg \cdot m/s^2$) 등

SI 유도 단위 중 고유 명칭을 가진 것들(19개)

양	고유 명칭	기 호	정 의	양	고유 명칭	기 호	정 의
주파수	헤르츠	Hz	s^{-1}	자속	웨버	Wb	$V \cdot s$
힘	뉴턴	N	$kg \cdot m/s^2$	자속 밀도	테슬라	T	Wb/m^2
압력, 응력	파스칼	Pa	N/m^2	인덕턴스	헨리	H	Wb/A
에너지, 일량, 열량	줄	J	$N \cdot m$	섭씨온도	섭씨도	℃	$K-273.15$
일률, 전력, 동력	와트	W	J/s	광속	루멘	lm	$cd \cdot sr$
전기량, 전하	쿨롬	C	$A \cdot s$	조도	럭스	lx	lm/m^2
전압, 전위	볼트	V	W/A	방사능	베크렐	Bq	s^{-1}
전기 용량	패럿	F	C/V	흡수선량	그레이	Gy	J/kg
전기 저항	옴	Ω	V/A	선량당량	시버트	Sv	J/kg
전기 전도도(컨덕턴스)	지멘스	S	A/V	–	–	–	–

☻ 압력의 단위인 bar는 국제도량형총회(CGPM)에서 허용하고 있으나 SI 단위인 Pa을 사용하도록 권장한다.

핵·심·문·제

5. 다음 중 SI 단위계에서 사용되는 힘의 단위는 어느 것인가?

① N   ② dyn

③ pdl   ④ W

6. 다음 중 단위에 대한 설명이 잘못된 것은?

① 주파수 – Hz

② 에너지 – J

③ 콘덴서 – C

④ 압력 – kgf/cm^2

7. 다음 중 유도 단위인 것은?

① 길이   ② 질량

③ 시간   ④ 중량

8. 다음 SI 단위 중 압력의 단위는?

① Pa   ② Wb

③ J   ④ H

9. SI 유도 단위 중 주파수를 나타내는 것은?

① Hz   ② N

③ Pa   ④ V

10. 다음 중 동력의 단위는?

① N   ② Pa

③ J   ④ W

11. 다음 중 N/m^2와 같은 것은?

① Hz   ② Pa

③ J   ④ H

(6) SI 접두어(16개)

SI 접두어

배 수	기 호	접두어	배 수	기 호	접두어
10^1	da	데카(deca)	10^{-1}	d	데시(deci)
10^2	h	헥토(hecto)	10^{-2}	c	센티(centi)
10^3	k	킬로(kilo)	10^{-3}	m	밀리(milli)
10^6	M	메가(mega)	10^{-6}	μ	마이크로(micro)
10^9	G	기가(giga)	10^{-9}	n	나노(nano)
10^{12}	T	테라(tera)	10^{-12}	p	피코(pico)
10^{15}	P	페타(peta)	10^{-15}	f	펨토(femto)
10^{18}	E	엑사(exa)	10^{-18}	a	아토(atto)

(7) 단위 기호 사용규칙

① 단위 기호는 로마체(직립체)로 표기한다. 예 m(길이), kg(질량), s(시간)

② 양의 기호는 이탤릭체(사체)로 표기한다. 예 m(질량), t(시간), F(힘)

③ 단위 기호는 소문자로 표기한다. 예 kg, s

④ 사람의 이름에서 유래하였으며 첫 글자만 대문자로 표기한다. 예 Pa, kHz

⑤ 단위 기호는 항상 단수로 표기한다. 예 5 min(○), 5 mins(×)

⑥ 수치와 단위 기호는 한 칸 띄어 표기한다. 예 35 mm(○), 35mm(×)

⑦ 수치와 퍼센트 기호는 한 칸 띄어 표기한다. 예 25 %(○), 25%(×)

⑧ 평면각의 도, 분, 초는 수치와 붙인다. 예 25° 23′ 27″

핵·심·문·제

12. SI 접두어 중 10^{-6}을 나타내는 기호는?

① μ ② M   ③ p   ④ n

13. 2.6m²는 몇 cm²인가?

① 0.026   ② 260
③ 26000   ④ 2600000

14. 35km는 몇 mm인가?

① 35×10^3 ② 35×10^6

③ 35×10^{-3} ④ 35×10^{-6}

15. 15kg은 몇 mg인가?

① 15×10^2 ② 15×10^3
③ 15×10^4 ④ 15×10^6

16. 3000cm³는 몇 L인가?

① 3   ② 30
③ 300   ④ 3000

•정답 12. ①   13. ③   14. ②   15. ④   16. ①

2. 측정기 선정

2-1 측정기의 종류

1 길이 측정

① 선도기 : 도구에 표시된 눈금선과 눈금선 사이의 거리로 측정
② 단도기 : 도구 자체의 면과 면 사이의 거리로 측정

길이 측정
- 선도기
  - 직접 측정기 : 강철자, 버니어 캘리퍼스, 마이크로미터, 하이트 게이지
  - 비교 측정기 : 다이얼 게이지, 미니미터, 옵티미터, 전기 마이크로미터, 공기 마이크로미터, 오르토 테스터, 패소미터, 패시미터, 측미 현미경
- 단도기 : 블록 게이지, 한계 게이지, 틈새 게이지

2 각도 측정

분도기, 만능분도기, 직각자, 콤비네이션 세트, 베벨 각도기, 광학식 크리노미터, 사인 바, 요한슨식 각도 게이지, NPL식 각도 게이지, 테이퍼 게이지, 수준기, 광학식 각도계, 오토콜리메이터 등

옵티컬 플랫

3 평면 측정

평행대, 나이프에지, 직각자, 옵티컬 플랫

핵·심·문·제

1. 다음 중 각도 측정기에 속하는 것은?
① 사인 바
② 블록 게이지
③ 마이크로미터
④ 하이트 게이지

2. 다음 중 평면 측정기에 속하는 것은?
① 버니어 캘리퍼스
② 오르토 테스터
③ 콤비네이션 세트
④ 옵티컬 플랫

• 정답 1. ① 2. ④

• 사진 출처 : commons.wikimedia.org

2-2 측정기의 용도

1 직접 측정기

(1) 버니어 캘리퍼스(vernier calipers)

① 프랑스 수학자 버니어(P. Vernier)가 발명한 것으로, 현장에서 노기스라고도 부른다. 길이 측정 및 안지름, 바깥지름, 깊이, 두께 등을 측정할 수 있다.

② 버니어 캘리퍼스의 최소 측정값 : 어미자의 한 눈금의 간격이 S(mm)이고, 아들자의 눈금이 어미자의 눈금 $an-1$개를 n등분한 경우 최소 측정값은 $\dfrac{S}{n}$이다(여기서, a는 1, 2, 3, …).

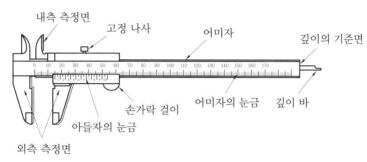

버니어 캘리퍼스

(2) 마이크로미터(micrometer)

① 나사가 1회전하면 1피치 전진하는 성질을 이용하여 발명된 것으로, 마이크로 캘리퍼스 또는 측미기라고도 부른다. 마이크로미터의 용도는 버니어 캘리퍼스와 같다.

② 마이크로미터의 최소 측정값 : 슬리브의 최소 눈금이 S(mm)이고, 딤블의 원주 눈금이 n등분되어 있다면 최소 측정값은 $\dfrac{S}{n}$이다.

③ 마이크로미터의 종류

㈎ 표준 마이크로미터(standard micrometer)

핵 · 심 · 문 · 제

1. 어미자의 눈금이 0.5mm이며, 아들자의 눈금인 12mm를 25등분한 버니어 캘리퍼스의 최소 측정값은 어느 것인가?

① 0.01mm   ② 0.02mm
③ 0.05mm   ④ 0.025mm

2. 버니어 캘리퍼스에서 어미자의 한 눈금이 1mm이고, 아들자의 눈금 19mm를 20등분한 경우 최소 측정값은 몇 mm인가?

① 0.01mm   ② 0.02mm
③ 0.05mm   ④ 0.1mm

•정답 1. ② 2. ③

(나) 버니어 마이크로미터(vernier micrometer) : 최소 눈금을 0.001mm로 하기 위하여 표준 마이크로미터의 슬리브 위에 버니어의 눈금을 붙인 것이다.

(다) 다이얼 게이지 마이크로미터(dial gauge micrometer) : 0.01mm 또는 0.001mm의 다이얼 게이지를 마이크로미터의 앤빌 측에 부착시켜 동일 치수의 것을 다량으로 측정한다.

(라) 지시 마이크로미터(indicating micrometer) : 인디케이트 마이크로미터라고도 하며, 측정력을 일정하게 하기 위하여 마이크로미터 프레임의 중앙에 인디케이터(지시기)를 장치한 것이다. 이것은 지시부의 지침에 의하여 0.002mm 정도까지 정밀한 측정을 할 수 있다.

(마) 기어 이 두께 마이크로미터(gear tooth micrometer) : 디스크 마이크로미터라고도 하며 평기어, 헬리컬 기어의 이 두께를 측정하는 것이다. 측정 범위는 0.5~6모듈이다.

(바) 나사 마이크로미터(thread micrometer) : 수나사용으로 나사의 유효지름을 측정하며, 고정식과 앤빌 교환식이 있다.

(사) 포인트 마이크로미터(point micrometer) : 드릴의 홈 지름과 같은 골지름의 측정에 쓰인다.

(아) 내측 마이크로미터(inside micrometer) : 단체형, 캘리퍼형, 삼점식이 있다.

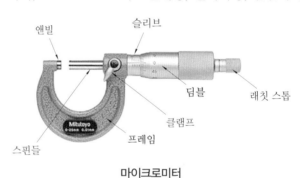

마이크로미터

핵·심·문·제

3. 슬리브의 최소 눈금이 0.5mm인 마이크로미터에서 딤블(thimble)의 원주 눈금이 100등분되었다면 최소한 읽을 수 있는 값은?

① 0.01mm

② 0.005mm

③ 0.002mm

④ 0.05mm

4. 나사 마이크로미터는 다음 중 어느 측정에 가장 널리 사용되는가?

① 나사의 골지름

② 나사의 유효지름

③ 나사의 호칭지름

④ 나사의 바깥지름

5. 마이크로미터 스핀들 나사의 피치가 0.5mm이고 딤블의 원주 눈금이 50등분되어 있으면 최소 측정값은 몇 mm인가?

① 0.05mm ② 0.01mm

③ 0.005mm ④ 0.001mm

•정답 3. ② 4. ② 5. ②

(3) 하이트 게이지(hight gauge)

① **구조** : 스케일(scale)과 베이스(base) 및 서피스 게이지(surface gauge)를 하나로 합한 것이 기본 구조이다. 여기에 버니어 눈금을 붙여 정확한 측정을 할 수 있게 하였으며, 스크라이버로 금긋기할 때에도 쓰인다. 높이 게이지라고도 한다.

② **종류**

㈎ HM형 하이트 게이지 : 견고하여 금긋기에 적당하며, 비교적 대형이다. 0점 조정이 불가능하다.

㈏ HB형 하이트 게이지 : 경량 측정에 적당하나 금긋기용으로는 부적당하다. 스크라이버의 측정 면이 베이스 면까지 내려가지 않는다. 0점 조정이 불가능하다.

㈐ HT형 하이트 게이지 : 표준형이며 본척의 이동이 가능하다.

㈑ 다이얼 하이트 게이지 : 다이얼 게이지를 버니어 눈금 대신 붙인 것으로 최소 눈금은 0.01mm이다.

③ **사용상 주의사항**

㈎ 평면도가 좋은 정반을 사용하며, 사용 전에 정반 면을 깨끗이 닦고 사용한다.

㈏ 스크라이버의 밑면을 정반 위에 닿게 하여 0점 조정을 한다.

㈐ 스크라이버를 필요 이상 길게 하여 사용하지 않는다.

㈑ 스크라이버의 고정 나사는 충분히 조인다.

하이트 게이지

(4) 측장기(measuring machine)

마이크로미터보다 더 정밀한 정도를 요하는 게이지류의 측정에 쓰이며, 0.001mm(μ)의 정밀도로 측정된다. 일반적으로 1~2m에 달하는 치수가 큰 것을 고정밀도로 측정할 수 있다.

핵·심·문·제

6. 스케일(scale)과 베이스(base) 및 서피스 게이지를 하나의 기본 구조로 하는 게이지는?

① 버니어 캘리퍼스 ② 마이크로미터
③ 블록 게이지 ④ 하이트 게이지

7. 하이트 게이지 중 스크라이버 밑면이 정반에 닿아 정반 면으로부터 높이를 측정할 수 있으며, 어미자

는 스탠드 홈을 따라 상하로 조금씩 이동시킬 수 있어 0점 조정이 용이한 구조로 되어 있는 것은 어느 것인가?

① HB형 하이트 게이지
② HT형 하이트 게이지
③ HM형 하이트 게이지
④ 간이형 하이트 게이지

2 비교 측정기

(1) 다이얼 게이지(dial gauge)

기어 장치로서 미소한 변위를 확대하여 길이 또는 변위를 정밀 측정하는 비교 측정기이다.

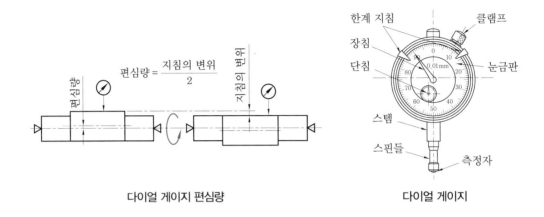

다이얼 게이지 편심량   다이얼 게이지

(2) 기타 비교 측정기

① 측미현미경(micrometer microscope) : 길이의 정밀 측정에 사용되는 것으로, 대물렌즈에 의해 피측정물의 상을 확대해 하나의 평면 내에서 실상을 맺게 하여 이것을 접안렌즈로 보면서 측정한다.

② 공기 마이크로미터(air micrometer, pneumatic micrometer) : 보통 측정기로는 측정이 불가능한 미소한 변화를 측정할 수 있는 것으로 확대율 만 배, 정밀도 $\pm 0.1 \sim 1\mu$이지만 측정 범위는 대단히 작다. 일정압의 공기가 두 개의 노즐을 통과해서 대기 중으로 흘러나갈 때 유출부 작은 틈새의 변화에 따라 나타나는 지시압의 변화에 의해 비교 측정이 된다.

핵·심·문·제

8. 양 센터로 지지한 시험봉을 다이얼 게이지로 측정하였더니 0.04mm 움직였다. 이때 시험봉의 편심량은 몇 mm인가?

① 0.01
② 0.02
③ 0.04
④ 0.08

9. 공기 마이크로미터의 장점으로 볼 수 없는 것은?

① 안지름 측정이 가능하다.
② 일반적으로 배율이 1000배에서 10000배까지 가능하다.
③ 피측정물에 묻어 있는 기름이나 먼지를 공기로 불어 내어 정확한 측정을 할 수 있다.
④ 응답 시간이 매우 빠르다.

·정답 8. ②   9. ④

공기 마이크로미터는 노즐 부분을 교환함으로써 바깥지름, 안지름, 진각도, 진원도, 평면도 등을 측정할 수 있다. 또 비접촉 측정이므로 마모에 의한 정도 저하가 없으며, 피측정물을 변형시키지 않으면서 신속한 측정이 가능하다.

③ 미니미터(minimeter) : 지렛대를 이용한 것으로 지침에 의해 100~1000배로 확대 가능한 기구이다. 부채꼴의 눈금 위를 바늘이 180° 이내에서 움직이도록 되어 있으며, 지침의 흔들림이 미소하여 지시 범위는 60μ 정도이고, 최소 눈금은 보통 1μ, 정밀도는 $\pm0.5\mu$ 정도이다.

④ 오르토 테스터(ortho tester) : 지렛대와 1개의 기어를 이용하여 스핀들의 미소한 직선 운동을 확대하는 기구이다. 최소 눈금 1μ, 지시 범위 100μ 정도이지만 확대율을 배로 하여 지시 범위를 $\pm50\mu$로 만든 것도 있다.

⑤ 전기 마이크로미터(electric micrometer) : 길이의 근소한 변위를 그에 상당하는 전기값으로 바꾸고, 이를 다시 측정 가능한 전기 측정 회로로 바꾸어 측정하는 장치이다. 0.01μ 이하의 미소한 변위량도 측정 가능하다.

⑥ 패소미터(passometer) : 마이크로미터에 인디케이터를 조합한 형식으로 마이크로미터부에 눈금이 없고, 블록 게이지로 소정의 치수를 정하여 피측정물과의 인디케이터로 읽게 되어 있다. 측정 범위는 150mm까지이며 인디케이터의 최소 눈금은 0.002mm 또는 0.001mm이다.

⑦ 패시미터(passimeter) : 기계 공작에서 안지름을 검사·측정할 때 사용되며 구조는 패소미터와 거의 같다. 측정구는 각 호칭 치수에 따라 교환이 가능하다.

⑧ 옵티미터(optimeter) : 측정자의 미소한 움직임을 광학적으로 확대하는 장치로, 확대율은 800배이며 최소 눈금 1μ, 측정 범위 ±0.1mm, 정밀도는 $\pm0.25\mu$ 정도이다. 옵티미터는 원통의 안지름, 수나사, 암나사, 축 게이지 등과 같이 높은 정밀도를 필요로 하는 것을 측정한다.

핵·심·문·제

10. 지렛대를 이용한 것으로 지침에 의해 100~1000배로 확대 가능한 기구를 가진 측정기는?
① 패소미터
② 전기 마이크로미터
③ 미니미터
④ 공기 마이크로미터

11. 측정자의 미소한 움직임을 광학적으로 확대하여 측정하는 장비로 최소 눈금이 1m인 것은?
① 오르토 테스터
② 패소미터
③ 다이얼 게이지
④ 옵티미터

3 단도기

(1) 블록 게이지

블록 게이지는 길이의 기준으로 사용되고 있는 평행 단도기로서 1897년 스웨덴의 요한슨에 의해 처음으로 제작되었다.

① 블록 게이지의 표준 조합 선택

  ㈎ 필요로 하는 최소 치수의 단계

  ㈏ 필요로 하는 측정 범위

  ㈐ 필요로 하는 치수에 대하여 밀착되는 개수를 될 수 있는 한 적게 할 것

② 치수 조립 시 고려할 사항

  ㈎ 조합의 개수를 최소로 할 것

  ㈏ 정해진 치수를 고를 때에는 맨 끝자리부터 고를 것

  ㈐ 소수점 아래 첫째 자리 숫자가 5보다 큰 경우에는 5를 뺀 나머지 숫자부터 선택

③ 블록 게이지의 등급과 용도

  ㈎ AA 또는 A급(참조용)

  ㈏ A 또는 B급(표준용)

  ㈐ A 또는 B, C급(검사용)

블록 게이지의 표준 조합

(2) 하이트 마이크로미터

① 하이트 마스터라고도 하며 주로 기준 게이지로 사용된다.

② 블록 게이지를 세로로 조합시켜 놓고 마이크로 헤드를 돌려 높이를 미세 조정할 수 있다.

마이크로 헤드

블록 게이지

하이트 마이크로미터

핵·심·문·제

12. 블록 게이지의 표준 조합 선택 및 치수 조립 시 고려할 사항으로 거리가 먼 것은?

① 블록 게이지의 윤곽 판독 방식
② 소수점 아래 첫째 자리 숫자가 5보다 큰 경우에는 5를 뺀 나머지 숫자부터 선택
③ 조합의 개수를 최소로 할 것
④ 정해진 치수를 고를 때는 맨 끝자리부터

13. $-15\mu m$의 오차가 있는 블록 게이지에 다이얼 게이지를 세팅한 후 제품을 측정하였더니 47.86mm로 나타났다면 참값은?

① 47.835mm
② 47.875mm
③ 47.845mm
④ 47.885mm

• 정답 **12.** ① **13.** ③

(3) 한계 게이지(limit gauge)

제품을 정확한 치수대로 가공하는 것은 거의 불가능하므로 오차의 한계를 주게 되며, 이때의 오차 한계를 재는 게이지를 한계 게이지라고 한다.

한계 게이지는 통과측(go end)과 정지측(not-go end)을 갖추고 있는데, 정지측으로는 제품이 들어가지 않고 통과측으로 제품이 들어가는 경우에 제품이 주어진 공차 내에 있음을 나타내는 것이다.

한계 게이지를 용도에 따라 구분하면 공작용 게이지, 검사용 게이지, 점검용 게이지로 구분할 수 있다.

① 구멍용 한계 게이지

   ⑺ 봉 게이지(bar gauge) : 주로 치수가 큰 공작물에 사용되며, 블록 게이지와 함께 사용될 수 있다.

   ⑷ 플러그 게이지(plug gauge) : 치수가 비교적 작은 가공물에 사용된다.

   ⒟ 테보 게이지(tebo gauge) : 한 부위에 통과측과 불통과측이 동시에 있다.

② 축용 한계 게이지

   ⑺ 스냅 게이지 : 검사할 때 입구가 벌어지므로 측정압에 주의해야 한다.

   ⑷ 링 게이지 : 비교적 작은 치수의 가공물에 사용된다.

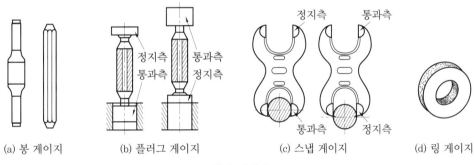

(a) 봉 게이지   (b) 플러그 게이지   (c) 스냅 게이지   (d) 링 게이지

한계 게이지

핵·심·문·제

14. 구멍용 한계 게이지가 아닌 것은?

  ① 플러그 게이지

  ② 테보 게이지

  ③ 봉 게이지

  ④ 링 게이지

15. 다음 중 한계 게이지가 아닌 것은?

  ① 블록 게이지

  ② 봉 게이지

  ③ 플러그 게이지

  ④ 링 게이지

•정답 14. ④ 15. ①

③ 테일러의 원리(Taylor's theory) : 한계 게이지에 의해 합격된 제품에 있어서도 축의 약간의 구부림 형상이나 구멍의 요철, 타원 등을 가려내지 못하기 때문에 끼워 맞춤이 안 되는 경우가 있다. 이러한 현상을 영국의 테일러(W. Taylor)가 처음으로 발표했는데, 테일러의 원리를 요약하면 다음과 같다.

"통과측의 모든 치수는 동시에 검사되어야 하며, 정지측은 각 치수를 개개로 검사해야 한다."

(4) 기타 게이지류

① 틈새 게이지는 두께가 다른 여러 장의 강철 박판으로 되어 있으며 서로 다른 두께의 박판을 결합하여 틈새를 측정할 수 있다.

② 와이어 게이지와 드릴 게이지는 크기 순서대로 단계적으로 만든 절입 또는 구멍을 갖는 각형 또는 원형의 박판으로 되어 있다.

③ 피치 게이지는 미터용과 인치용이 있으며 나사의 피치를 측정하는 데 사용된다.

④ 그 밖에도 반지름 게이지, 센터 게이지 등이 있다.

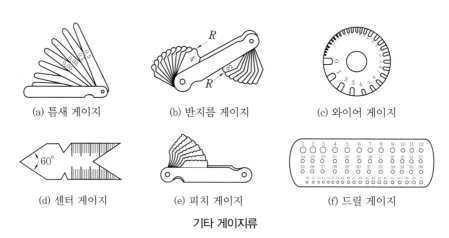

(a) 틈새 게이지　　(b) 반지름 게이지　　(c) 와이어 게이지

(d) 센터 게이지　　(e) 피치 게이지　　(f) 드릴 게이지

기타 게이지류

핵·심·문·제

16. 다음 중 두께가 다른 여러 장의 강철 박판으로 되어 있는 게이지는?
① 틈새 게이지
② 반지름 게이지
③ 와이어 게이지
④ 센터 게이지

17. 다음 중 나사의 피치를 측정하는 데 사용되는 것은 어느 것인가?
① 드릴 게이지
② 피치 게이지
③ 버니어 캘리퍼스
④ 나사 마이크로미터

•정답 16. ① 17. ②

4 각도 측정

(1) 분도기

① 분도기(protractor) : 가장 간단한 측정 기구로, 주로 강판제의 원형 또는 반원형으로 되어 있다.

② 만능 분도기(universal protractor) : 정밀 분도기라고도 하며, 버니어에 의하여 각도를 세밀히 측정할 수 있다. 최소 눈금은 어미자 눈금판의 23°를 12등분한 버니어가 있는 것이 5′이고, 19°를 20등분한 버니어가 붙은 것이 3′이다.

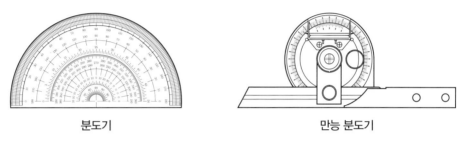

분도기   만능 분도기

③ 직각자(square) : 공작물의 직각도, 평면도 검사나 금긋기에 쓰인다.

④ 콤비네이션 세트(combination set) : 분도기에 강철자, 직각자 등을 조합해서 사용하며, 각도의 측정, 중심내기 등에 쓰인다.

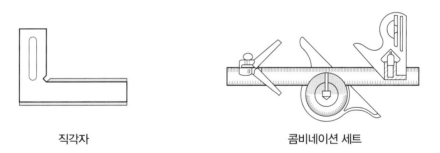

직각자   콤비네이션 세트

핵·심·문·제

18. 다음 중 길이 측정기가 아닌 것은?
① 버니어 캘리퍼스
② 그루브 마이크로미터
③ 콤비네이션 세트
④ 전기 마이크로미터

19. 다음 중 각도 측정기에 속하는 것은?
① 블록 게이지
② 콤비네이션 세트
③ 한계 게이지
④ 옵티미터

●정답 18. ③   19. ②

(2) 사인 바(sine bar)

사인 바는 블록 게이지 등을 병용하며, 삼각함수의 사인(sine)을 이용하여 각도를 측정하고 설정하는 측정기이다. 각도 ϕ 가 45° 이상이면 오차가 커지므로 45° 이하의 각도 측정에 사용한다. 각도를 구하는 공식은 다음과 같다.

$$\sin\phi = \frac{H-h}{L}, \quad H-h = L \cdot \sin\phi$$

여기서, H : 높은 쪽 높이, h : 낮은 쪽 높이, L : 사인 바의 길이

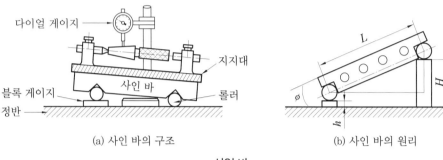

(a) 사인 바의 구조   (b) 사인 바의 원리

사인 바

(3) 수준기(level)

① 수평 또는 수직을 측정하는 데 사용한다.
② 기포관 내의 기포 이동량에 따라 측정한다.
③ 감도는 특종(0.01mm/m), 제1종(0.02mm/m), 제2종 (0.05mm/m), 제3종(0.1mm/m) 등이 있다.

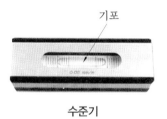

수준기

핵·심·문·제

20. 삼각법을 이용하여 각도 또는 기울기를 측정하는 것은?

① 전기 마이크로미터 ② 사인 바
③ 블록 게이지   ④ 공기 마이크로미터

21. 롤러의 중심거리가 100mm인 사인 바로 5°의 테이퍼 값이 측정되었을 때 정반 위에 놓은 사인 바의 양 롤러 간의 높이 차는 약 몇 mm인가?

① 8.72   ② 7.72
③ 4.36   ④ 3.36

22. 사인 바(sine bar)를 이용한 각도 측정에 대한 설명으로 틀린 것은?

① 블록 게이지 등을 병용하고 삼각함수의 사인 (sine)을 이용해 각도를 측정하는 기구이다.
② 사인 바는 롤러의 중심거리가 보통 100mm 또는 200mm로 제작한다.
③ 45°보다 큰 각을 측정할 때에는 오차가 작아진다.
④ 정반 위에서 정반 면과 사인 봉과 이루는 각을 표시하면 sin식이 성립한다.

(4) 오토콜리메이터(auto collimator)

① 미소각을 측정하는 광학적 측정기로 콜리메이팅 망원경이라고도 한다.

② 반사경이 망원경에 대해 경사졌을 때 초점면에서의 이동된 눈금을 읽어 각도를 측정한다.

③ 평행도, 흔들림, 경사각, 진직도, 직각도 등을 측정할 수 있다.

④ 공작 기계의 베드나 정반의 기울기 검사에 사용된다.

⑤ 주요한 부속품으로는 평면경(반사경), 프리즘, 조정기, 변압기가 있다.

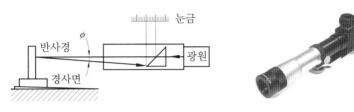

오토콜리메이터

(5) 탄젠트 바(tangent bar)

삼각법의 탄젠트를 이용한 것으로, 높이가 H와 h인 두 개의 블록 게이지 또는 지름이 D와 d인 두 개의 롤러, 그리고 그 위에 놓은 곧은 자로 구성된다.

각도를 구하는 공식은 다음과 같다.

$$\tan \phi = \frac{H-h}{L+l} \text{ 또는 } \tan \frac{\phi}{2} = \frac{D-d}{D+d+2L}$$

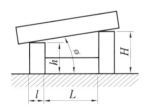 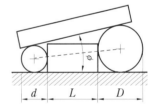

탄젠트 바

 핵·심·문·제

23. 오토콜리메이터의 부속품에 해당되지 않는 것은 어느 것인가?

① 모터　　　　② 변압기
③ 평면경　　　　④ 조정기

24. 각도 측정기에 해당되는 것은?

① 버니어 캘리퍼스　② 나이프 에지
③ 탄젠트 바　　　④ 스냅 게이지

25. 각도 측정기가 아닌 것은?

① 사인 바　　　② 수준기
③ 오토콜리메이터　④ 외경 마이크로미터

5 테이퍼 측정

(1) 테이퍼 측정법의 종류

테이퍼의 측정법에는 테이퍼 게이지(링 게이지와 플러그 게이지) · 사인 바 · 각도 게이지에 의한 법, 접촉자에 의한 법, 공구 현미경 부분에 의한 법이 있다.

(2) 테이퍼 측정 공식

롤러와 블록 게이지를 접촉시켜서 M_1과 M_2를 마이크로미터로 측정하면 다음 식에 의하여 테이퍼각(α)을 구할 수 있다.

$$\tan\frac{\phi}{2} = \frac{M_2 - M_1}{2H}$$

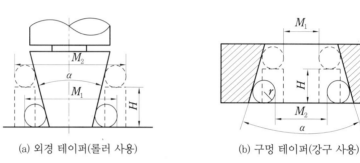

(a) 외경 테이퍼(롤러 사용)　　　(b) 구멍 테이퍼(강구 사용)

롤러를 이용한 테이퍼 측정

핵·심·문·제

26. 정반 위에서 테이퍼를 측정하여 그림과 같은 측정 결과를 얻었을 때 테이퍼량은 얼마인가?

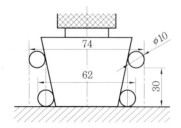

① $\dfrac{1}{2}$　② $\dfrac{1}{2.5}$　③ $\dfrac{1}{5}$　④ $\dfrac{1}{7.5}$

27. 그림에서 더브테일 10핀을 이용하여 측정할 때의 길이는 약 얼마인가?

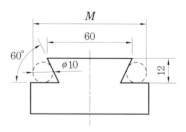

① 45.36mm　② 60.65mm
③ 73.46mm　④ 94.56mm

•정답 　26. ②　27. ③

6 평면도와 직진도의 측정

(1) 정반에 의한 방법

정반의 측정면에 광명단을 얇게 칠한 후 측정물을 접촉하여 측정면에 나타난 접촉점의 수에 따라 판단하는 방법이다.

(2) 직선 정규에 의한 방법

직선 정규에 의한 방법은 진직도를 나이프 에지(knife edge)나 직각 정규로 재어 평면도를 측정하는 방법이다.

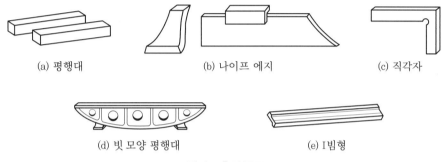

(a) 평행대   (b) 나이프 에지   (c) 직각자

(d) 빗 모양 평행대   (e) I빔형

평면도 측정 공구

(3) 옵티컬 플랫(optical flat)

광학적인 측정기로서 비교적 작은 면에 매끈하게 래핑된 블록 게이지나 각종 측정자 등의 평면 측정에 사용하며, 측정 면에 접촉시켰을 때 생기는 간섭무늬의 수로 측정한다.

① 간섭무늬에 의한 평면도 측정

㈎ 완전한 평면은 간섭무늬가 없다.

㈏ 요철이 있는 경우 간섭무늬가 있으며 간섭무늬는 지도의 등고선과 같다.

㈐ 간섭무늬는 약 $0.32(0.0032mm)$마다 1개씩 나타난다.

㈑ 요철이 커지면 간섭무늬 간격이 좁게 나타난다.

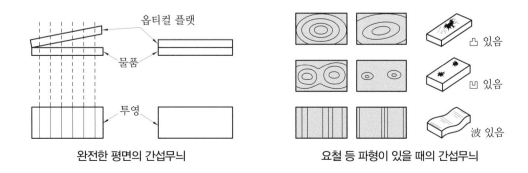

완전한 평면의 간섭무늬   요철 등 파형이 있을 때의 간섭무늬

7 윤곽 측정

(1) 공구 현미경(tool maker's microscope)

① 용도

㈎ 현미경으로 확대하여 길이, 각도, 형상, 윤곽을 측정한다.

㈏ 정밀 부품 측정, 공구 치구류 측정, 각종 게이지 측정, 나사 게이지 측정 등에 사용한다.

② 종류 : 디지털(digital) 공구 현미경, 레이츠(leitz) 공구 현미경, 유니언(union) SM형, 만능 측정 현미경 등이 있다.

(2) 투영기(profile projector)

물체의 형상을 투영하여 그 물체의 형상이나 치수를 광학적으로 측정 및 검사한다.

(3) 3차원 측정기

검출기(probe)가 X, Y, Z축 방향으로 운동하고 각축이 움직인 이동량을 공간 좌표값으로 읽어서 피측정물의 위치, 거리, 윤곽, 형상 등을 측정한다.

■ 구조 형태상의 분류

㈎ 캔틸레버형

㈏ 이동 브리지형

㈐ 고정 브리지형

㈑ 칼럼형

㈒ 겐트리형

㈓ 수평형

3차원 측정기

핵·심·문·제

28. 3차원 측정기의 분류에서 몸체 구조에 따른 형태에 속하지 않는 것은?

① 이동 브리지형(moving bridge type)

② 캔틸레버형(cantilever type)

③ 칼럼형(column type)

④ 캘리퍼스형(calipers type)

29. 다음 중 윤곽 측정기의 종류에 해당하지 않는 것은 어느 것인가?

① 사인 바

② 투영기

③ 공구 현미경

④ 3차원 측정기

8 표면 거칠기 측정

(1) 표준편과의 비교 측정법

비교용 표준편과 비교하여 가공면에 지정된 표면 거칠기가 어느 범위 내에 있는지 판단한다. 일반적으로 촉각, 시각 등으로 비교용 표면 거칠기 표준편과 비교 측정한다.

(2) 촉침식 측정기에 의한 방법

선단의 곡률 반지름이 작은 촉침으로 피측정면을 긁어서 이것을 전기적, 기계적, 광학적 또는 음향적으로 확대 기록하거나 중심선, 평균 거칠기 등을 직독하는 방식이며, 현재 광범위하게 사용되고 있다.

(3) 현미 간섭식 측정법

광파 간섭법의 원리를 응용한 방법으로 요철의 높이가 1m 이하인 미세한 표면의 측정에 사용된다. 연구실에서의 측정용으로 적당하다.

(4) 광절단식 측정법

광절단법은 피측정물과 기계적으로 접촉하는 것이 아니라 단면의 형상을 광학적으로 관측하여 표면 거칠기를 측정하는 방법이다.

■ 광절단법의 특징
① 무접촉으로 측정하기 때문에 대단히 연한 재료의 표면 거칠기를 측정할 수 있다.
② 측미 접안렌즈를 사용하면 표면 거칠기를 직독할 수 있다.
③ 조작이 간단하기 때문에 1개의 시료에 대해 여러 곳의 측정을 쉽게 할 수 있다.

핵·심·문·제

30. 표면 거칠기 측정 방법에 해당하지 않는 것은 어느 것인가?

① 표면 거칠기 표준편에 의한 방법
② 영상식 측정기에 의한 방법
③ 촉침식 측정기에 의한 방법
④ 광절단식 측정기에 의한 방법

31. 광파 간섭법의 원리를 응용한 것으로 1m 이하의 미세한 표면 거칠기를 측정하기 위한 방법?

① 촉침식
② 현미 간섭식
③ 광절단식
④ 표준편 비교식

2-3 측정기 선정

측정기는 종류별로 더 세분하여 측정 부위와 정밀도에 따라 적절한 기구를 선정해서 사용해야 한다.

(1) 포인트 마이크로미터

앤빌과 스핀들의 끝이 예리한 침 모양으로 되어 있어 드릴의 홈 지름과 같은 골지름을 측정하는 데 쓰인다.

(2) 측장기(length measuring machine)

일반적으로 1~2m 정도의 치수가 큰 것을 고정밀도로 측정할 수 있다. 마이크로미터보다 더 정밀한 정도를 요하는 게이지류, 정밀 공구, 정밀 부품의 길이 측정에 사용되며, 0.001mm의 정밀도로 측정한다.

포인트 마이크로미터

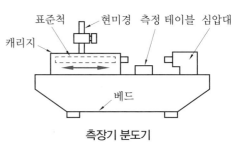

측장기 분도기

핵·심·문·제

1. 드릴의 홈 지름과 같은 골지름 측정에 쓰이는 것은?

① 내측 마이크로미터
② 포인트 마이크로미터
③ 지시 마이크로미터
④ 기어 이두께 마이크로미터

2. 다량의 제품이 치수 허용 범위에 있는지 검사하는 데 적합한 것은?

① 마이크로미터   ② 다이얼 게이지
③ 곧은 자   ④ 한계 게이지

3. 정밀 게이지 측정에 쓰이며 1~2m 되는 것도 높은 정밀도로 측정할 수 있는 것은?

① 블록 게이지   ② 5m 권척

③ 측장기   ④ 다이얼 게이지

4. 마이크로미터 측정면의 평면도 검사 기구는?

① 투영기
② 공구 현미경
③ 옵티컬 플랫
④ 하이트 마이크로미터

5. 1300~1500mm 정도의 안지름 측정 시 적당한 것은?

① 한계 게이지
② 바형 내측 마이크로미터
③ 마이크로미터
④ 버니어 캘리퍼스

•정답 1. ② 2. ④ 3. ③ 4. ③ 5. ②

3. 기본 측정기 사용

3-1 측정기 사용 방법

(1) 버니어 캘리퍼스

본척과 부척의 0점이 닿는 곳을 확인하여 본척을 읽은 후 부척의 눈금과 본척의 눈금이 합치되는 점을 찾아 부척의 눈금 수에 최소 눈금(**예** M형에서는 0.005mm)을 곱한 값을 더한다.

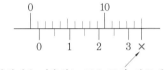

합치점은 이웃하는 두 눈금의 안쪽에 있다.

(a) 1+0.35=1.35mm
(M형 1/20에서)

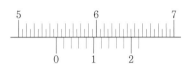

버니어 11번째 눈금이 합치되어 있다.

(b) 54.72mm의 판독(1/50mm에서)
54.5+(0.02×11)=54.72mm

버니어 캘리퍼스 눈금 읽기의 예

(2) 마이크로미터

슬리브 기선상에 나타나는 치수를 읽은 후 딤블의 눈금을 읽어 합한 값을 읽는다. 여기서는 최소 눈금을 0.01mm까지 읽은 예를 들었지만 숙련 정도에 따라 0.001mm까지 읽을 수 있다.

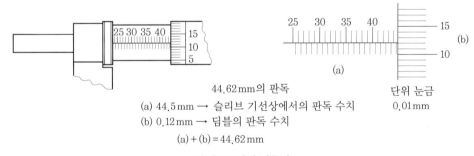

44.62mm의 판독

(a) 44.5mm → 슬리브 기선상에서의 판독 수치
(b) 0.12mm → 딤블의 판독 수치

(a)+(b)=44.62mm

마이크로미터 판독법

핵·심·문·제

1. 오른쪽 그림의 마이크로미터 치수를 올바르게 읽은 것은?

① 40.20mm   ② 40.60mm
③ 42.40mm   ④ 46.0mm

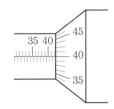

조립 도면 해독

1. 부품도 파악

2. 조립도 파악

제6장 조립 도면 해독

1. 부품도 파악

1 나사의 호칭과 도시법

(1) 나사의 도시법

① 수나사의 바깥지름과 암나사의 안지름을 나타내는 선은 굵은 실선으로 그린다.

② 수나사와 암나사의 골을 표시하는 선은 가는 실선으로 그린다.

③ 수나사와 암나사의 측면 도시에서 각각의 골지름은 가는 실선으로 약 $\frac{3}{4}$ 만큼 그린다.

④ 완전 나사부와 불완전 나사부의 경계선은 굵은 실선으로 그린다.

수나사의 도시

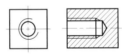

암나사의 도시

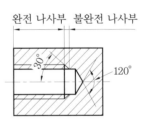

나사의 완전 나사부 및 불완전 나사부

  핵·심·문·제

1. 나사 제도에서 완전 나사부와 불완전 나사부의 경계선을 나타내는 선은?

① 가는 실선　　　　② 파선

③ 가는 1점 쇄선　　④ 굵은 실선

2. 수나사의 측면도를 도시한 것으로 옳은 것은?

 ① ② ③ ④

3. 암나사의 구멍을 도시한 것으로 옳은 것은?

 ① ② ③ ④

4. 나사를 도시할 때 나사 중심선과 불완전 나사부가 이루는 각도는 얼마인가?

① $15°$　　　　　　② $30°$

③ $45°$　　　　　　④ $70°$

⑤ 불완전 나사부의 골 밑을 나타내는 선은 축선에 대하여 30°의 가는 실선으로 그린다.

⑥ 암나사 탭 구멍의 드릴 자리는 120°의 굵은 실선으로 그린다.

⑦ 가려서 보이지 않는 나사부의 산봉우리와 골을 나타내는 선은 같은 굵기의 파선으로 한다.

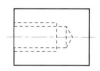

보이지 않는 나사부의 도시

⑧ 수나사와 암나사의 결합부분은 수나사로 표시한다.

⑨ 단면 시 나사부의 해칭은 수나사는 바깥지름까지, 암나사는 안지름까지 해칭한다.

⑩ 간단한 도면에서는 불완전 나사부를 생략한다.

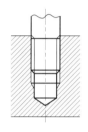 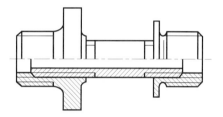

나사부 단면도의 해칭   **수나사와 암나사의 결합부분의 도시**

 핵·심·문·제

5. 나사의 제도 방법에 대한 설명으로 옳은 것은?

① 암나사의 안지름은 가는 실선으로 그린다.

② 불완전 나사부와 완전 나사부의 경계선은 가는 실선으로 그린다.

③ 수나사와 암나사의 결합 부분은 암나사 기준으로 표시한다.

④ 단면 시 암나사는 안지름까지 해칭한다.

6. 나사의 각부를 표시하는 선에 대한 설명으로 틀린 것은?

① 수나사의 바깥지름과 암나사의 안지름은 굵은 실선으로 그린다.

② 수나사와 암나사의 골을 표시하는 선은 굵은 실선으로 그린다.

③ 완전 나사부와 불완전 나사부의 경계선은 굵은 실선으로 그린다.

④ 가려서 보이지 않는 나사부는 파선으로 그린다.

7. 다음의 나사 제도에 대한 설명 중 틀린 것은?

① 완전 나사부와 불안전 나사부의 경계는 굵은 실선으로 그린다.

② 수나사의 바깥지름과 암나사의 안지름은 굵은 실선으로 그린다.

③ 나사 부분의 단면 표시에 해칭을 할 경우에는 산봉우리 부분까지 미치게 한다.

④ 수나사와 암나사의 측면도시에서 골지름은 굵은 실선으로 그린다.

(2) 나사의 호칭 표시 방법

　　나사의 호칭은 나사의 종류를 표시하는 기호, 나사의 지름을 표시하는 숫자 및 피치 또는 25.4mm에 대한 나사산의 수(이하 산의 수라 한다)를 사용하여 다음과 같이 구성하며, 나사의 호칭 지름은 수나사의 바깥지름으로 한다.

① 피치를 밀리미터로 표시하는 나사의 경우

| 나사의 종류를 표시하는 기호 | 나사의 호칭 지름을 표시하는 숫자 | × | 피치 |

다만, 미터 보통 나사와 같이 동일한 지름에 대하여 피치가 하나만 규정되어 있는 나사에서는 피치를 생략한다.

② 피치를 산의 수로 표시하는 나사(유니파이 나사를 제외)의 경우

| 나사의 종류를 표시하는 기호 | 나사의 호칭 지름을 표시하는 숫자 | 산 | 산의 수 |

다만, 관용 나사와 같이 동일한 지름에 대하여 산의 수가 단 하나만 규정되어 있는 나사에서는 산의 수를 생략한다. 또한, 혼동될 우려가 없을 때에는 '산' 대신에 하이픈 '-'을 사용할 수 있다.

③ 유니파이 나사의 경우

| 나사의 호칭 지름을 표시하는 숫자 또는 번호 | - | 산의 수 | 나사의 종류를 표시하는 기호 |

핵·심·문·제

8. 암나사의 호칭 지름은 무엇으로 나타내는가?

① 암나사의 안지름
② 암나사의 유효지름
③ 암나사에 맞는 수나사의 유효지름
④ 암나사에 맞는 수나사의 바깥지름

9. M22인 수나사의 표시 중 22는 무엇을 나타내는것인가?

① 나사부의 길이가 22mm이다.
② 완전 나사부와 불완전 나사부를 합한 길이는 22mm이다.
③ 나사의 유효지름이 22mm이다.
④ 나사의 바깥지름이 22mm이다.

10. 유니파이 나사에서 호칭 치수 3/8인치, 1인치 사이에 16산의 보통 나사가 있다. 표시 방법으로 옳은 것은?

① 8/3-16UNC　　② 3/8-16UNF
③ 3/8-16UNC　　④ 8/3-16UNF

11. "M20×2"는 미터 가는 나사의 호칭을 예로 든 것이다. 2는 무엇을 나타내는가?

① 나사의 피치　　② 나사의 호칭 지름
③ 나사의 등급　　④ 나사의 경도

12. 미터 가는 나사의 표시 방법으로 맞는 것은?

① 3/8-16UNC　　② M8×1
③ Tr 12×3　　④ Rp 3/4

---

(3) 나사의 종류를 표시하는 기호

나사의 종류를 표시하는 기호 및 나사의 호칭을 표시하는 방법

구 분		나사의 종류		나사의 종류를 표시하는 기호	나사의 호칭에 대한 표시 방법의 예
일반용	ISO 규격에 있는 것	미터 보통 나사		M	M 8
		미터 가는 나사			M 8×1
		미니어처 나사		S	S 0.5
		유니파이 보통 나사		UNC	3/8−16 UNC
		유니파이 가는 나사		UNF	No. 8−36 UNF
		미터 사다리꼴 나사		Tr	Tr 10×2
		관용 테이퍼 나사	테이퍼 수나사	R	R 3/4
			테이퍼 암나사	Rc	Rc 3/4
			평행 암나사[1]	Rp	Rp 3/4
	ISO 규격에 없는 것	관용 평행 나사		G	G 1/2
		30° 사다리꼴 나사		TM	TM 18
		29° 사다리꼴 나사		TW	TW 20
		관용 테이퍼 나사	테이퍼 나사	PT	PT 7
			평행 암나사[2]	PS	PS 7
		관용 평행 나사		PF	PF 7

주 [1] : 평행 암나사 Rp는 테이퍼 수나사 R에 대해서만 사용한다.
　　[2] : 평행 암나사 PS는 테이퍼 수나사 PT에 대해서만 사용한다.

핵·심·문·제

13. ISO 규격에 있는 것으로 미터 사다리꼴 나사의 종류를 표시하는 기호는?

① M 　　　　② S
③ Rc 　　　　④ Tr

14. 관용 테이퍼 수나사의 ISO 규격의 기호는?

① R 　　② M 　　③ G 　　④ E

15. ISO 표준에 있는 일반용으로 관용 테이퍼 암나사의 호칭 기호는?

① R 　　　　② Rc
③ Rp 　　　　④ G

16. 나사의 종류를 나타내는 기호 중 틀린 것은?

① R : 관용 테이퍼 수나사
② S : 미니어처 나사
③ UNC : 유니파이 보통 나사
④ TM : 29° 사다리꼴 나사

※ KS 규격(KS B 0228)이 폐지되어 S라는 기호를 사용하지 않는다.

17. 나사 종류의 표시 기호 중 틀린 것은?

① 미터 보통 나사 − M
② 유니파이 가는 나사 − UNC
③ 미터 사다리꼴 나사 − Tr
④ 관용 평행 나사 − G

●정답　**13.** ④　**14.** ①　**15.** ②　**16.** ④　**17.** ②

(4) 나사의 표시 방법

나사의 표시 방법은 나사의 호칭, 나사의 등급, 나사산의 감김 방향 및 나사산의 줄의 수에 대하여 다음과 같이 구성한다.

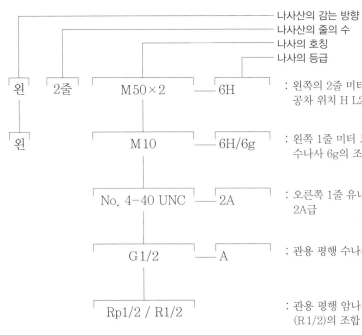

| 나사산의 감김 방향 | 나사산의 줄의 수 | 나사의 호칭 | — | 나사의 등급 |

: 왼쪽의 2줄 미터 가는 나사(M50×2) 암나사 등급 6, 공차 위치 H L2N M50×2-6H

왼   2줄   M50×2   6H

왼   M10   6H/6g

: 왼쪽 1줄 미터 보통 나사(M10) 암나사 6H와 수나사 6g의 조합

No. 4-40 UNC   2A

: 오른쪽 1줄 유니파이 보통 나사(No. 4-40UNC) 2A급

G 1/2   A

: 관용 평행 수나사(G 1/2) A급

Rp1/2 / R1/2

: 관용 평행 암나사 (Rp 1/2)와 관용 테이퍼 수나사 (R 1/2)의 조합

핵·심·문·제

18. "M24-6H/5g"로 표시된 나사의 설명으로 틀린 것은?

① 미터 나사   ② 호칭 지름은 24mm
③ 암나사 5급   ④ 수나사 5급

19. 다음은 나사의 표시 방법이다. 틀린 것은?

> 왼 2줄 M50×2-6H

① 2줄 왼나사이다.
② 미터 가는 나사이다.
③ 유니파이 나사를 의미한다.
④ 6H는 나사의 등급을 의미한다.

20. 호칭 지름 40mm, 피치 7mm인 미터 사다리꼴 왼나사의 표시 방법은?

① TM40×7LH
② Tr40×7LH
③ TM40×7H
④ Tr40×7H

21. 미터 사다리꼴 나사의 호칭 지름 40mm, 피치 7, 수나사 등급이 7e인 경우 옳게 표시한 방법은?

① TM40×7-7e
② TW40×7-7e
③ Tr40×7-7e
④ TS40×7-7e

정답   18. ③   19. ③   20. ②   21. ③

(5) 나사 표시의 유의사항

① 나사의 방향 표시는 왼쪽 나사에만 표시한다. 표시는 '왼' 또는 'L'을 사용한다.

② 나사의 줄수 표시는 두 줄 이상인 경우만 표시한다. 표시는 '줄' 또는 'N'을 사용한다.

(6) 나사의 등급과 기호

정도에 따라 표시하는 나사의 등급과 나사의 기호는 다음 [표]와 같다.

나사의 등급

나사 종류	미터 나사			유니파이 나사			파이프용 평행 나사
수나사	4h	6g	8g	3A	2A	1A	A
암나사	5H	6H	7H	3B	2B	1B	B

참고

1. 나사 종류에 따라 좌에서 우로 갈수록 등급이 낮아진다.
2. 휘트워드 나사 등급은 KS규격에서 폐지되었다.

핵·심·문·제

22. 〈보기〉의 설명을 나사 표시 방법으로 옳게 나타낸 것은?

보기
- 왼나사이며 두 줄 나사이다.
- 미터 가는 나사로 호칭 지름이 50mm, 피치가 2mm이다.
- 수나사 등급이 4h 정밀급 나사이다.

① 왼 2줄 M50×2-4h
② 우 2줄 M50×2-4h
③ 오른 2줄 M50×2-4h
④ 좌 2줄 M50×2-4h

23. 나사의 표시 방법 중 Tr40×14(P7)−7e에 대한 설명으로 틀린 것은?

① Tr은 미터 사다리꼴 나사를 뜻한다.
② 줄수는 7줄이다.
③ 40은 호칭 지름 40mm를 뜻한다.
④ 리드는 14mm이다.

24. 다음 중 나사의 표시 방법으로 틀린 것은?

① 나사산의 감긴 방향이 오른 나사인 경우에는 표시하지 않는다.
② 나사산의 줄 수는 한줄 나사인 경우에는 표시하지 않는다.
③ 암나사와 수나사의 등급을 동시에 나타낼 필요가 있을 경우 암나사의 등급, 수나사의 등급 순서로 그 사이에 사선(/)을 넣는다.
④ 나사의 등급은 생략하면 안 된다.

●정답 22. ① 23. ② 24. ④

2 볼트, 너트의 호칭과 도시법

(1) 볼트, 너트의 도시법

볼트의 머리부나 너트의 모양을 규격 치수와 같게 표시하려면 힘이 들기 때문에 [그림]과 같이 약도로 그린다. [그림 - 6각 볼트와 너트, 4각 볼트와 너트, 6각 구멍붙이 볼트]는 제작도용 약도와 간략도를 나란히 그려놓은 것이다. 제작도에서는 불완전 나사부를 그리지만 간략도에서는 불완전 나사부를 그리지 않는다.

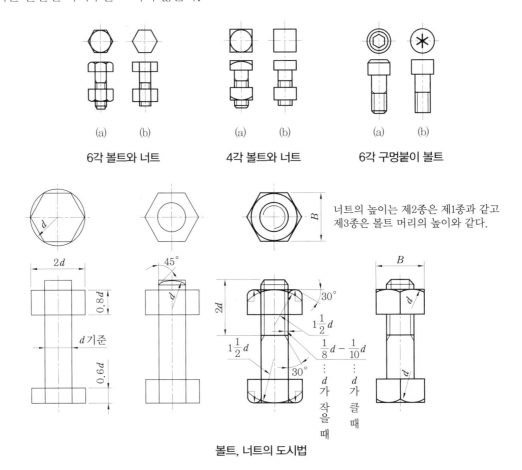

너트의 높이는 제2종은 제1종과 같고 제3종은 볼트 머리의 높이와 같다.

볼트, 너트의 도시법

25. 볼트를 제도한 것으로 옳은 것은?

①   ②

③   ④

26. 볼트에서 골지름은 어떤 선으로 긋는가?

① 굵은 실선
② 가는 실선
③ 숨은선
④ 가는 2점 쇄선

(2) 볼트의 호칭 방법

KS B 1002	6각 볼트	A	M12	×	80	–	8.8	MFZn2–C
규격 번호	볼트의 종류	부품 등급	나사의 호칭		호칭 길이		강도 구분 또는 성상 구분	아연 도금 2μm 크로메이트 처리

볼트의 종류	재료에 따른 구분	등 급		대응 국제 규격
		부품 등급	강도 구분 또는 성상 구분	
호칭 지름 6각 볼트	강	A	8.8	ISO 4014
		B		
		C	4.6, 4.8	ISO 4016
	스테인리스강	A	A2–70	ISO 4014
		B		
	비철 금속	A	–	
		C		

(3) 너트의 호칭 방법

KS B 1002	6각 너트	스타일1	B	M12	–	8	MFZn2–C
규격 번호	너트의 종류	형식	부품 등급	나사의 호칭		강도 구분	아연 도금 2μm 크로메이트 처리

너트의 종류	형 식	부품 등급	강도 구분
6각 너트	스타일1	A, B	M3 미만 : 6 M3 이상 : 6, 8, 10
	스타일2	A, B	9, 12
	–	C	4, 5

❄ 스타일에 의한 구분은 6각 너트에서의 높이 차이를 나타낸 것으로 스타일2는 스타일1보다 높다.

 핵·심·문·제

27. 다음은 육각 볼트의 호칭이다. ⓒ이 의미하는 것은 무엇인가?

KS B 1002	6각 볼트	A	M12×80	–8.8	MFZn2
㉠	㉡	㉢	㉣	㉤	㉥

① 강도
② 부품 등급
③ 종류
④ 규격 번호

28. 다음과 같이 표시된 너트의 호칭 중에서 형식을 나타내는 것은?

KS B 1012 6각 너트 스타일1 B M12–8 MFZnⅡ–C

① 스타일1
② B
③ M12
④ 8

3 키, 핀, 리벳의 제도

(1) 키(key)의 제도

키는 기어, 벨트, 풀리 등을 회전축에 고정할 때 사용한다.

① 키의 호칭법

㈎ 표준 치수로 만들어지므로 부품도에 도시하지 않고 부품표의 품명란에 그 호칭만 적는다.

㈏ 표준 이외의 것은 도시하고 치수를 적는다.

㈐ 키는 긴 쪽으로 절단하여 도시하지 않는다.

㈑ 품명란에 기입하여 표시할 때에는 다음과 같이 표기한다.

보기	규격 번호 또는 명칭	호칭 치수	×	길이	끝 모양의 특별 지정	재료
	KS B 1313 또는 미끄럼 키	11×8	×	50	양 끝 둥금	SM 45C
	평행 키	25×14	×	90	양 끝 모짐	SM 40C

② 키 홈의 도시법 : 키 홈은 가능한 한 위쪽에 표시하고, 키 홈의 치수는 다음과 같이 한다.

축의 키 홈 도시법

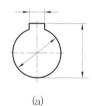  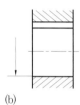

(a)   (b)

보스의 키 홈 도시법

핵 · 심 · 문 · 제

29. 키의 호칭 방법으로 맞는 것은?

① KS B 1311 평행 키 10×8×25 양 끝 둥금 SM45C

② 양 끝 둥금 KS B 1311 평행 키 10×8×25 SM45C

③ KS B 1311 SM45C 평행 키 10×8×25 양 끝 둥금

④ 평행 키 10×8×25 양 끝 둥금 SM45C KS B 1311

30. 키의 호칭 방법에 포함되지 않는 것은?

① 종류 및 호칭 치수   ② 길이
③ 인장 강도   ④ 재료

31. 키 홈 제도에서 키 홈의 가장 적당한 위치는?

① 도형의 아래쪽
② 도형의 위쪽
③ 도형의 좌우
④ 어떤 곳이라도 관계없다.

•정답 29. ①   30. ③   31. ②

③ **키의 종류 및 보조 기호** : KS B 1311에는 일반 기계에 사용하는 강제의 평행 키 및 반달 키와 이것들에 대응하는 키 홈에 대하여 규정하고 있다.

키의 종류	모 양	보조 기호
평행 키	나사용 구멍 없음	P
	나사용 구멍 있음	PS
경사 키	머리 없음	T
	머리 있음	TG
반달 키	둥근 바닥	WA
	납작 바닥	WB

④ **키의 호칭 치수** : 키의 호칭 치수는 폭×높이로 표시하며 KS 규격에서 키의 호칭 치수를 선택할 때는 적용하는 축의 지름을 기준으로 한다.

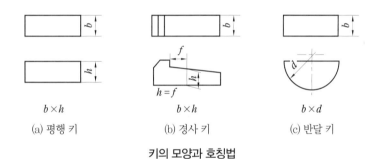

(a) 평행 키   (b) 경사 키   (c) 반달 키

키의 모양과 호칭법

 핵·심·문·제

32. 평행 키에서 나사용 구멍이 없는 것의 보조 기호는 어느 것인가?

① P   ② PS   ③ T   ④ TG

33. 키의 호칭 '평행 키 10×8×25'에서 '10'이 나타내는 것은?

① 키의 폭   ② 키의 높이
③ 키의 길이   ④ 키의 등급

34. 축과 보스의 키 홈에 KS 규격에 따라 치수를 기입하려고 할 때 적용 기준이 되는 것은?

① 보스 구멍의 지름   ② 축의 지름
③ 키의 두께   ④ 키의 폭

35. 다음 그림과 같은 반달 키의 호칭 치수 표시 방법으로 맞는 것은?

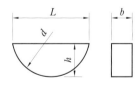

① $b \times d$ ② $b \times L$
③ $b \times h$ ④ $h \times L$

(2) 핀의 제도

둥근 핀의 단면은 원형이며 테이퍼 핀(tapered pin)과 평행 핀(dowel pin)이 있다. 테이퍼 핀은 일반적으로 $\frac{1}{50}$ 의 테이퍼를 가지며, 끝부분이 갈라진 것을 슬롯 테이퍼 핀이라고 한다. 테이퍼 핀의 호칭 지름은 작은 쪽 지름이다.

분할 핀(split pin)은 핀을 박은 후 끝을 벌려서 풀림을 방지하기 위해 사용한다.

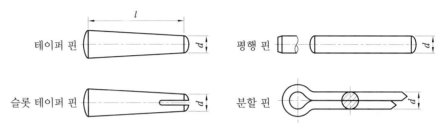

| 테이퍼 핀 | 평행 핀 |
| 슬롯 테이퍼 핀 | 분할 핀 |

핀의 종류와 호칭 지름

① 평행 핀의 호칭법

평행 핀 또는 KS B 1320 – 호칭 지름 공차 × 호칭 길이 – 재질

비경화강 평행 핀, 호칭 지름 6mm, 공차 m6, 호칭 길이 30mm일 경우 다음 보기와 같이 표시한다.

> 보기 평행 핀 또는 KS B 1320–6 m6×30–St

② 테이퍼 핀의 호칭법

규격 번호 또는 명칭 등급 호칭 지름×길이 재료

> 보기 KS B 1322 2×20 SM 25C–Q
> 테이퍼 핀 2급 6×70 STS 303

핵·심·문·제

36. 일반적으로 테이퍼 핀의 테이퍼값으로 알맞은 것은 어느 것인가?

① $\frac{1}{20}$ ② $\frac{1}{30}$

③ $\frac{1}{40}$ ④ $\frac{1}{50}$

37. 테이퍼 핀의 호칭 지름을 표시하는 부분은?

① 핀의 큰 쪽 지름
② 핀의 작은 쪽 지름
③ 핀의 중간 부분 지름
④ 핀의 작은 쪽 지름에서 전체의 $\frac{1}{3}$ 되는 부분

(3) 리벳의 제도

① 리벳의 위치만 나타내는 경우는 중심선만으로 표시한다[그림 (a)].

② 리벳은 키, 핀, 코터와 같이 길이 방향으로 절단하지 않는다[그림 (b)].

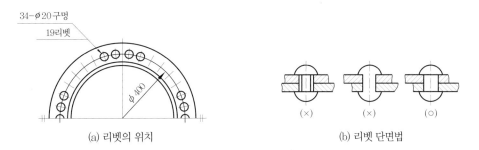

(a) 리벳의 위치   (b) 리벳 단면법

③ 같은 피치, 같은 종류의 구멍은

피치의 수 × 피치의 치수 (= 합계 치수)로 표시한다[그림 (c)].

④ 박판, 얇은 형강은 그 단면을 굵은 실선으로 표시한다[그림 (d)].

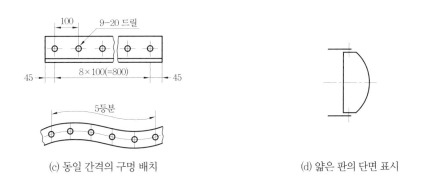

(c) 동일 간격의 구멍 배치   (d) 얇은 판의 단면 표시

핵 · 심 · 문 · 제

38. 리벳의 도시법으로 옳은 것은?

 ①   ②

 ③   ④

39. 다음은 리벳에 대한 설명 중 틀린 것은?

① 리벳은 길이 방향으로 단면하여 도시한다.

② 리벳을 크게 도시할 필요가 없을 때에는 리벳 구멍을 약도로 도시한다.

③ 리벳의 체결 위치만 표시할 경우에는 중심선만 그린다.

④ 같은 위치로 연속되는 같은 종류의 리벳 구멍을 표시할 때는 (피치 수×피치의 간격 = 합계 치수)로 기입할 수 있다.

⑤ 평강 또는 형강의 치수 표시는 너비×너비×두께－길이로 표시하며 형강도면 위쪽에 기입한다.

⑥ 철골 구조와 건축물 구조도에서의 리벳은 치수선을 생략하고, 선도의 한쪽에 치수를 기입한다.

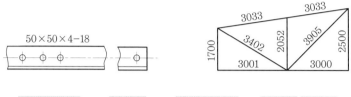

⑦ 리벳의 호칭은

규격 번호	재료	호칭 지름	×	길이	재료
KS B 1102	열간 둥근머리 리벳	16	×	40	SBV 34

⑧ 리벳의 호칭 길이에서 접시머리 리벳만 머리를 포함한 전체의 길이로 호칭되고, 그 외의 리벳은 머리부의 길이를 포함하지 않는다.

(a) 둥근머리 (b) 접시머리 (c) 둥근접시머리 (d) 냄비머리 (e) 납작머리

 핵·심·문·제

40. 리벳 이음의 제도에 관한 설명으로 옳은 것은?

① 리벳은 길이 방향으로 절단하여 표시하지 않는다.
② 얇은 판, 형강 등 얇은 것의 단면은 가는 실선으로 그린다.
③ 형판 또는 형강의 치수는 "호칭 지름×길이×재료"로 표시한다.
④ 리벳의 위치만 표시할 때에는 원을 모두 굵게 그린다.

41. 리벳에 대한 호칭법 및 도시법에 대한 설명 중 틀린 것은?

① 리벳의 호칭 방법은 규격 번호, 종류, 호칭 지름×길이, 재료 순으로 표시한다.
② 둥근머리 리벳의 길이는 머리 부분을 제외한다.
③ 리벳의 지름과 구멍의 지름은 같아야 한다.
④ 리벳은 길이 방향으로 단면하여 도시하지 않는다.

42. 호칭 길이의 표시 방법이 다른 리벳은?

⑨ 2장 이상 판이 겹쳐 있을 때, 각 판의 파단선은 서로 어긋나게 외형선으로 긋는다.

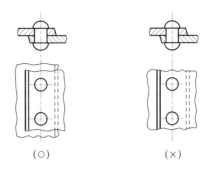

(○)　　　　　　　　(×)

⑩ 리벳의 기호

종별	둥근머리	접시머리						납작머리			둥근접시머리		
도시방법													
약도	공장리벳												
	현장리벳												

핵·심·문·제

43. 다음 리벳 기호 중 둥근머리 현장 리벳의 기호는?

① 　② 　③ 　④

44. 그림과 같은 둥근머리 리벳을 공장 리벳으로 나타낸 기호는?

① 　② 　③ 　④

45. 리벳 이음의 도시 방법에 대한 설명으로 틀린 것은 어느 것인가?

① 리벳은 길이 방향으로 단면하여 도시한다.
② 2장 이상의 판이 겹쳐 있을 때, 각 판의 파단선은 서로 어긋나게 외형선으로 긋는다.
③ 리벳의 체결 위치만 표시할 때에는 중심선만 그린다.
④ 리벳을 크게 도시할 필요가 없을 때에는 리벳 구멍을 약도로 도시한다.

4 축, 베어링의 도시법

(1) 축의 도시법

① 축은 중심선이 수평 방향으로 길게 놓인 상태로 그린다[그림 (a)].

② 가공 방향을 고려하여 지름이 큰 쪽이 왼쪽에 있도록 그린다[그림 (b)].

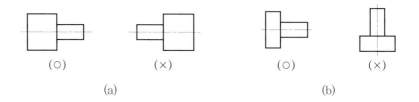

(a)   (b)

③ 축은 길이 방향으로 절단하여 온 단면도로 표현하지 않는다[그림 (c)].

④ 키 홈과 같이 특정한 부분에 대해서는 부분 단면하여 나타낼 수 있다[그림 (d)].

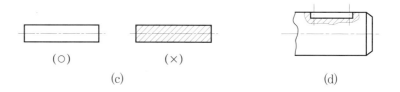

(c)   (d)

⑤ 길이가 긴 축은 중간 부분을 생략하여 도시할 수 있으나 치수는 실제 길이를 기입해야 한
다[그림 (e)].

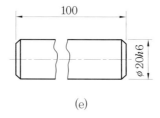

(e)

⑥ 구석 홈 가공부는 확대하여 상세 치수를 기입할 수 있다[그림 (f)].

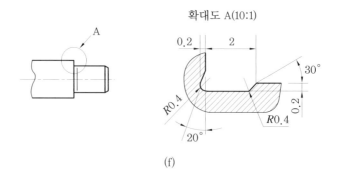

(f)

⑦ 축의 일부 중 평면 부위는 가는 실선의 대각선으로 표시한다[그림 (g)].

⑧ 축에 빗줄형 널링을 표시할 경우에는 축선에 대하여 30°로 엇갈리게 그린다[그림 (h)].

(g)　　　　　　　　　　　　　　　　(h)

⑨ 축의 끝에는 조립을 쉽고 정확하게 하기 위해서 모따기를 할 수 있다. 1×45° 모따기는 C1으로 표기할 수 있다[그림 (i)].

(i)

핵·심·문·제

46. 기계 제도에서 축을 도시할 때 틀린 것은?

　① 중심선을 수평 방향으로 놓고 축을 길게 놓은 상태로 그린다.

　② 축의 가공 방향은 관계없이 지름이 큰 쪽이 오른쪽에 있도록 그린다.

　③ 축은 길이 방향으로 절단하여 온 단면도로 표현하지 않는다.

　④ 단면 모양이 같은 긴 축은 중간 부분을 파단하여 짧게 표현하고, 전체 길이를 기입한다.

47. 축을 도시하는 방법으로 틀린 것은?

　① 가공 방향을 고려하여 도시한다.

　② 길이 방향으로 절단하여 온 단면도를 표현한다.

　③ 축의 끝에 모따기를 할 경우 모따기 모양을 도시한다.

　④ 중심선을 수평 방향으로 놓고 옆으로 길게 놓은 상태로 도시한다.

48. 축의 도시법에 대한 설명 중 틀린 것은?

　① 축은 길이 방향으로 절단하여 온 단면도로 도시한다.

　② 긴 축은 중간을 파단하여 짧게 그리고 치수는 실제 치수를 기입한다.

　③ 축에 빗줄 널링을 표시할 경우에는 축선에 대하여 30°로 엇갈리게 그린다.

　④ 축의 키 홈은 부분 단면하여 나타낼 수 있다.

49. 축의 도시법에서 잘못된 것은?

　① 축의 구석 홈 가공부는 확대하여 상세 치수를 기입할 수 있다.

　② 길이가 긴 축의 중간 부분을 생략하여 도시하였을 때 치수는 실제 길이를 기입한다.

　③ 축은 일반적으로 길이 방향으로 절단하지 않는다.

　④ 축은 일반적으로 축 중심선을 수직 방향으로 놓고 그린다.

(2) 베어링의 종류와 형식 번호

베어링의 종류	깊은 홈 볼 베어링	앵귤러 볼 베어링	자동 조심 볼 베어링	원통 롤러 베어링				
형식 번호	6	7	1, 2	NJ	NU	NF	N	NN
베어링의 도시 방법								
상세한 간략 도시 방법								
계통도 도시 방법								

베어링의 종류	니들 롤러 베어링		테이퍼 롤러 베어링	자동 조심 롤러 베어링	평면 자리형 스러스트 볼 베어링		스러스트 자동조심 롤러 베어링	구름 베어링의 일반적인 간략 도시 방법
					단식	복식		
형식 번호	NA	RNA	3	2	5	5	2	–
베어링의 도시 방법								
상세한 간략 도시 방법								
계통도 도시 방법								

핵 · 심 · 문 · 제

50. 구름 베어링 제도 시 계통을 표시하는 경우의 도시 방법 중 다음 그림이 뜻하는 것은?

$$\frac{\bullet\bullet}{\bullet\bullet}$$

① 앵귤러 볼 베어링
② 원통 롤러 베어링
③ 자동조심 볼 베어링
④ 니들 롤러 베어링

① 안지름 번호 : 안지름 9mm 이하에서는 안지름 번호가 안지름과 같고, 20mm 이상은 지름을 5로 나눈 값이 안지름 번호이다. 10~17mm까지의 안지름 번호는 아래와 같다.

00 : 안지름 10mm　　01 : 안지름 12mm　　02 : 안지름 15mm　　03 : 안지름 17mm

호칭 베어링 안지름 mm	안지름 번호	호칭 베어링 안지름 mm	안지름 번호	호칭 베어링 안지름 mm	안지름 번호	호칭 베어링 안지름 mm	안지름 번호	호칭 베어링 안지름 mm	안지름 번호
0.6	10.6(*)	25	05	105	21	360	72	950	/950
1	1	28	/28	110	22	380	76	1000	/1000
1.5	/1.5(*)	30	06	120	24	400	80	1060	/1060
2	2	32	/32	130	26	420	84	1120	/1120
2.5	/2.5(*)	35	07	140	28	440	88	1180	/1180
3	3	40	08	150	30	460	92	1250	/1250
4	4	45	09	160	32	480	96	1320	/1320
5	5	50	10	170	34	500	/500	1400	/1400
6	6	55	11	180	36	530	/530	1500	/1500
7	7	60	12	190	38	560	/560	1600	/1600
8	8	65	13	200	40	600	/600	1700	/1700
9	9	70	14	220	44	630	/630	1800	/1800
10	00	75	15	240	48	670	/670	1900	/1900
12	01	80	16	260	52	710	/710	2000	/2000
15	02	85	17	280	56	750	/750	2120	/2120
17	03	90	18	300	60	800	/800	2240	/2240
20	04	95	19	320	64	850	/850	2360	/2360
22	/22	100	20	340	68	900	/900	2500	/2500

㈜ (*) : 다른 약호를 사용할 수 있다.

 핵·심·문·제

51. 베어링 호칭 번호가 608일 때 베어링 안지름은?

① 8mm
② 12mm
③ 15mm
④ 40mm

52. 베어링 호칭 번호가 6000P6일 때 베어링의 안지름은 몇 mm인가?

① 60　　② 100　　③ 600　　④ 10

53. 호칭 번호가 62/22인 깊은 홈 볼 베어링의 안지름은 몇 mm인가?

① 22
② 110
③ 310
④ 55

② 접촉각 기호

베어링 형식	호칭 접촉각	접촉각 기호
단열 앵귤러 볼 베어링	10° 초과 22° 이하	C
	22° 초과 32° 이하(보통 30°)	A(생략 가능)
	32° 초과 45° 이하(보통 40°)	B
단열 원추 롤러 베어링	24° 초과 32° 이하	D

③ 보조 기호

리테이너		실·실드		궤도륜 모양		베어링의 조합		내부 틈새		등급	
내용	기호	내용	기호	내용	기호	종류	기호	구분	기호	등급	기호
리테이너 없음	V	양쪽 실붙이	UU	내륜 원통 구멍	없음	면조합	DB	보통의 레이디얼 내부틈새보다 작다.	C2	0급	없음
		한쪽 실붙이	U	내륜 내경 테이퍼 구멍	K			보통의 레이디얼 내부틈새	없음	6X급	P6X
						정면조합	DF			6급	P6
		양쪽 실드붙이	ZZ	외륜 외경에 스냅링 홈 부착	N			보통의 레이디얼 내부틈새보다 크다.	C3	5급	P5
						병렬조합	DT	C3보다 크다.	C4	4급	P4
		한쪽 실드붙이	Z	외륜 외경에 스냅링 홈 스냅링 부착	NR			C4보다 크다.	C5	2급	P2

핵·심·문·제

54. 베어링 기호 NA4916V의 설명 중 틀린 것은 어느 것인가?

① NA : 니들 베어링
② 16 : 치수 계열
③ 49 : 안지름 번호
④ V : 접촉각 기호

55. 볼 베어링의 KS 호칭 번호가 6026 P6일 때 P6이 나타내는 것은?

① 등급 기호
② 틈새 기호
③ 실드 기호
④ 복합 표시 기호

56. 구름 베어링의 호칭 번호 "608C2P6"에서 C2가 나타내는 것은?

① 베어링 계열 번호
② 안지름 번호
③ 접촉각 기호
④ 내부 틈새 기호

57. 베어링의 호칭 번호 6203Z에서 Z가 뜻하는 것은 무엇인가?

① 한쪽 실드
② 리테이너 없음
③ 보통 틈새
④ 등급 표시

(3) 베어링 호칭 번호의 구성

기본 기호				보조 기호					
베어링 계열 번호		안지름 번호	접촉각 기호	리테이너 기호	실, 실드 기호	궤도륜 모양 기호	조합 기호	내부 틈새 기호	등급 기호
형식 번호	치수 계열								

보기 6 2 0 3
└── 안지름 번호 : 안지름 17mm
└── 베어링 계열 번호 : 깊은 홈 볼 베어링 치수 계열 2

보기 N U 3 1 8 C 3 P 6
└── 정밀도 등급 : 6급
└── 내부 틈새 : 15~33μm
└── 안지름 번호 : 90mm
└── 베어링 계열 번호 : 원통 롤러 베어링 치수 계열 3

보기 6 0 0 8 C 3 P 6
└── 정밀도 등급 : 6급
└── 내부 틈새 : 15~33μm
└── 안지름 번호 : 40mm
└── 베어링 계열 번호 : 깊은 홈 볼 베어링 치수 계열 0

핵·심·문·제

58. 베어링의 호칭 번호 6304에서 6은 무엇을 나타내는가?

① 형식 기호
② 치수 기호
③ 지름 번호
④ 등급 기준

59. 베어링 NU318C3P6에 대한 설명 중 틀린 것은 어느 것인가?

① 원통 롤러 베어링이다.
② 베어링 안지름이 318mm이다.
③ 틈새는 C3이다.
④ 등급은 6등급이다.

60. 다음 KS 규격에 의한 구름 베어링의 호칭 번호 중 기본 기호에 해당하지 않는 것은?

① 봉입 그리스 기호
② 형식 기호
③ 치수 계열 기호
④ 안지름 번호

61. 구름 베어링의 호칭 번호 6008C2P6를 설명한 것이다. 번호와 설명이 일치하지 않는 것은?

① 60 - 베어링 계열 기호
② 08 - 안지름 번호
③ C2 - 밀봉 또는 실드 기호
④ P6 - 정밀도 등급 기호(6급)

5 기어의 도시법

(1) 스퍼 기어의 도시법

기어는 약도로 나타내되, 축과 직각인 방향에서 본 것을 정면도, 축 방향에서 본 것을 측면도로 하여 다음 과 같이 도시한다.

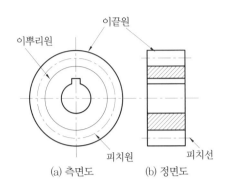

스퍼 기어의 도시법

① 이끝원은 굵은 실선으로 그린다.

② 피치원은 가는 1점 쇄선으로 그린다.

③ 이뿌리원은 가는 실선으로 그린다. 단, 정면도를 단면으로 도시할 때는 굵은 실선으로 그린다.

④ 이뿌리원은 측면도에서 생략해도 좋다.

⑤ 스퍼 기어의 표준 압력각은 $\alpha = 20°$로 규정하고 있다.

⑥ 맞물리는 한 쌍의 스퍼 기어를 그릴 때 측면도의 이끝원은 항상 굵은 실선으로 그리고, 정면도를 단면도로 나타낼 때는 물리는 부분의 한쪽 이끝원을 파선으로 그린다.

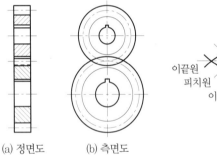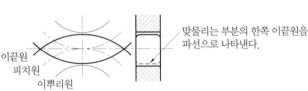

맞물리는 한 쌍의 스퍼 기어의 도시

핵·심·문·제

62. 기어를 그릴 때 단면을 하지 않을 경우 이뿌리원을 그리는 선은?

① 가는 실선
② 가는 은선
③ 굵은 실선
④ 1점 쇄선

63. 스퍼 기어의 도시법에서 피치원을 나타내는 선의 종류는?

① 가는 실선
② 가는 1점 쇄선
③ 가는 2점 쇄선
④ 굵은 실선

스퍼 기어 요목표			
기어 치형	전위	다듬질 방법	호브 절삭
기준래크	치형	보통이	정밀도	KS B 1405 5급

스퍼 기어 요목표				
기어 치형		전위	다듬질 방법	호브 절삭
기준래크	치형	보통이	정밀도	KS B 1405 5급
	모듈	6	비고	상대 기어 전위량 0
	압력각	20°		상대 기어 잇수 50
잇수		18		중심거리 207
기준 피치원의 지름		108		백래시 0.20~0.89
전위량		+3.16		재료*
전체 이높이		13.34		열처리*
이두께	벌림 이두께	$47.96^{-0.08}_{-0.38}$ (벌림 잇수=3)		경도*

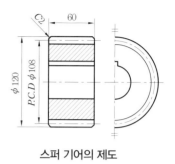

스퍼 기어의 제도

➕ *를 붙인 사항은 필요에 따라 기입한다.

핵 · 심 · 문 · 제

64. 기어의 도시 방법에 대한 설명으로 틀린 것은?

① 기어의 도면에는 주로 기어 소재를 제작하는 데 필요한 치수만을 기입한다.
② 피치원 지름을 기입할 때에는 치수 앞에 PCR(pitch circle radius)이라 기입한다.
③ 요목표의 위치는 도시된 기어와 가까운 곳에 정한다.
④ 요목표에는 치형, 모듈, 압력각 등 이의 가공에 필요한 사항을 기입한다.

65. 기어의 제작상 중요한 치형, 모듈, 압력각, 피치원 지름 등 기타 필요한 사항들을 기록한 것을 무엇이라 하는가?

① 주서   ② 표제란 ③ 부품란 ④ 요목표

66. 스퍼 기어 제도 시 요목표에 기입되지 않는 것은 어느 것인가?

① 입력각   ② 모듈
③ 잇수   ④ 비틀림각

67. 다음 표는 스퍼 기어의 요목표이다. (A), (B)에 적합한 숫자로 맞는 것은?

스퍼기어 요목표		
기어 치형		표준
기준래크	치형	보통 이
	모듈	2
	압력각	20°
잇수		45
피치원 지름		(A)
전체 이 높이		(B)
다듬질 방법		호브 절삭

① A: ϕ 90, B : 4.5   ② A: ϕ 45, B : 4.5
③ A: ϕ 90, B : 4.0   ④ A: ϕ 45, B : 4.0

---

(2) 헬리컬 기어의 도시법

도시법은 스퍼 기어의 도시법과 같으나 잇줄의 비틀림을 그리는 것이 다르다.

헬리컬 기어 요목표		
기어 치형		표준
치형 기준 단면		치직각
공구	치형	보통이
	모듈	4
	압력각	20°
잇수		19
비틀림각 및 방향		26°42′ 왼쪽
기준 피치원 지름		85.071

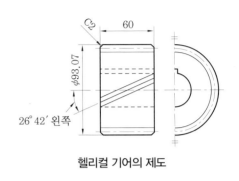

헬리컬 기어의 제도

① 요목표에는 이 모양이 잇줄 직각 방식인지, 축 직각 방식인지 기입한다.

② 잇줄의 방향은 정면도에 항상 3줄의 가는 실선을 그린다. 정면도가 단면으로 표시되어 있을 때에는 3줄의 가는 2점 쇄선으로 그린다.

③ 잇줄의 비틀림각은 잇줄을 표시하는 3개의 평행선 중 중앙선을 연장하여 그 방향과 함께 기입한다.

핵·심·문·제

68. 외접 헬리컬 기어의 주투상도를 단면으로 도시할 때, 잇줄 방향의 표시 방법은?

① 1개의 가는 실선
② 3개의 가는 실선
③ 1개의 가는 2점 쇄선
④ 3개의 가는 2점 쇄선

69. 기어의 도시 방법에 관한 내용으로 올바른 것은 어느 것인가?

① 이끝원은 가는 실선으로 그린다.
② 피치원은 가는 1점 쇄선으로 그린다.

③ 이뿌리원은 2점 쇄선으로 그린다.
④ 잇줄 방향은 보통 3개의 파선으로 그린다.

70. 기어 제도법에 대한 설명 중 옳지 않은 것은?

① 스퍼 기어의 이끝원은 굵은 실선으로 그린다.
② 맞물리는 한 쌍 기어의 도시에서 맞물림부의 이끝원은 모두 굵은 실선으로 그린다.
③ 헬리컬 기어의 잇줄 방향은 3개의 가는 실선으로 그린다.
④ 스퍼 기어의 피치원은 가는 2점 쇄선으로 그린다.

• 정답   68. ④   69. ②   70. ④

(3) 베벨 기어의 도시법

① 베벨 기어의 정면도의 단면도에서 이끝선과 이뿌리선은 굵은 실선으로, 피치선은 가는 1점 쇄선으로 그린다.

② 축 방향에서 본 베벨 기어의 측면도에서 이끝원은 외단부와 내단부를 모두 굵은 실선으로 그리고, 피치원은 외단부만 가는 1점 쇄선으로 그리며, 이뿌리원은 생략한다.

③ 한 쌍의 맞물리는 기어는 맞물리는 부분의 이끝원을 숨은선으로 그린다.

④ 스파이럴 베벨 기어의 약도에서 잇줄을 나타내는 선은 한 줄의 굵은 실선으로 나타낸다.

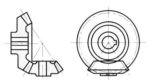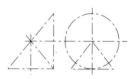

베벨 기어의 제도   스퍼 베벨 기어, 스파이럴 베벨 기어의 약도   위치만 표시할 때의 약도

(4) 웜 기어의 도시법

① 웜 기어의 잇줄 방향은 헬리컬 기어에 준하여 3줄의 가는 실선으로 그린다.

② 웜 휠의 측면도는 기어의 바깥지름을 굵은 실선으로 그리고, 피치원은 가는 1점 쇄선으로 그리며, 이뿌리원과 목부분의 원은 그리지 않는다.

③ 요목표에는 이 직각 방식인지, 축 직각 방식인지를 기입한다.

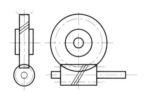

웜과 웜 휠의 약도   위치만 표시할 때의 약도

 핵·심·문·제

71. 베벨 기어에서 피치원은 무슨 선으로 그리는가?
① 가는 1점 쇄선
② 굵은 1점 쇄선
③ 가는 실선
④ 굵은 실선

72. 그림은 어떤 기어(gear)를 간략 도시한 것인가?
① 베벨 기어
② 스파이럴 베벨 기어
③ 헬리컬 기어
④ 웜과 웜 기어

•정답 71. ① 72. ②

6 벨트 풀리의 도시법

(1) 평벨트 폴리의 호칭법

예	명칭	종류	호칭 지름	×	호칭 폭	재료
	평벨트 풀리 일체형	1	125	×	25	주철

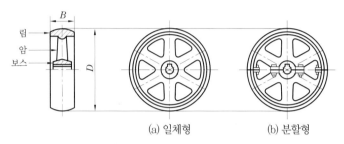

(a) 일체형　　　　　(b) 분할형

평벨트 풀리의 모양과 치수

Ⅰ형　　　　Ⅱ형　　　　Ⅲ형　　　　Ⅳ형

평벨트 풀리의 종류

(2) 평벨트 폴리의 도시법

① 벨트 풀리와 같이 대칭형인 것은 전체를 표시하지 않고, 그 일부분만을 표시할 수 있다.

② 암(arm)과 같은 방사형의 것은 수직 또는 수평 중심선까지 회전하여 투상한다.

③ 암은 길이 방향으로 절단하여 도시하지 않는다.

④ 암의 단면형은 도형의 밖이나 도형의 안에 회전 도시 단면도로 도시하고, 도형의 안에 도시할 경우에는 가는 실선으로 그린다. 단면형은 대개 타원이며 근사화법의 원호를 그린다.

⑤ 테이퍼 부분의 치수를 기입할 때 치수 보조선은 경사선(수평과 60° 또는 30°)으로 긋는다.

⑥ 끼워 맞춤은 축 기준식인지 구멍 기준식인지를 표기한다.

⑦ 벨트 풀리는 축직각 방향의 투상을 정면도로 한다.

핵·심·문·제

73. 평벨트 풀리의 호칭 지름은 다음 중 어느 것을 말하는 것인가?

① 축 지름　　　　② 피치원 지름

③ 바깥지름　　　　④ 보스 지름

•정답 73. ③

(3) V벨트 풀리의 호칭법

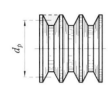

규격 번호 또는 명칭	호칭 지름	풀리의 종류	보스 위치의 구별	구멍의 치수	구멍의 종류 및 등급
KS B 1400 주철제 V벨트 풀리	250 200	A1 B3	Ⅱ V	40	H8

① 호칭 지름 : V벨트 풀리는 피치원 지름을 호칭 지름으로 한다.

② 풀리의 종류 : V벨트의 종류와 홈의 수를 조합하여 나타낸다.

호칭 지름

풀리의 종류

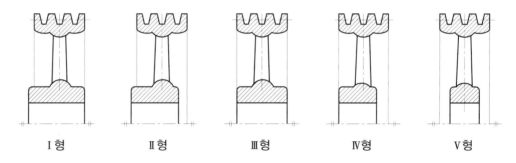

V벨트의 종류 \ 홈의 수	1	2	3	4	5	6
A	A1	A2	A3	–	–	–
B	B1	B2	B3	B4	B5	–
C	–	–	C3	C4	C5	C6

③ 보스 위치의 구별

Ⅰ형 Ⅱ형 Ⅲ형 Ⅳ형 Ⅴ형

핵·심·문·제

74. V벨트 풀리의 호칭이 도면에 다음과 같이 기입되어 있다. 잘못 설명된 것은?

> KS B 1400 250 A1 Ⅱ 40H8

① 250 : 호칭 지름

② A1 : 풀리의 종류

③ Ⅱ : 등급

④ 40H8 : 보스의 구멍 가공 치수

75. V벨트 풀리의 도시 방법 중 호칭 지름의 설명으로 맞는 것은?

① 풀리의 바깥지름

② V벨트를 걸었을 때 풀리의 바깥지름

③ V벨트를 걸지 않은 상태에서 풀리의 피치원 지름

④ V벨트를 걸었을 때 V벨트 단면의 중앙을 지나는 가상원의 지름

(4) V벨트 풀리의 홈 형상과 치수

① V벨트 풀리의 형상과 치수 : V벨트 폴리는 림(rim)을 제외한 나머지 부분은 평벨트 풀리와 같이 도시하고, 림에 있는 홈의 형상과 치수는 아래 표와 같다.

종류	호칭 지름(d_p)	$a(°)$	l_0	k	k_0	e	f
M	50 이상 71 이하 71 초과 90 이하 90을 초과	34 36 38	8.0	2.7	6.3	—(1)	9.5
A	71 이상 100 이하 100 초과 125 이하 125를 초과	34 36 38	9.2	4.5	8.0	15.0	10.0
B	125 이상 160 이하 160 초과 200 이하 200을 초과	34 36 38	12.5	5.5	9.5	19.0	12.5
C	200 이상 250 이하 250 초과 315 이하 315를 초과	34 36 38	16.9	7.0	12.0	25.5	17.0
D	355 이상 450 이하 450을 초과	36 38	24.6	9.5	15.5	37.0	24.0
E	500 이상 630 이하 630을 초과	36 38	28.7	12.7	19.3	44.5	29.0

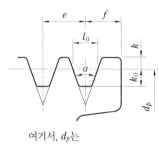

여기서, d_p는 홈의 너비가 l_0인 곳의 지름이다.

참고

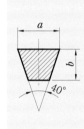

벨트의 종류별 치수

종류	a (mm)	b (mm)	단면적 (mm²)
M	10.0	5.5	44
A	12.5	9.0	83
B	16.5	11.0	137
C	22.0	14.0	237
D	31.5	19.0	467
E	38.0	25.0	732

㈜ (1) : M형은 원칙적으로 한 줄만 걸친다.

② V벨트 풀리의 홈의 각도 : V벨트가 굽혀지면 안쪽은 압축을 받아 넓어지고 바깥쪽은 인장을 받아 좁아지므로 본래 V벨트의 각도 40°보다 작아진다. 풀리의 지름이 작아질수록 각도는 더 좁아진다. 따라서, V벨트 풀리의 홈의 각도는 풀리의 지름에 따라 34°, 36°, 38°의 3종류로 한다.

 핵·심·문·제

76. V벨트의 종류 중에서 단면적이 가장 작은 것은 어느 것인가?

① M형　　　　② A형
③ C형　　　　④ E형

77. 주철제 V벨트 풀리는 호칭 지름에 따라 홈의 각도를 다르게 한다. 홈의 각도로 사용되지 않는 것은?

① 34°　　　　② 36°
③ 38°　　　　④ 40°

7 스프로킷의 도시법

(1) 스프로킷의 호칭법

예	명칭	체인 호칭 번호	잇수	치형
	스프로킷	40	N30	S

(2) 스프로킷의 도시법

① 이끝원은 굵은 실선, 피치원은 가는 일점 쇄선, 이뿌리원은 가는 실선으로 긋고, 이 모양은 2~3개 그린다.

② 이의 부분을 상세히 그릴 때에는 단면 부위를 나타내고 부분 확대도로 그린다.

③ 간략하게 그릴 때에는 이끝원과 피치원만을 그린다.

④ 요목표에는 톱니의 특성을 기입한다.

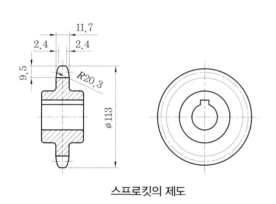

스프로킷의 제도

스프로킷 요목표		
구분	호칭 번호	60
롤러 체인	피치	19.05
	롤러 바깥지름	11.91
	잇수	17
스프로킷	치형	S
	피치원 지름	103.67
	바깥지름	113
	이골원의 지름	91.76
	치저 거리	91.32

핵·심·문·제

78. 스프로킷 휠의 도시법에 대한 설명으로 틀린 것은 어느 것인가?

① 바깥지름은 굵은 실선, 피치원은 가는 1점 쇄선으로 도시한다.

② 이뿌리원을 축에 직각인 방향에서 단면 도시할 경우에는 가는 실선으로 도시한다.

③ 이뿌리원은 가는 실선으로 도시하나 기입을 생략해도 좋다.

④ 항목표에는 원칙적으로 이의 특성에 관한 사항과 이의 절삭에 필요한 치수를 기입한다.

8 스프링의 도시법

(1) 스프링 제도의 일반사항

스프링 제도는 도면과 요목표를 병용하되 다음 원칙에 따른다.

① 코일 스프링, 벌류트 스프링, 스파이럴 스프링은 하중이 걸리지 않는 상태에서 그리고, 겹판 스프링은 상용 하중 상태에서 그리는 것을 표준으로 한다. 겹판 스프링의 무하중 상태를 나타내는 선은 가상선으로 한다.

② 하중이 걸려 있는 상태에서 치수를 기입할 경우에는 하중을 기입한다.

③ 하중과 높이(또는 길이) 또는 휨과의 관계를 표시할 필요가 있을 때에는 선도(diagram) 또는 표로 나타낸다. 이 선도는 편의상 직선으로 표시해도 좋으며, 스프링의 모양을 나타내는 선과 같은 굵기로 한다.

④ 도면에 특별한 설명이 없는 코일 스프링 및 벌류트 스프링은 모두 오른쪽으로 감긴 것을 나타낸다.

⑤ 그림에 기입하기 어려운 사항은 일괄하여 요목표로 나타낸다.

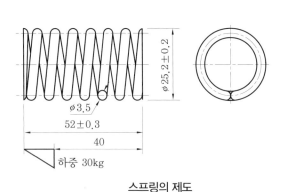

스프링의 제도

스프링 요목표	
재료의 지름	∅ 3.5
코일의 바깥지름	∅ 25.2
총 감김수	8
유효 감김수	6
감긴 방향	좌
자유 높이	52
하중	30kg
하중 시 높이	40
표면처리	쇼트 피닝

핵·심·문·제

79. 스프링 제도 시 원칙적으로 상용 하중 상태에서 그리는 스프링은?

① 코일 스프링   ② 벌류트 스프링
③ 겹판 스프링   ④ 스파이럴 스프링

80. 겹판 스프링 제도 시 무하중 상태를 나타내는 선의 종류는?

① 가는 실선   ② 가는 파선
③ 가상선   ④ 파단선

(2) 코일 스프링 제도

① 스프링 전체의 겉모양이나 전체 단면을 나타낸다.
② 코일 부분은 같은 나선이 되고, 피치는 유효 길이를 유효 감김수로 나눈 값으로 한다.
③ 중간 일부를 생략할 때에는 생략 부분을 가는 1점 쇄선 또는 가는 2점 쇄선으로 표시한다.
④ 스프링의 종류 및 모양만을 간략하게 그릴 때에는 스프링 소선의 중심선을 굵은 실선으로 그리며, 정면도만 그리면 된다.
⑤ 조립도나 설명도 등에는 단면만을 나타낼 수도 있다.

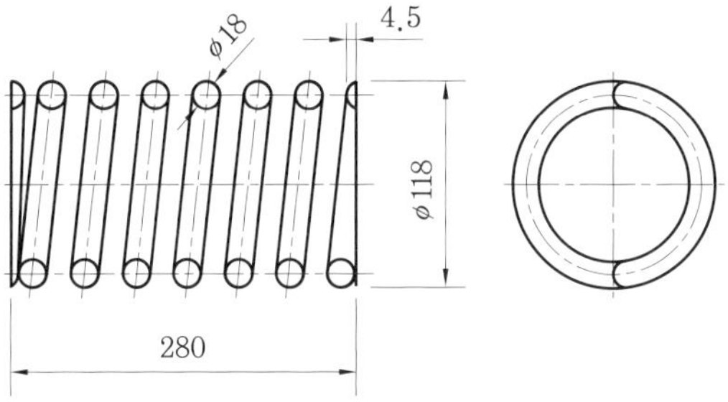

전체 단면으로 나타낸 경우

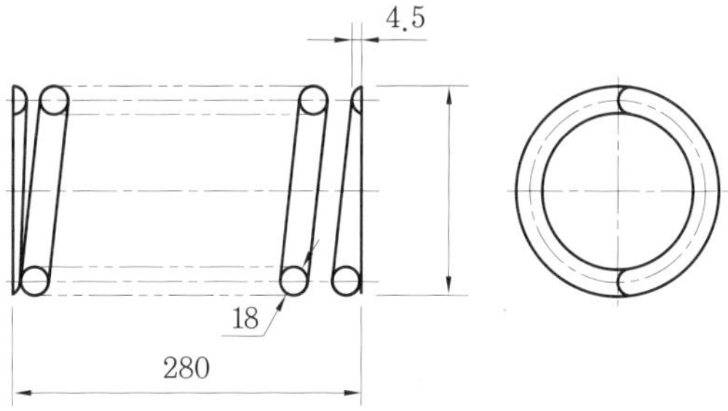

중간 일부를 생략한 경우

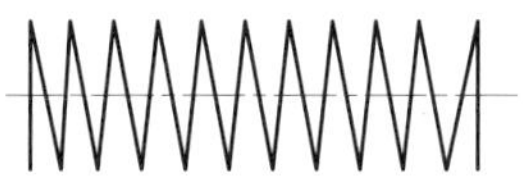

종류 및 모양만 간략하게 그린 경우

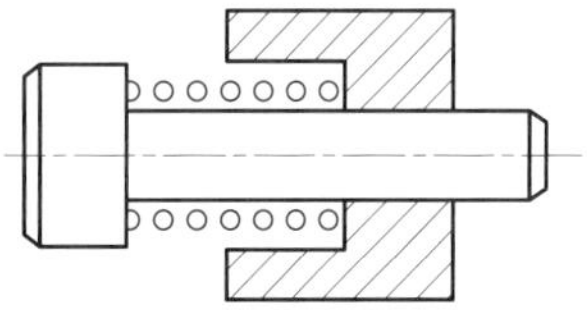

조립도에 스프링을 나타내는 경우

핵·심·문·제

81. 스프링의 종류와 모양만 간략도로 도시할 경우 스프링 재료를 나타내는 선의 종류는?
① 가는 1점 쇄선
② 가는 2점 쇄선
③ 굵은 실선
④ 가는 실선

82. 코일 스프링에서 양 끝을 제외한 동일 모양 부분의 일부를 생략하는 경우 생략되는 부분의 선지름의 중심선을 나타내는 선은?
① 가는 실선 ② 가는 1점 쇄선
③ 굵은 실선 ④ 은선

83. 코일 스프링의 중간 부분을 생략도로 그릴 경우 생략 부분은 어느 선으로 표시하는가?
① 가는 실선
② 가는 2점 쇄선
③ 굵은 실선
④ 은선

• 정답 81. ③ 82. ② 83. ②

9 배관 제도

(1) 배관 제도의 일반사항

① 관은 원칙적으로 1줄의 실선으로 도시하고 같은 도면에서는 같은 굵기의 선을 사용한다.

    ㈎ 관의 계통, 상태, 목적을 표시하기 위하여 선의 종류를 바꾸어 도시해도 좋으며, 이 경우 각각의 선 종류의 뜻을 도면상 보기 쉬운 곳에 표기한다.

    ㈏ 관을 파단하여 표시하는 경우에는 그림과 같이 파단선으로 표시한다.

② 이송 유체의 종류는 문자 기호를 사용하여 표시한다.

    ㈎ 공기 : A(air)

    ㈏ 가스 : G(gas)

    ㈐ 기름 : O(oil)

    ㈑ 증기 : S(steam)

    ㈒ 물 : W(water)

      관을 파단하여 표시한 경우   이송 유체의 종류 표시

③ 관 내의 유체 흐름의 방향을 표시할 때에는 화살표로 나타낸다.

④ 배관계의 부속품, 기기 내의 흐름 방향을 특별히 표시할 필요가 있는 경우에는 그림기호에 따르는 화살표로 표시한다.

      유체 흐름의 방향 도시   부속품, 기기 내의 흐름과 방향 도시

핵·심·문·제

84. 파이프의 도시기호에서 글자 기호 "G"가 나타내는 유체의 종류는?

① 공기

② 가스

③ 기름

④ 수증기

85. 배관 기호의 표시 방법으로 틀린 것은?

① 관은 1줄의 실선으로 표시한다.

② 가스의 문자 기호는 G로 표현한다.

③ 유체의 흐름 방향은 실선에 화살표의 방향으로 표시한다.

④ 물의 문자 기호는 A로 표현한다.

⑤ 관의 접속 상태의 도시 방법

접속하고 있지 않을 때	
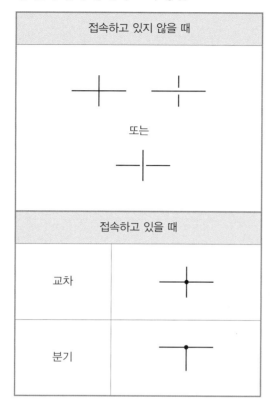 또는	
접속하고 있을 때	
교차	
분기	

⑥ 투영에 의한 입체적 도시 방법

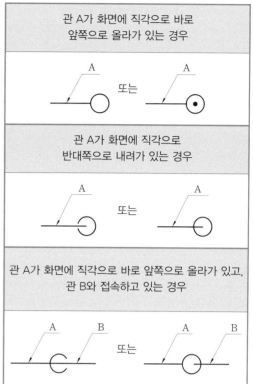

관 A가 화면에 직각으로 바로 앞쪽으로 올라가 있는 경우
관 A가 화면에 직각으로 반대쪽으로 내려가 있는 경우
관 A가 화면에 직각으로 바로 앞쪽으로 올라가 있고, 관 B와 접속하고 있는 경우

⑦ 계기를 표시할 때에는 관을 표시하는 선에 원을 그려 표
시한다.

⑧ 지지 장치를 표시할 때에는 그림기호에 따라 표시한다.

참고 계기의 측정하는 변동량 및 기능 등을 표시하는 글자 기호는 KS A 3016에 따른다.

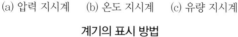

(a) 압력 지시계   (b) 온도 지시계   (c) 유량 지시계

계기의 표시 방법

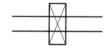

지지 장치의 표시

 핵·심·문·제

86. 관의 접속 표시를 나타낸 것이다. 관이 접속되어 있을 때의 상태를 도시한 것은?

87. 배관 제도의 계기 표시 방법 중 압력 지시계를 나타낸 것은?

①   ②   ③   ④

(2) 밸브 및 콕의 기호

밸브 및 콕의 표시는 아래와 같은 그림기호를 사용하여 표시한다.

밸브 및 콕의 표시 방법

밸브·콕의 종류	그림기호	밸브·콕의 종류	그림기호
밸브 일반	▷◁	앵글 밸브	◿
게이트 밸브	▷◁	3방향 밸브	▷◁
글로브 밸브	▶◀	안전 밸브	▷◁ ◿
체크 밸브	▷◀ 또는 N		
볼 밸브	▶◀	콕 일반	▷◁
버터플라이 밸브	▷◁ 또는 N		

🔧 밸브 및 콕이 닫혀 있는 상태를 특별히 표시할 필요가 있는 경우에는 다음과 같이 그림기호를 칠하여 표시하거나 또는 닫혀있는 것을 표시하는 글자("폐", "C" 등)를 첨가하여 표시한다.

핵 · 심 · 문 · 제

88. 다음 기호 중 안전 밸브를 나타낸 것은?

① ─▷◁─   ② ─◿─

③ ─N   ④ ◿

89. 다음 기호는 어떤 밸브를 나타낸 것인가?

① 체크 밸브   ② 게이트 밸브
③ 글로브 밸브   ④ 슬루스 밸브

90. 유체를 한 방향으로만 흐르게 하여 역류를 방지하는 구조의 밸브는?

① 안전 밸브   ② 스톱 밸브
③ 슬루스 밸브   ④ 체크 밸브

91. 밸브의 그림기호 설명 중 맞는 것은?

① ▷◁ : 밸브 일반
② ▷◁ : 앵글 밸브
③ ▶◀ : 안전 밸브
④ N : 체크 밸브

92. 다음 그림은 어떤 밸브에 대한 도시기호인가?

① 글로브 밸브
② 앵글 밸브
③ 체크 밸브
④ 게이트 밸브

---

(3) 배관 설비 도면의 작성

관 결합 방식의 표시 방법

결합 방식의 종류	그림기호	결합 방식의 종류	그림기호	결합 방식의 종류	그림기호
일반	——┼—	용접식	——●—	플랜지식	——╫—
턱걸이식	——→	유니언식	—╫╫—		

관 끝부분의 표시 방법

끝부분의 종류	그림기호	끝부분의 종류	그림기호	끝부분의 종류	그림기호
막힌 플랜지	—┫	나사 박음식 캡 및 나사 박음식 플러그	—┒	용접식 캡	—▷

신축 이음

팽창 이음쇠		플렉시블 이음쇠	
	—▭—		～

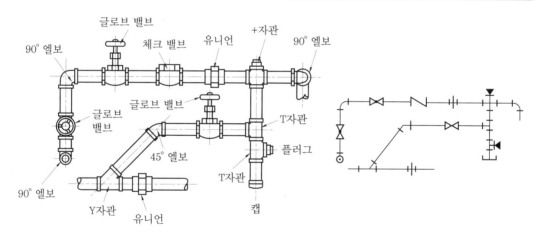

배관 설비 도면의 예

핵·심·문·제

93. 다음 배관 설비 도면에서 글로브 밸브의 기호는?

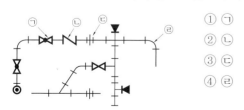

① ㉠
② ㉡
③ ㉢
④ ㉣

94. 다음은 냉동관 이음하기의 일부분이다. 도면에서 체크 밸브는?

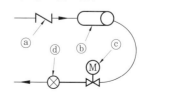

① ⓐ
② ⓑ
③ ⓒ
④ ⓓ

(4) 배관도의 치수 기입 방법

① 파이프, 밸브, 파이프 조인트 등은 입구의 중심에서 중심까지의 치수를 기입한다.

② 파이프, 밸브 등의 호칭 지름은 도면의 밖으로 끌어낸 지시선에 의하여 지시한다. 이때 각 취부품의 명칭을 도면에 기입한다.

③ 부속품에 아무런 지시가 없을 때에는 같은 치수의 입구를 갖는 것으로 본다.

④ 파이프의 끝부분에 나사를 깎을 필요가 없는 경우 또는 왼나사를 필요로 할 때 그 뜻은 지시선에 의하여 도시한다.

⑤ 파이프 자리는 베드 부분 또는 기계 중심으로부터 분명히 기입하며 불분명하지 않게 한다.

⑥ 보통 정면도, 평면도 두 가지 도면으로 표시하지만 특별한 경우는 부분 상세도를 그린다.

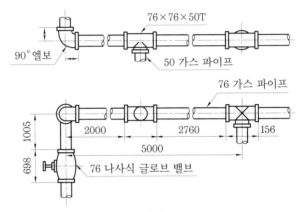

배관도의 치수 기입

⑦ 관의 구배는 관을 표시하는 선의 위쪽을 따라 붙인 그림기호 "◿"(가는 선으로 그린다)와 구배를 표시하는 수치로 표시한다.

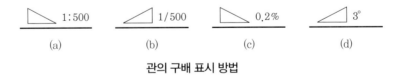

관의 구배 표시 방법

 핵·심·문·제

95. 배관도의 치수 기입 요령으로 틀린 것은 어느 것인가?

① 치수는 관, 관이음, 밸브의 입구 중심에서 중심까지의 길이로 표시한다.

② 관이나 밸브 등의 호칭 지름은 관선 밖으로 지시선을 끌어내어 표시한다.

③ 설치 이유가 중요한 장치에서는 단선 도시 방법을 이용한다.

④ 관의 끝부분에 왼나사를 필요로 할 때에는 지시선으로 나타내어 표시한다.

10 용접 이음 제도

(1) 용접 이음의 종류

① 용접 이음의 종류

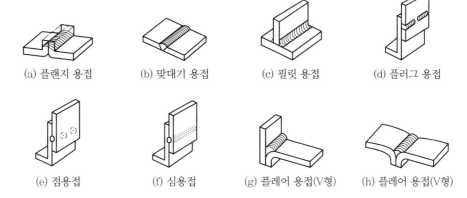

(a) 플랜지 용접   (b) 맞대기 용접   (c) 필릿 용접   (d) 플러그 용접

(e) 점용접   (f) 심용접   (g) 플레어 용접(V형)   (h) 플레어 용접(V형)

용접 이음의 종류

② 접속부의 모양 : 접합하는 두 부재에 만든 홈을 groove라 하며, 이 홈의 모양에 따라 형식명을 붙인다.

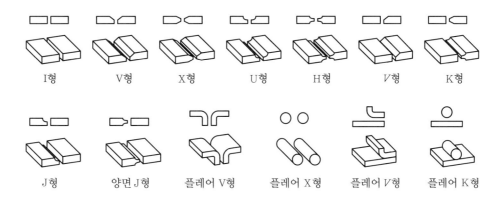

I형   V형   X형   U형   H형   V형   K형

J형   양면 J형   플레어 V형   플레어 X형   플레어 V형   플레어 K형

 핵·심·문·제

96. 다음 용접 이음 중 맞대기 이음은?

① ②

③ ④

97. 두 장의 판을 T자 형으로 세워서 붙이거나 겹쳐서 붙일 때 생기는 코너 부분을 용접하는 것은?

① 플랜지 용접
② 맞대기 용접
③ 필릿 용접
④ 플러그 용접

(2) 용접 기호의 종류

용접부의 기호는 기본 기호 및 보조 기호로 구분되는데, 기본 기호는 원칙적으로 두 부재 사이의 용접부 모양을 표시한다.

용접부의 보조 기호는 용접부의 표면 형상과 다듬질 방법 또는 시공상 주의사항을 표시한다.

① 기본 기호

명 칭	기 호	명 칭	기 호
돌출된 모서리를 가진 평판 사이의 맞대기 용접 에지 플랜지형 용접(미국)/돌출된 모서리는 완전 용해	⋀	평행 맞대기 용접(I형)	‖
넓은 루트면이 있는 한 면 개선형 맞대기 용접	Ⱶ	V형 맞대기 용접 양면 V형 홈 맞대기 용접(X형)	∨
U형 맞대기 용접(평행면 또는 경사면) 양면 U형 맞대기 용접(H형)	⋎	J형 맞대기 용접	ⱶ
일면 개선형 맞대기 용접(V형) 양면 개선형 맞대기 용접(K형)	⋁	이면 용접(뒷면 용접)	⌣
필릿 용접 (지그재그 필릿 용접은 ⊿ 또는 ⟍)	◺	넓은 루트면이 있는 V형 맞대기 용접	⋎
플러그 용접 : 플러그 또는 슬롯 용접(미국)	⊓	가장자리(edge) 용접	⦀
점(spot) 용접	○	표면 육성(덧살 붙임)	⌣⌣
심(seam) 용접	⊖	표면(surface) 접합부	=
개선 각이 급격한 V형 맞대기 용접	⩗	경사 접합부	⫽
개선 각이 급격한 일면 개선형 맞대기 용접	⩘	겹침 접합부	⊋

핵 · 심 · 문 · 제

98. 다음 중 스폿 용접 이음의 기호를 나타내는 것은 어느 것인가?

① ○　　　　② ⊖

③ ◺　　　　④ ⊓

99. 용접부의 기호 중 플러그 용접을 나타내는 것은 어느 것인가?

① ‖　　　　② ○

③ ◺　　　　④ ⊓

② 보조 기호

용접부 및 용접부 표면의 형상	기 호	용접부 및 용접부 표면의 형상	기 호
평면(동일한 면으로 마감 처리)	——	토를 매끄럽게 함	⌣
볼록형	⌢	영구적인 이면 판재(backing strip) 사용	M
오목형	⌣	제거 가능한 이면 판재 사용	MR

③ 보조 기호의 적용 보기

명 칭	그 림	기 호	명 칭	그 림	기 호
평면 마감 처리한 V형 맞대기 용접		▽	이면 용접이 있으며 표면 모두 평면 마감 처리한 V형 맞대기 용접		
볼록 양면 V형 용접		⧓			
오목 필릿 용접		◺	매끄럽게 처리한 필릿 용접		◺

④ 보조 표시

명 칭	기 호	용 도
현장 용접	▶	현장 용접을 표시할 때는 깃발 기호를 사용한다.
전체 둘레 용접(일주 용접)	○	용접이 부재의 전둘레를 둘러서 이루어질 때는 원으로 표시한다.
전체 둘레 현장 용접	⭗▶	—

참고

비파괴 시험 방법
방사선 투과 시험 : RT
자기분말 탐상 시험 : MT
초음파 탐상 시험 : UT
침투 탐상 시험 : PT

핵 • 심 • 문 • 제

100. 용접부 표면 또는 용접부 형상의 보조 기호 중 영구적인 이면 판재(backing strip) 사용을 표시하는 기호는?

① —— ② ⌣ ③ MR ④ M

101. 전체 둘레 현장 용접을 나타내는 보조 기호는?

① ▶ ② ○ ③ ⭗▶ ④ ⚑

102. 용접부 표면의 형상에서 동일 평면으로 다듬질함을 표시하는 보조 기호는?

① —— ② ⌢ ③ ⌣ ④ ⌣

103. 용접부 표면의 형상에서 끝단부를 매끄럽게 함을 표시하는 보조 기호는?

① —— ② ⌢  ③ ⌣ ④ ⌣

(3) 용접부의 기호 표시 방법

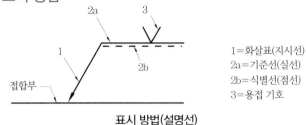

1=화살표(지시선)
2a=기준선(실선)
2b=식별선(점선)
3=용접 기호

표시 방법(설명선)

용접부가 접합부의 화살표 쪽에 있으면 기호는 기준선(실선) 쪽에 표시하고 반대쪽에 있으면 식별선(점선) 쪽에 표시한다.

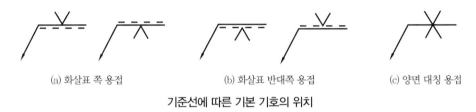

(a) 화살표 쪽 용접   (b) 화살표 반대쪽 용접   (c) 양면 대칭 용접

기준선에 따른 기본 기호의 위치

(4) 용접부의 치수 표시 방법

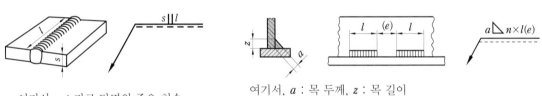

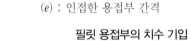

여기서, s : 가로 단면의 주요 치수
l : 세로 단면 방향의 치수

여기서, a : 목 두께, z : 목 길이
l : 용접 길이(크레이터 제외)
(e) : 인접한 용접부 간격

맞대기 용접부의 치수 기입   **필릿 용접부의 치수 기입**

핵·심·문·제

104. 〈보기〉의 그림은 용접부의 기호 표시 방법이다. (가)와 (나)에 대한 설명으로 틀린 것은?

보기

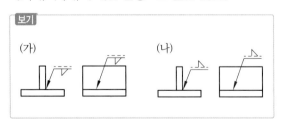

(가)   (나)

① (가)의 실제 모양이다(한쪽 용접).

② (나)의 실제 모양이다(양쪽 용접).

③ (가)는 화살표 쪽을 용접하라는 뜻이다.

④ (나)는 화살표 반대쪽을 용접하라는 뜻이다.

1-2 KS 규격 기계 재료 기호

1 재료 기호의 표시 방법

(1) 기계 재료 표시법

도면에서 부품의 금속 재료를 표시할 때 KS D에 정해진 기호를 사용하면 재질, 형상, 강도 등을 간단명료하게 나타낼 수 있다.

(2) 재료 기호의 구성

① 처음 부분 : 재질을 나타내는 기호이며, 영어 또는 로마자의 머리문자 또는 원소 기호를 표시한다.

② 중간 부분 : 판, 봉, 관, 선, 주조품 등의 제품명 또는 용도를 표시한다.

③ 끝부분 : 금속종별의 탄소 함유량, 최저 인장 강도, 종별 번호 또는 기호를 표시한다.

④ 끝부분에 덧붙이는 기호 : 제조법, 제품 형상 기호 등을 덧붙일 수 있다.

재질을 나타내는 기호

기 호	재질명	예 시
A	aluminium(알루미늄)	A2024(고력 알루미늄 합금)
C	copper(구리)	C1020P(동판)
G	gray iron(회주철)	GC200(회주철품)
S	steel(강)	SM20C(기계 구조용 탄소강재)
Z	zinc(아연)	ZDC(아연 합금 다이 캐스팅)

핵 · 심 · 문 · 제

1. 기계 재료 기호의 구성에 대한 설명으로 틀린 것은 어느 것인가?

① 처음 부분은 재질을 나타낸다.

② 중간 부분은 규격명, 제품명 등을 나타낸다.

③ 끝부분은 재질의 종류 번호, 최저 인장 강도를 숫자나 영문자로 표시한다.

④ SM20C는 일반 구조용 압연강재이다.

2. 기계 재료의 표시 [SM 45C]에서 S가 나타내는 것은 어느 것인가?

① 재질을 나타내는 부분

② 규격명을 나타내는 부분

③ 제품명을 나타내는 부분

④ 최저 인장 강도를 나타내는 부분

제품명 또는 용도를 나타내는 기호

기 호	제품명 또는 용도	예 시
B	봉(bar)	C5111B(인청동봉)
P	판(plate)	SPC(냉간 압연 강판)
W	선(wire)	PW(피아노선)
T	구조용 관(tube)	STK(일반 구조용 탄소 강관)
PP	배관용 관(pipe for piping)	SPP(배관용 탄소 강관)
C	주조용(casting)	SC(탄소강 주강품)
F	단조용(forging)	SF(탄소강 단강품)
DC	다이 캐스팅용(die casting)	ALDC(다이 캐스팅용 알루미늄 합금)
S	일반 구조용(general structure)	SS(일반 구조용 압연 강재)
M	기계 구조용(machne structure)	SM(기계 구조용 탄소 강재)
B	보일러용(boiler)	SB(보일러 및 압력 용기용 탄소강)
K 또는 T	공구용(tool)	SKH(고속도 공구강 강재) STC(탄소 공구 강재)

금속 종별을 나타내는 숫자 또는 기호

표시 방법	예 시	의 미
탄소 함유량의 평균치×100	SM 20C	20C : 탄소 함유량 0.15~0.25%
최저 인장 강도	SS 330 GC 200	330 : 최저 인장 강도 330MPa 200 : 최저 인장 강도 200MPa
종별 번호	STS 2 STD 11	S2종 : 절삭용(탭, 드릴) D11종 : 냉간가공용(다이스)
종별 기호	STKM 12A STKM 12B STKM 12C	12종 A : 최저 인장 강도 240MPa 이상 12종 B : 최저 인장 강도 390MPa 이상 12종 C : 최저 인장 강도 478MPa 이상

핵 · 심 · 문 · 제

3. 다음은 재료 기호의 중간 부분의 기호이다. 공구강을 나타내는 기호는?

① K   ② B   ③ C   ④ W

4. 기계 재료 표시법 중 중간 부분의 기호에서 단조품을 나타내는 기호는?

① F   ② C   ③ B   ④ G

5. 다음에 제시된 재료 기호 중 200이 의미하는 것은 어느 것인가?

GC 200

① 재질 등급
② 열처리 온도
③ 탄소 함유량
④ 최저 인장 강도

제조법 기호

구 분	기 호	기호의 의미	구 분	기 호	기호의 의미
조질도 기호	A	어닐링한 상태	열처리 기호	N	노멀라이징
	H	경질		Q	퀜칭, 템퍼링
	1/2H	1/2 경질		SR	시험편에만 노멀라이징
	S	표준 조질		TN	시험편에 용접 후 열처리
표면 마무리 기호	D	무광택 마무리(dull finishing)	기타	CF	원심력 주강판
				K	킬드강
	B	광택 마무리(bright finishing)		CR	제어 압연한 강판
				R	압연한 그대로의 강판

제품 형상 기호

기 호	제 품	기 호	제 품	기 호	제 품
P	강판	□	각재	▱	평강
○	둥근강	⚠	6각 강	I	I 형강
◎	파이프	8	8각 강	⊏	채널(channel)

(3) 재료 기호의 해석

다음 [표]는 재료를 기호로 표시하는 것을 보기로 든 것이다.

기 호	처음 부분	중간 부분	끝부분
SS400(일반 구조용 압연 강재)	S(steel)	S(일반 구조용 압연재)	400(최저 인장 강도)
SM45C(기계 구조용 탄소 강재)	S(steel)	M(기계 구조용)	45C(탄소 함유량 중간값의 100배)
SF340A(탄소강 단강품)	S(steel)	F(단조품)	340A(최저 인장 강도)
PW1(피아노 선)	없음	PW(피아노 선)	1(1종)
SC410(탄소강 주강품)	S(steel)	C(주조품)	410(최저 인장 강도)
GC200(회주철품)	G(gray iron)	C(주조품)	200(최저 인장 강도)

 핵·심·문·제

6. 기계 구조용 탄소 강재를 나타내는 재료 표시 기호 SM20C에 대한 설명 중 틀린 것은?

① S는 강(steel)을 나타낸다.
② M은 기계 구조용을 나타낸다.
③ 20은 탄소 함유량이 15~25%의 중간값을 나타낸다.
④ C는 탄소를 의미한다.

2 철강 및 비철금속 기계 재료의 기호

KS 분류번호	명 칭	KS 기호	KS 분류번호	명 칭	KS 기호
KS D 3501	열간 압연 연강판 및 강대	SPH	KS D 3752	기계 구조용 탄소 강재	SM
KS D 3503	일반 구조용 압연 강재	SS	KS D 3753	합금 공구강 강재 (주로 절삭, 내충격용)	STS
KS D 3507	배관용 탄소 강관	SPP	KS D 3753	합금 공구강 강재 (주로 내마멸성 불변형용)	STD
KS D 3508	아크 용접봉 심선재	SWR	KS D 3753	합금 공구강 강재 (주로 열간 가공용)	STF
KS D 3509	피아노 선재	SWRS	KS D 3867	크롬강	SCr
KS D 3510	경강선	SW	KS D 3867	니켈 크롬강	SNC
KS D 3512	냉간 압연 강판 및 강대	SPC	KS D 3867	니켈 크롬 몰리브덴강	SNCM
KS D 3515	용접 구조용 압연 강재	SM	KS D 3867	크롬 몰리브덴강	SCM
KS D 3517	기계 구조용 탄소 강관	STKM	KS D 4101	탄소강 주강품	SC
KS D 3522	고속도 공구강 강재	SKH	KS D 4102	구조용 합금강 주강품	SCC
KS D 3533	고압 가스 용기용 강판 및 강대	SG	KS D 4104	고망간강 주강품	SCMnH
KS D 3554	연강 선재	SWRM	KS D 4301	회주철품	GC
KS D 3556	피아노선	PW	KS D 4302	구상 흑연 주철품	GCD
KS D 3557	리벳용 원형강	SV	KS D 5102	인청동봉	C5111B (구 PBR)
KS D 3559	경강 선재	HSWR	KS D ISO 5922	백심 가단 주철품	GCMW (구 WMC)
KS D 3560	보일러 및 압력 용기용 탄소강	SB		흑심 가단 주철품	GCMB (구 BMC)
KS D 3566	일반 구조용 탄소 강관	STK	KS D 6005	아연 합금 다이 캐스팅	ZDC
KS D 3701	스프링 강재	SPS	KS D 6006	다이 캐스팅용 알루미늄 합금	ALDC
KS D 3710	탄소강 단강품	SF	KS D 6008	보통 주조용 알루미늄 합금	AC1A
KS D 3751	탄소 공구강 강재	STC	KS D 6010	인청동 주물	PB(폐지)

핵·심·문·제

7. 다음 중 회주철의 재료 기호는?

　① GC　　② SC　　③ SS　　④ SM

8. 합금 공구강의 KS 재료 기호는?

　① SKH　　② SPS　　③ STS　　④ GC

2. 조립도 파악

2-1 기계 조립 도면 해독

부품도를 그리기 위해서는 조립도를 해독하여 기계장치의 설계 목적과 기능을 파악하고, 각 부품의 형상과 크기를 고려해 제작 방법을 선정한 후 제작에 필요한 치수나 규격을 결정한다.

조립도를 보고 파악해야 할 사항은 다음과 같다.

① 부품의 형상과 크기, 규격 　② 부품 상호작용을 위한 슬라이딩 부위

③ 조립되는 부위의 끼워 맞춤 공차 　④ 회전축의 원주 흔들림과 같은 기하 공차

⑤ 가공 방법 및 표면 거칠기 등 기타 필요한 사항

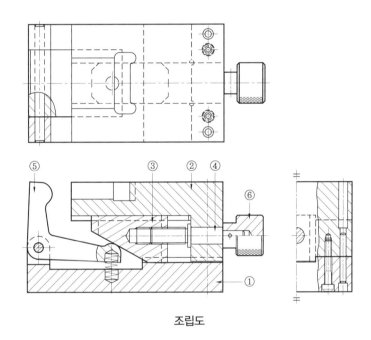

조립도

핵·심·문·제

1. 위의 조립도에서 부품 ④의 형상을 해독한 것은?

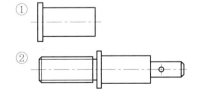
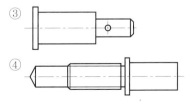

2-2 표준 규격 해독

표준 규격품에 대해서는 아래의 예시와 같이 KS 규격에 따라 작성해야 한다.

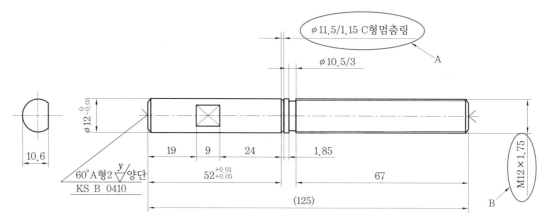

표준 규격 도면 해독의 예시

(1) 도면에서의 멈춤링 관련 해독의 예시(위 그림에서 A부분)

예	$\phi 11.5$	1.15	C형 멈춤링
	홈 부위의 지름 d2 : 11.5mm	홈 부위의 폭 m : 1.15	

축 치수 d1	d2		m		n	멈춤링 두께	
	기준 치수	허용차	기준 치수	허용차	최소	기준 치수	허용차
0	9.6	0~0.09					
11	10.5						
12	11.5						
13	12.4	0~0.11	1.15	+0.14 0	1.5	1	±0.05
14	13.4						
15	14.3						
16	15.2						

(2) 도면에서의 나사 관련 해독의 예시(위 그림에서 B부분)

예	M	12	×	1.75
	나사의 종류 : 미터 보통나사	나사의 지름 : 12mm		피치 : 1.75mm

체결요소 설계

1. 결합용 기계요소

제7장

체결요소 설계

1. 결합용 기계요소

1-1 나사

(1) 나사 각부의 명칭

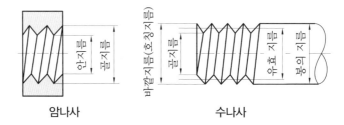

암나사   수나사

① **유효지름(effective diameter)** : 수나사와 암나사가 접촉하고 있는 부분의 평균 지름, 즉 나사산의 두께와 골의 틈새가 같은 가상 원통의 지름을 말하며, 바깥지름이 같은 나사에서는 피치가 작은 쪽의 유효지름이 크다.

② **호칭 지름(normal diameter)** : 수나사는 바깥지름으로 나타내고, 암나사는 상대 수나사의 바깥지름으로 나타낸다.

③ **플랭크 각(flank angle)과 나사산 각(angle of thread)** : 나사의 정상과 골을 잇는 면을 플랭크라 하고, 나사의 축선의 직각인 선과 플랭크가 이루는 각을 플랭크 각이라 하며, 2개의 플랭크가 이루는 각이 나사산 각이다.

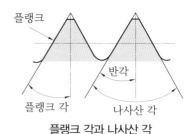

플랭크 각과 나사산 각

 핵 · 심 · 문 · 제

1. 수나사의 호칭 치수는 무엇을 표시하는가?
   ① 골지름   ② 바깥지름
   ③ 평균 지름   ④ 유효지름

2. 나사의 호칭 지름을 무엇으로 나타내는가?
   ① 피치   ② 암나사의 안지름
   ③ 유효지름   ④ 수나사의 바깥지름

•정답   1. ②   2. ④

④ 피치(pitch) : 일반적으로 같은 형태의 것이 같은 간격으로 떨어져 있을 때 그 간격을 말하며, 나사에서는 인접하는 나사산과 나사산의 축 방향 거리를 피치라 한다.

⑤ 리드(lead) : 나사가 1회전하여 진행한 축 방향의 거리를 말하며, 한줄 나사의 경우는 리드와 피치가 같지만 2줄 나사인 경우는 1리드가 피치의 2배가 된다.

$$리드(l) = 줄수(n) \times 피치(p) \quad \therefore p = \frac{l}{n}$$

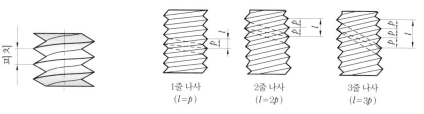

나사의 피치 1줄 나사와 다줄 나사의 리드

참고

나사 곡선(helix)

원통면에 직각 삼각형을 감을 때 원통면에 나타나는 삼각형의 빗면이 만드는 선을 나사 곡선(helix)이라 하며, 이때 나사 곡선의 각 α를 나선 각, 또는 리드 각이라 한다.

직각에서 리드 각을 뺀 나머지 값을 비틀림 각(β)이라 한다.

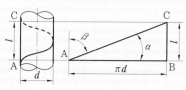

$$\tan \alpha = \frac{l}{\pi d}, \quad \alpha = \tan^{-1}\left(\frac{l}{\pi d}\right)$$

여기서, d : 원통의 지름, l : 리드(lead)

나사 곡선의 원리

핵 · 심 · 문 · 제

3. 나사 곡선을 따라 축의 둘레를 한 바퀴 회전하였을 때 축 방향으로 이동하는 거리를 무엇이라 하는가?

① 나사산   ② 피치
③ 리드   ④ 나사홈

4. 나사에서 리드(l), 피치(p), 나사줄 수(n)와의 관계식을 바르게 나타낸 것은?

① $l = p$ ② $l = 2p$
③ $l = np$ ④ $l = n$

5. 다음 중 피치 3mm인 2줄 나사의 리드(lead)는 어느 것인가?

① 1.5mm   ② 6mm
③ 2mm   ④ 0.66mm

6. 다음 중 나사의 피치가 일정할 때 리드가 가장 큰 것은?

① 4줄 나사   ② 3줄 나사
③ 2줄 나사   ④ 1줄 나사

• 정답   3. ③   4. ③   5. ②   6. ①

(2) 나사의 종류

① 삼각 나사(triangular screw) : 체결용으로 가장 많이 쓰이는 나사이며, 미터 나사가 있고 유니파이 나사는 미국, 영국, 캐나다의 세 나라 협정에 의하여 만들었기 때문에 ABC 나사라고도 한다.

삼각나사의 종류

나사의 종류 구 분	미터 나사 (metric screw)	유니파이 나사(ABC 나사) (unified screw)	관용 나사(파이프 나사) (pipe screw)
단위	mm	inch	inch
호칭 기호	M	UNC : 보통 나사 UNF : 가는 나사	R : 테이퍼 수나사 R_c : 테이퍼 암나사 R_p : 평행 암나사.
나사산의 크기 표시	피치	산수/인치	산수/인치
나사산의 각도	60˚	60˚	55˚

② 사각 나사(square screw) : 나사산의 모양이 4각이며, 3각 나사에 비해 풀어지기 쉬우나 저항이 작아 동력 전달용 잭(jack), 나사 프레스, 선반의 피드(feed)에 쓰인다.

③ 사다리꼴 나사(trapezoidal screw) : 애크미 나사(acme screw) 또는 제형 나사라고도 하며, 사각 나사보다 강력한 동력 전달용에 쓰인다. 나사산의 각도는 미터 계열(TM)이 30˚, 휘트워드 계열(TW)이 29˚이다. ISO 규격에는 기호 Tr로 되어 있다.

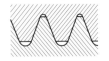
삼각 나사

사각 나사

사다리꼴 나사

핵·심·문·제

7. 미터 나사에 관한 설명으로 잘못된 것은?

① 기호는 M으로 표기한다.
② 나사산의 각은 60˚이다.
③ 호칭 지름은 인치(inch)로 나타낸다.
④ 부품의 결합 및 위치 조정 등에 사용된다.

8. 인치계 사다리꼴 나사산의 각도로 맞는 것은?

① 60˚   ② 29˚

③ 30˚   ④ 55˚

9. 가스 관 이음쇠에서 관의 양끝은 유체의 누설을 막기 위하여 테이퍼 나사로 되어 있다. 그 테이퍼는 어느 정도인가?

① $\dfrac{1}{20}$ ② $\dfrac{1}{16}$

③ $\dfrac{1}{10}$ ④ $\dfrac{1}{5}$

④ **톱니 나사**(buttress screw) : 축선의 한 쪽에만 힘을 받는 곳에 사용하며(잭, 프레스, 바이스), 힘을 받는 면은 축에 직각이고, 받지 않는 면은 30° 각도로 경사져 있다.

⑤ **둥근 나사**(round screw) : 너클 나사라고도 하며, 나사산과 골이 다같이 둥글기 때문에 먼지, 모래가 끼기 쉬운 전구, 호스 연결부 등에 쓰인다.

⑥ **볼 나사**(ball screw) : 수나사와 암나사의 홈에 강구(steel ball)가 들어 있어서 일반 나사보다 마찰 계수가 매우 작고 운동 전달이 가볍기 때문에 NC 공작 기계(수치 제어 공작 기계)나 자동차용 스티어링 장치에 쓰인다.

⑦ **셀러 나사**(seller's screw) : 아메리카 나사 또는 U.S 표준 나사라고도 하며, 1868년 미국 표준 나사로 제정한 삼각 나사이다. 산의 각도는 60°, 피치는 1인치에 대한 나사산 수로 표시한다.

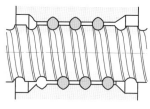

톱니 나사　　　　둥근 나사　　　　　볼 나사

핵·심·문·제

10. 프레스 등의 동력 전달용으로 사용되면 축 방향의 큰 하중을 받는 곳에 주로 쓰이는 나사는?
① 미터 나사　　② 관용 평행 나사
③ 사각 나사　　④ 둥근 나사

11. 애크미 나사라고도 하며 나사산의 각도가 인치계에서는 29°이고, 미터계에서는 30°인 나사는?
① 사다리꼴 나사　　② 미터 나사
③ 유니파이 나사　　④ 너클 나사

12. 나사산과 골이 같은 반지름의 원호로 이은 모양이 둥글게 되어 있는 나사는?
① 볼 나사　　② 톱니 나사
③ 너클 나사　　④ 사다리꼴 나사

13. 미터계 사다리꼴 나사의 나사산 각도는?
① 29°　　② 30°
③ 55°　　④ 60°

14. 다음 나사 중 먼지, 모래 등이 들어가기 쉬운 곳에 사용되는 것은?
① 둥근 나사　　② 사다리꼴 나사
③ 톱니 나사　　④ 볼 나사

15. 다음 중 백래시를 작게 하고, 높은 정밀도를 오래 유지할 수 있으며 효율이 가장 좋은 것은?
① 사각 나사　　② 톱니 나사
③ 볼 나사　　④ 둥근 나사

1-2 키

(1) 키의 종류

벨트 풀리나 기어, 차륜을 고정시킬 때 홈을 파고 홈에 끼우는 것으로서 다음 [표]에 나타낸다.

키의 종류와 특성

키의 명칭		형 상	특 징
① 묻힘 키 (성크 키) (sunk key)	때려박음 키 (드라이빙 키)		• 축과 보스에 다같이 홈을 파는 것으로, 가장 많이 쓰인다. • 머리붙이와 머리가 없는 것이 있으며, 해머로 때려 박는다. • 테이퍼 $\left(\dfrac{1}{100}\right)$가 있다.
	평행키		• 축과 보스에 다같이 홈을 파는 것으로, 많이 쓰는 종류이다. • 키는 축심에 평행으로 끼우고 보스를 밀어 넣는다. • 키의 양쪽면에 조임 여유를 붙여 상하면은 약간 간격이 있다.
② 페더 키(미끄럼 키) (feather key)			• 묻힘 키의 일종으로 키는 테이퍼가 없이 길다. • 축 방향으로 보스의 이동이 가능하며, 보스와 간격이 있어 회전 중 이탈을 막기 위해 고정하는 수가 많다. • 미끄럼 키라고도 한다.
③ 반달 키 (woodruff key)			• 축의 원호상의 홈을 판다. • 홈에 키를 끼워 넣은 다음 보스를 밀어 넣는다. • 축이 약해지는 단점이 있으나 공작 기계 핸들 축과 같은 테이퍼 축에 사용된다.

핵 · 심 · 문 · 제

1. 기어, 풀리, 커플링 등의 회전체를 축에 고정시켜서 회전 운동을 전달시키는 기계요소는?

① 나사   ② 리벳
③ 핀   ④ 키

2. 다음 성크 키에 관한 설명으로 틀린 것은?

① 기울기가 없는 평행 성크 키도 있다.
② 축과 보스의 양쪽에 모두 키 홈을 파서 토크를 전달시킨다.

③ 머리 달린 경사 키도 성크 키의 일종이다.

④ 대개 윗면에 $\dfrac{1}{5}$ 정도의 기울기를 가지고 있는 수가 많다.

3. 일반적으로 60mm 이하의 작은 축에 사용되고 특히 테이퍼 축에 사용이 용이하며, 축의 강도가 약하게 되기는 하나 키 홈 등의 가공이 쉬운 것은?

① 성크 키   ② 접선 키
③ 반달 키   ④ 원뿔 키

•정답   1. ④   2. ④   3. ③

④ 평 키(플랫 키) (flat key)		• 축은 자리만 평평하게 다듬고 보스에 홈을 판다. • 경하중에 쓰이며, 키에 테이퍼$\left(\dfrac{1}{100}\right)$가 있다. • 안장 키보다는 강하다.
⑤ 안장 키(새들 키) (saddle key)		• 축은 절삭하지 않고 보스에만 홈을 판다. • 마찰력으로 고정시키며, 축의 임의의 부분에 설치가 가능하다. • 극경하중용으로 키에 테이퍼$\left(\dfrac{1}{100}\right)$가 있다.
⑥ 접선 키 (tangential key)	120°	• 축과 보스에 축의 접선 방향으로 홈을 파서 서로 반대의 테이퍼$\left(\dfrac{1}{60}\sim\dfrac{1}{100}\right)$를 가진 2개의 키를 조합하여 끼워 넣는다. • 중하중용이며 역전하는 경우는 120°로 두 군데 홈을 판다. • 정사각형 단면의 키를 90°로 한 것을 케네디 키(kennedy key)라고 한다.
⑦ 원뿔 키 (cone key)		• 축과 보스에 홈을 파지 않는다. • 한 군데가 갈라진 원뿔통을 끼워넣어 마찰력으로 고정한다. • 축의 어느 곳도 장치가 가능하며 바퀴가 편심되지 않는다.
⑧ 둥근 키(핀키) (round key, pin key)		• 축과 보스에 드릴로 구멍을 내어 홈을 만든다. • 구멍에 테이퍼 핀을 끼워 넣어 축 끝에 고정시킨다. • 경하중에 사용되며 핸들에 널리 쓰인다.
⑨ 스플라인(spline)		• 축 둘레에 4~20개의 턱을 만들어 큰 회전력을 전달할 경우에 쓰인다.
⑩ 세레이션(serration)		• 축에 작은 삼각형의 작은 이를 만들어 축과 보스를 고정시킨 것으로, 같은 지름의 스플라인에 비해 많은 이가 있어 전동력이 크다. • 주로 자동차의 핸들 고정용, 전동기나 발전기의 전기자 축 등에 이용된다.

 핵·심·문·제

4. 보스와 축의 둘레에 여러 개의 키(key)를 깎아 붙인 모양으로 큰 동력을 전달할 수 있고 내구력이 크며, 축과 보스의 중심을 정확하게 맞출 수 있는 것은?

① 새들 키   ② 원뿔 키
③ 반달 키   ④ 스플라인

5. 축에는 키 홈을 가공하지 않고 보스에만 테이퍼 키 홈을 만들어서 홈 속에 키를 끼우는 것은?

① 묻힘 키(성크 키)   ② 새들 키(안장 키)
③ 반달 키   ④ 둥근 키

6. 키에 대한 설명 중 틀린 것은?

① 원뿔 키는 축의 어느 위치에나 설치할 수 있다.
② 반달 키는 테이퍼 축에 사용하면 편리하다.
③ 미끄럼 키를 핀 키라고도 한다.
④ 접선 키는 중심각을 120°로 2조 설치한다.

1-3 핀

(1) 핀의 용도

핀(pin)은 2개 이상의 부품을 결합시키는 데 주로 사용하며, 나사 및 너트의 이완 방지, 핸들을 축에 고정하거나 힘이 적게 걸리는 부품을 설치할 때, 분해 조립할 부품의 위치를 결정하는 데 많이 사용한다. 핀은 강재로 만드나 황동, 구리, 알루미늄 등으로 만들기도 한다.

(2) 핀의 종류

핀의 종류는 용도에 따라 평행 핀, 테이퍼 핀, 분할 핀, 스프링 핀 등이 있다.

① **평행 핀**(dowel pin) : 분해 조립을 하게 되는 부품의 맞춤면의 관계 위치를 항상 일정하게 유지하도록 안내하는 데 사용한다.

평행 핀 A형　　　　　　　　　　　평행 핀 B형

② **테이퍼 핀**(taper pin) : $\frac{1}{50}$의 테이퍼가 있다. 호칭 지름은 작은 쪽의 지름으로 표시한다.

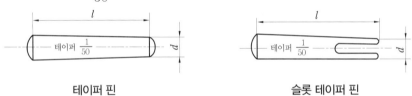

테이퍼 핀　　　　　　　　　　　슬롯 테이퍼 핀

핵·심·문·제

1. 핀의 용도 중 틀린 것은?

① 2개 이상의 부품을 결합하는 데 사용
② 나사 및 너트의 이완 방지
③ 분해 조립할 부품의 위치 결정
④ 분해가 필요 없는 곳의 영구 결합

2. 테이터 핀에 대한 설명으로 옳은 것은?

① 보통 $\frac{1}{50}$의 테이퍼를 가지며 호칭 지름은 작

은 쪽의 지름으로 표시한다.

② 보통 $\frac{1}{200}$의 테이퍼를 가지며 호칭 지름은 작은 쪽의 지름으로 표시한다.

③ 보통 $\frac{1}{50}$의 테이퍼를 가지며 호칭 지름은 큰 쪽의 지름으로 표시한다.

④ 보통 $\frac{1}{100}$의 테이퍼를 가지며 호칭 지름은 가운데 부분의 지름으로 표시한다.

•정답 1. ④　2. ①

③ 분할 핀(split pin) : 두 갈래로 갈라지기 때문에 너트의 풀림 방지 등에 쓰인다.

④ 스프링 핀(spring pin) : 세로 방향으로 쪼개져 있어 구멍의 크기가 정확하지 않을 때 해머로 때려 박을 수 있다.

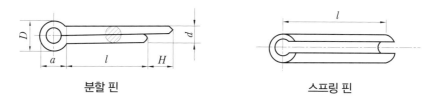

분할 핀　　　　　　스프링 핀

⑤ 너클 핀(knuckle pin)

　㈎ 한쪽 포크(fork)에 아이(eye) 부분을 연결하고 구멍에 수직으로 평행 핀을 끼워 두 부분이 상대적으로 각운동을 할 수 있도록 연결한 것이다.

　㈏ 너클 핀의 전단 응력 : 하중 P에 의하여 핀은 두 곳에서 전단이 일어나므로, 전단 응력 τ는 다음과 같다.

$$\tau = \frac{P}{A} = \frac{P}{\dfrac{\pi d^2}{4} \times 2} = \frac{2P}{\pi d^2}$$

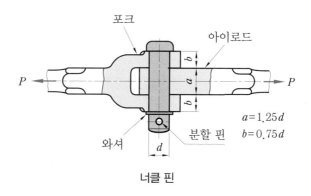

$$a = 1.25d$$
$$b = 0.75d$$

너클 핀

핵 · 심 · 문 · 제

3. 다음 중 분할 핀에 관한 설명으로 옳지 않은 것은 어느 것인가?

① 한 쪽 끝이 두 갈래로 되어 있다.

② 너트의 풀림 방지에 사용된다.

③ 축에 끼워진 부품이 빠지는 것을 방지하는 데 사용된다.

④ 테이퍼 핀의 일종이다.

4. 핀 이음에서 한쪽 포크(fork)에 아이(eye) 부분을 연결하고 구멍에 수직으로 평행 핀을 끼워 두 부분이 상대적으로 각운동할 수 있도록 연결한 것은?

① 코터

② 너클 핀

③ 분할 핀

④ 스플라인

1-4   리벳

(1) 리벳의 종류

① 용도에 따른 분류

㈎ 보일러용 리벳 : 강도와 기밀이 목적, 보일러, 고압탱크에 사용

㈏ 저압 용기용 리벳 : 강도보다는 기밀이 목적, 물탱크, 저압 탱크에 사용

㈐ 구조용 리벳 : 주로 강도만이 목적, 철교, 선박, 차량, 구조물에 사용

(2) 리벳 이음 작업

보일러, 철교, 구조물, 탱크와 같은 영구 결합에 널리 쓰인다. 리벳 이음 작업은 다음과 같다.

① 리벳 이음할 구멍은 20mm까지 대개 펀치로 뚫는다(단, 정밀을 요할 때는 드릴을 사용).

② 리벳 구멍의 지름(d_1)은 리벳 지름(d)보다 약간 크다($1 \sim 1.5$mm).

③ 구멍을 지나 빠져나온 리벳의 여유 길이는 지름의 $(1.3 \sim 1.6)d$ 배이다.

④ 지름 10mm 이하는 상온에서, 10mm 이상의 것은 열간 리베팅한다.

⑤ 지름 25mm까지는 해머로 치고, 그 이상은 리베터(riveting machine)를 쓴다.

⑥ 유체의 누설을 막기 위하여 코킹이나 풀러링을 하며, 이때의 판 끝은 $75 \sim 85°$로 깎아준다.

⑦ 코킹(caulking)이나 풀러링(fullering)은 판재 두께 5mm 이상에서 행한다(단, 5mm 이하에서는 패킹을 끼워 유체의 누설을 방지한다).

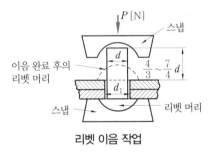

리벳 이음 작업

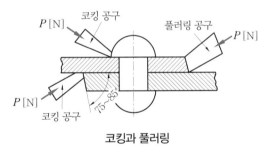

코킹과 풀러링

핵·심·문·제

1. 일반적으로 리벳 작업을 하기 위한 구멍은 리벳 지름보다 몇 mm 정도 커야 하는가?

① 0.5~1.0   ② 1.0~1.5

③ 2.5~5.0   ④ 5.0~10.0

2. 패킹을 끼워 유체의 누설을 방지하는 리벳 작업의 판 두께는?

① 13mm 이하   ② 10mm 이하

③ 8mm 이하   ④ 5mm 이하

•정답 1.② 2.④

(3) 리벳 이음의 종류

1줄 겹치기 리벳 이음   2줄 겹치기 리벳 이음   양쪽 덮개판
1줄 맞대기 리벳 이음   양쪽 덮개판
2줄 맞대기 리벳 이음

(4) 리벳 이음이 파괴되는 경우

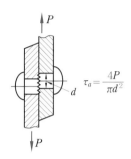
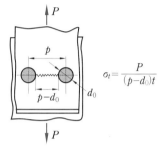
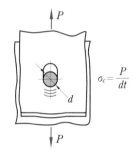

$$\tau_a = \frac{4P}{\pi d^2}$$

$$\sigma_t = \frac{P}{(p-d_0)t}$$

$$\sigma_c = \frac{P}{dt}$$

(a) 리벳의 전단   (b) 판재의 인장   (c) 판재의 압축

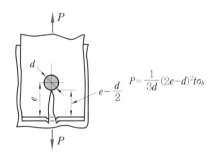
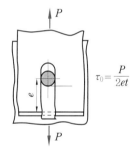

$$P = \frac{1}{3d}(2e-d)^2 t\sigma_b$$

$$\tau_0 = \frac{P}{2et}$$

(d) 판 끝의 갈라짐   (e) 판재의 전단

여기서, σ_t=판재의 허용 인장 응력, σ_c=판재의 허용 압축 응력
τ_a=리벳의 허용 전단 응력, τ_0=판재의 허용 전단 응력
d=리벳의 지름, d_0=리벳 구멍의 지름, t=판재의 두께

리벳 이음이 파괴되는 경우

핵·심·문·제

3. 리벳 이음을 한 강판에 하중을 가할 때 강판 사이의 리벳 단면에 나란히 발생하는 응력은?

① 인장 응력   ② 전단 응력
③ 압축 응력   ④ 경사 응력

4. 판의 두께가 12mm, 지름 20mm인 겹치기 리벳 이음에서 1200N의 하중이 작용할 때 리벳에 생기는 전단 응력은 몇 N/mm인가?

① 1.12   ② 2.43   ③ 3.82   ④ 4.57

동력전달요소 설계

1. 전달용 기계요소

2. 제어용 기계요소

제8장 동력전달요소 설계

1. 전달용 기계요소

1-1 축

(1) 작용하는 힘에 의한 분류

① 차축(axle) : 주로 휨을 받는 정지 또는 회전 축을 말한다.

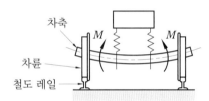

여기서, M : 굽힘 모멘트

② 스핀들(spindle) : 주로 비틀림을 받으며 길이가 짧다. 모양, 치수가 정밀하고 변형량이 적어 공작 기계의 주축에 쓰인다.

③ 전동축(transmission shaft) : 주로 비틀림과 휨을 받으며 동력 전달이 주목적이다. 전동축에는 주축, 선축, 중간축의 3가지가 있다.

(가) 주축(main shaft)

(나) 선축(line shaft)

(다) 중간축(counter shaft)

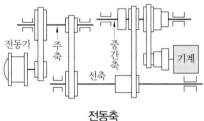

전동축

핵·심·문·제

1. 전동축의 동력 전달 순서가 옳게 나열된 것은?

① 주축 – 중간축 – 선축

② 선축 – 중간축 – 주축

③ 주축 – 선축 – 중간축

④ 선축 – 주축 – 중간축

2. 다음 중 차축은 주로 어떤 힘을 받는가?

① 주로 굽힘만을 받는다.

② 주로 비틀림만을 받는다.

③ 압축만을 받는다.

④ 굽힘과 비틀림을 동시에 받는다.

●정답 1. ③ 2. ①

(2) 모양에 의한 분류

① 직선 축(straight shaft) : 흔히 쓰이는 곧은 축을 말한다.

② 크랭크축(crank shaft) : 왕복 운동을 회전 운동으로 전환시키고, 크랭크 핀에 편심륜이 끼워져 있다.

③ 플렉시블 축(flexible shaft) : 가요 축이라고도 하며, 전동축에 가요성(휨성)을 주어서 축의 방향을 자유롭게 변경할 수 있는 축을 말한다.

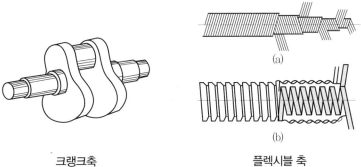

크랭크축   플렉시블 축

(3) 축 설계 시 고려할 사항

① 강도(strength) : 여러 가지 하중의 작용에 충분히 견딜 수 있는 강함의 크기

② 강성(stiffness) : 충분한 강도 이외에도 처짐이나 비틀림 작용을 견딜 수 있는 능력

③ 진동(vibration) : 회전 시 고유 진동과 강제 진동으로 인하여 공진 현상이 생길 때 축이 파괴된다. 이때 축의 회전 속도를 임계 속도라 한다.

④ 부식(corrosion) : 방식(防蝕) 처리를 하거나 또는 굵게 설계한다.

⑤ 온도 : 고온의 열을 받는 축은 크리프와 열팽창을 고려해야 한다.

핵·심·문·제

3. 축을 모양에 의해 분류할 때, 여기에 해당되지 않는 것은?

① 크랭크축
② 직선 축
③ 플렉시블 축
④ 중간축

4. 전동축에 큰 휨(deflection)을 주어서 축의 방향을 자유롭게 바꾸거나 충격을 완화시키기 위하여 사용하는 축은?

① 크랭크축
② 플렉시블 축
③ 차축
④ 직선 축

1-2 축이음

(1) 커플링

커플링의 종류와 특성

형 식		형 상	특 징
고정식 이음	플랜지 커플링 (flange coupling)		• 가장 널리 쓰이며 주철, 주강, 단조 강재의 플랜지를 이용한다. • 플랜지의 연결은 볼트 또는 리머 볼트로 조인다. • 축지름 50~150mm에서 사용되며 강력 전달용이다. • 플랜지 지름이 커져서 축심이 어긋나면 원심력으로 인해 진동되기 쉽다.
	슬리브 커플링 (sleeve coupling)		• 가장 간단한 방법으로 주철제의 원통 또는 분할 원통 속에 양 축을 끼워놓고 키로 고정한다. • 30mm 이하의 작은 축에 사용된다. • 축 방향으로 인장이 걸리는 것에는 부적합하다.
플렉시블 커플링 (flexible coupling)		부시	• 두 축의 중심선을 완전히 일치시키기 어려운 경우, 고속 회전으로 진동을 일으키는 경우, 내연 기관 등에 사용된다. • 가죽, 고무, 연철금속 등을 플랜지 중간에 끼워 넣는다. • 탄성체에 의해 진동, 충격을 완화시킨다. • 양 축의 중심이 다소 엇갈려도 상관없다.
올덤 커플링 (oldham's coupling)		원판	• 두 축의 거리가 짧고 평행이며 중심이 어긋나 있을 때 사용한다. • 진동과 마찰이 많아 고속에는 부적당하며 윤활이 필요하다.
유니버설 조인트 (universal joint)			• 두 축이 서로 만나거나 평행해도 그 거리가 멀 때 사용한다. • 회전하면서 그 축의 중심선 위치가 달라지는 것에 동력을 전달하는 경우 사용한다. • 원동축이 등속 회전해도 종동축은 부등속 회전한다. • 축 각도는 30° 이내이다.

핵 • 심 • 문 • 제

1. 두 축의 중심선을 완전히 일치시키기 어려운 경우 또는 고속 회전으로 진동을 일으키는 경우에 적당한 커플링은?

① 플랜지 커플링   ② 플렉시블 커플링
③ 올덤 커플링   ④ 슬리브 커플링

2. 모터로 기계 축을 회전시키려 하는데 두 축의 중심이 약간 어긋났다. 무엇을 사용해 축을 연결하면 회전력을 가장 잘 전달할 수 있는가?

① 유연성 커플링   ② 브레이크
③ 나사   ④ 베어링

•정답   1. ②   2. ①

(2) 클러치

구 분	형 상	특 징
맞물림 클러치 (claw clutch)		턱을 가진 한 쌍의 플랜지를 원동축과 종동축의 끝에 붙여서 만든 것으로, 종동축의 플랜지를 축 방향으로 이동시켜 단속하는 클러치이다.
마찰 클러치 (friction clutch)		원동축과 종동축에 설치된 마찰면을 서로 밀어 그 마찰력으로 회전을 전달시키는 클러치로, 축 방향 클러치와 원주 방향 클러치로 크게 나누고 마찰면의 모양에 따라 원판 클러치, 원뿔 클러치, 원통 클러치, 밴드 클러치 등으로 나눈다.
유체 클러치 (fluid clutch)		직선 방사상의 날개를 갖는 2개의 임펠러를 마주 보도록 대치시키고 기름을 채운 것이다. ① 원동기의 시동이 쉽다. ② 과부하 상태가 발생하더라도 원동기를 보호한다. ③ 축의 틀림 진동과 충격을 완화한다. ④ 역회전도 쉽게 할 수 있다. ⑤ 변속의 자동화가 용이하다.
일방향 클러치 (one way clutch)	종동축 원동축	한 방향으로만 회전력을 전달하고 반대 방향으로는 전달시키지 못하는 비역전 클러치(over running clutch)이다.
원심 클러치 (centrifugal clutch)	종동축 드럼 원심력 원동축 블록	원동축 블록이 드럼 속에 코일 스프링으로 연결되어 있다. 원동축이 어느 회전 속도 이상으로 회전하면, 원심력이 스프링의 장력을 초과하여 블록이 종동축 드럼 내면에 접촉되어 마찰력으로 토크를 전달한다.

핵·심·문·제

3. 방사상의 날개를 갖는 두 개의 임펠러를 마주 보도록 대치시키고 기름을 채운 것으로, 원동기의 시동이 쉽고 과부하 상태가 발생할 때 원동기를 보호할 수 있는 클러치는?

① 맞물림 클러치
② 마찰 클러치
③ 유체 클러치
④ 원심 클러치

1-3 베어링

(1) 베어링의 분류

① 하중의 작용에 따른 분류

㈎ 레이디얼 베어링(radial bearing) : 하중을 축의 중심에 대하여 직각으로 받는다.

㈏ 스러스트 베어링(thrust bearing) : 축의 방향으로 하중을 받는다.

② 접촉면에 따른 분류

㈎ 미끄럼 베어링(sliding bearing) : 저널 부분과 베어링이 미끄럼 접촉을 하는 것으로 슬라이딩 베어링이라고도 한다.

- 베어링에 작용하는 하중이 큰 경우에 사용한다.
- 베어링에 충격 하중이 걸리는 경우에 사용한다.
- 진동, 소음이 작다.
- 구름 베어링보다 정밀도가 높은 가공법이다.
- 시동 시 마찰 저항이 큰 결점이 있다.
- 윤활유 급유에 신경을 써야 한다.
- 미끄럼 베어링의 종류

> **참고** **피벗 베어링**
> 절구 베어링이라고도 하며, 축 끝이 원뿔형으로 그 끝이 약간 둥글게 되어 있다.
>
> **칼라 베어링**
> 칼라는 여러 장 겹쳐 있으며, 비교적 베어링이 길다.

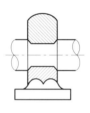 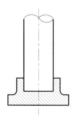 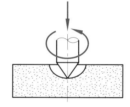 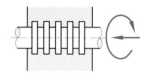

| 레이디얼 미끄럼 베어링 | 스러스트 미끄럼 베어링 | 피벗 베어링 | 칼라 베어링 |

핵·심·문·제

1. 다음 중 축과 직각 방향으로 하중이 작용하는 베어링은 어느 것인가?

① 칼라 베어링
② 스러스트 베어링
③ 레이디얼 베어링
④ 원뿔 베어링

2. 절구 베어링이라고도 하며, 세워져 있는 축에 의하여 추력을 받을 때 사용되는 베어링의 종류는?

① 피벗 베어링
② 칼라 베어링
③ 단일체 베어링
④ 분할 베어링

•정답 1. ③ 2. ①

(나) 구름 베어링(rolling bearing) : 저널과 베어링 사이에 볼이나 롤러를 넣어서 구름 마찰을 하게 한 베어링으로 롤링 베어링이라고도 한다.

- 마찰 저항이 작고 동력이 절약된다.
- 윤활유가 적게 들고 급유가 쉽다.
- 제품이 규격화되어 있어 호환성이 좋다.
- 전동체가 있어서 고속 회전에 불리하다.
- 진동이나 충격에 약하다.
- 베어링의 길이가 짧아 기계가 소형화된다.

외륜
볼(전동체)
내륜
리테이너

구름 베어링의 구조

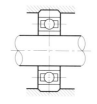

(a) 레이디얼 구름 베어링

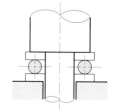

(d) 스러스트 구름 베어링

(2) 구름 베어링의 종류

① 볼 베어링(ball bearing)

(가) 단열 깊은 홈형 레이디얼 볼 베어링 : 레이디얼 하중과 스러스트 하중을 받으며, 구조가 간단하다.

(나) 복렬 자동 조심형 볼 베어링 : 전동 장치에 많이 사용하며, 외륜의 내면이 구면이므로 축심이 자동 조절되고 무리한 힘이 걸리지 않는다.

(다) 단식 스러스트 볼 베어링 : 스러스트 하중만 받으며, 고속에 곤란하고 충격에 약하다.

② 롤러 베어링(roller bearing)

(가) 원통 롤러 베어링 : 레이디얼 부하 용량이 매우 크다. 중하중용이며 충격에 강하다.

(나) 니들 베어링 : 롤러 길이가 길고 가늘며 내륜없이 사용이 가능하다. 마찰 저항이 크며, 중하중용이고 충격 하중에 강하다.

(다) 원뿔 롤러 베어링 : 스러스트 하중과 레이디얼 하중에도 분력이 생긴다. 내·외륜 분리가 가능하며, 공작 기계 주축에 쓰인다.

(라) 구면 롤러 베어링 : 고속 회전은 곤란하며, 자동 조심형으로 쓸 경우 복력으로 쓴다.

핵·심·문·제

3. 구름 베어링 기본 구성 요소 중 회전체 사이에 적절한 간격을 유지해 주는 구성 요소는?

① 내륜
② 외륜
③ 회전체
④ 리테이너

4. 길이에 비하여 지름이 아주 작은 바늘 모양의 롤러(지름 2~5mm)를 사용한 베어링은?

① 니들 롤러 베어링
② 미니어처 베어링
③ 테이퍼 롤러 베어링
④ 원통 롤러 베어링

1-4 기어

기어 전동 장치는 미끄럼이 생기지 않기 때문에 일정 속도비로 큰 회전력을 연속적으로 전달할 수 있는 장점이 있어 가장 널리 사용되고 있다.

(1) 기어의 종류

① 두 축이 서로 평행한 경우

(가) 스퍼 기어(spur gear) : 이가 축에 평행하다.

(나) 헬리컬 기어(helical gear) : 이를 축에 경사시킨 것으로 물림이 순조롭고 축에 스러스트가 발생한다.

(다) 더블 헬리컬 기어(double helical gear) : 방향이 반대인 헬리컬 기어를 같은 축에 고정시킨 것으로 축에 스러스트가 발생하지 않는다.

(라) 내접 기어(internal gear) : 맞물린 2개 기어의 회전 방향이 같다.

(마) 래크(rack) : 피니언과 맞물려서 피니언이 회전하면 래크는 직선 운동한다.

피니언

래크

| 스퍼 기어 | 헬리컬 기어 | 내접 기어 | 래크와 피니언 |

핵·심·문·제

1. 두 축의 회전 방향이 같으며, 높은 감속비의 경우에 쓰이며, 원통의 안쪽에 이가 있는 기어는?

① 내접 기어
② 하이포이드 기어
③ 크라운 기어
④ 스퍼 베벨 기어

2. 직선 운동을 회전 운동으로 변환하거나, 회전 운동을 직선 운동으로 변환하는 데 사용되는 기어는?

① 스퍼 기어(spur gear)

② 헬리컬 기어(helical gear)
③ 베벨 기어(bevel gear)
④ 래크와 피니언(rack and pinion)

3. 큰 동력을 일정한 속도비로 정확하게 전달할 수 있는 기계요소는?

① 마찰차
② 기어
③ 벨트
④ 로프

●정답 1. ① 2. ④ 3. ②

② 두 축이 만나는 경우(교차하는 경우)

(가) 베벨 기어(bevel gear) : 원뿔면에 이를 만든 것으로 이가 직선인 것을 베벨 기어라고 한다.

(나) 마이터 기어(miter gear) : 잇수가 같은 한 쌍의 베벨 기어이다.

(다) 스파이럴 베벨 기어(spiral bevel gear) : 이가 구부러진 기어이다.

베벨 기어　　　　　스파이럴 베벨 기어

③ 두 축이 만나지도 않고 평행하지도 않은 경우

(가) 하이포이드 기어(hypoid gear) : 스파이럴 베벨 기어와 같은 형상이며 축만 엇갈린 기어이다.

(나) 스크루 기어(screw gear) : 비틀림 각이 서로 다른 헬리컬 기어를 엇갈리는 축에 조합시킨 것이다. 헬리컬 기어가 구름 전동을 하는 데 반해 스크루 기어(나사 기어)는 미끄럼 전동을 하여 마멸이 많은 결점이 있다.

(다) 웜 기어(worm gear) : 웜과 웜 기어를 한 쌍으로 사용하며, 큰 감속비를 얻을 수 있고 원동차를 웜으로 한다.

하이포이드 기어　　　스크루 기어　　　웜과 웜 기어

 핵·심·문·제

4. 두 축이 교차하는 경우 동력을 전달하려면 어떤 기어를 사용하여야 하는가?

① 스퍼 기어
② 헬리컬 기어
③ 래크
④ 베벨 기어

5. 웜 기어의 사용 목적 중 가장 큰 비중을 차지하는 것은?

① 직선 운동을 시키기 위함
② 고속 회전을 하기 위함
③ 역회전을 시키기 위함
④ 큰 감속비를 얻기 위함

(2) 기어의 각부 명칭

① 피치원(pitch circle) : 피치면의 축에 수직인 단면상의 원

② 이끝 높이(addendum) : 피치원에서 이끝원까지의 거리

③ 이뿌리 높이(dedendum) : 피치원에서 이뿌리원까지의 거리

④ 총 이높이 : 이끝 높이와 이뿌리 높이의 합, 즉 이의 총 높이

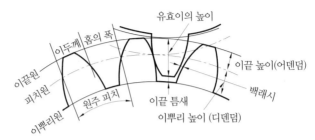

기어의 각부 명칭

표준 스퍼 기어의 수치

명 칭	기 호	관계식	명 칭	기 호	관계식
피치원 지름	D	$D=mz$	중심 거리	a	$a=\dfrac{D_1+D_2}{2}=\dfrac{m(z_1+z_2)}{2}$
이끝원 지름	D_a	$D_a=D+2m=(z+2)m$	이끝 높이	h_a	$h_a=m$
이뿌리 높이	h_f	$h_f=h_a+c\geq1.25m$	이끝 틈새	c	$c\geq0.25m$
총 이높이	h	$h\geq2.25m$			
이두께	t	$t=\dfrac{\pi m}{2}$	원주 피치	p	$p=\pi m$

 핵·심·문·제

6. 표준 기어에서 피치점부터 이끝까지의 반지름 방향으로 측정한 거리를 무엇이라 하는가?

① 이끝 높이   ② 이뿌리 높이
③ 이끝원   ④ 이끝 틈새

7. 표준 스퍼 기어에서 이의 높이(h)를 구하는 식은? (단, 모듈은 m이다.)

① $h\leq m$ ② $h\geq0.25m$
③ $h\geq1.25m$ ④ $h\geq2.25m$

8. 스퍼 기어에서 이끝원 지름(D)을 구하는 공식은? (단, m = 모듈, Z = 잇수)

① $D=mZ$ ② $D=\pi mZ$
③ $D=\dfrac{m}{Z}$ ④ $D=m(Z+2)$

9. 표준 스퍼 기어에서 모듈이 2이고 잇수가 50일 때 이끝원 지름(mm)은?

① 96   ② 100
③ 102   ④ 104

•정답   **6.** ①   **7.** ④   **8.** ④   **9.** ④

(3) 기어 열(gear train)과 속도비

① 기어 열(gear train) : 기어의 속도비가 1 : 6 이상이면 전동 능력이 저하되므로 원동차와 종동차 사이에 1개 이상의 기어를 넣는다. 이와 같은 것을 기어 열(gear train)이라고 한다.

    ㉮ 아이들 기어(idle gear) : 두 기어 사이에 있는 기어로 속도비에 관계없이 회전 방향에만 관계가 있다.

    ㉯ 중간 기어 : 3개 이상의 기어 사이에 있는 기어로 회전 방향과 속도비에 관계가 있다.

    ㉰ 중심 거리$(C) = \dfrac{D_A + D_B}{2} = \dfrac{m(Z_A + Z_B)}{2}$ [mm] (단, m은 모듈(module), $D = mZ$)

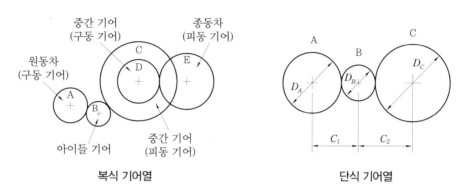

복식 기어열   단식 기어열

② 기어의 속도비 : 원동차, 종동차의 회전수를 각각 n_A, n_B[rpm], 잇수를 Z_A, Z_B, 피치원의 지름을 D_A, D_B[mm]라고 하면

    ㉮ 기어 A와 기어 B의 속도비$(i) = \dfrac{n_B}{n_A} = \dfrac{D_A}{D_B} = \dfrac{mZ_A}{mZ_B} = \dfrac{Z_A}{Z_B}$

    ㉯ 기어 A와 기어 C의 속도비$(i) = \dfrac{n_C}{n_A} = \dfrac{n_B}{n_A} \cdot \dfrac{n_C}{n_B} = \dfrac{D_A D_B}{D_B D_C} = \dfrac{Z_A}{Z_C}$

 핵·심·문·제

10. 한 쌍의 기어가 맞물려 있을 때 동력을 발생하고 축에 조립되어 회전력을 상대 기어에 전달하는 기어를 무엇이라 하는가?

① 구동 기어   ② 피동 기어
③ 링 기어   ④ 유성 기어

11. 한 쌍의 기어가 맞물려 있을 때 모듈을 m이라 하고 각각의 잇수를 Z_1, Z_2 라 할 때, 두 기어의 중심 거리(C)를 구하는 식은?

① $C = (Z_1 + Z_2) \cdot m$ ② $C = \dfrac{Z_1 + Z_2}{m}$

③ $C = \dfrac{(Z_1 + Z_2) \cdot m}{m}$ ④ $C = \dfrac{Z_1 + Z_2}{2 \cdot m}$

12. 맞물리는 한 쌍의 평기어에서 모듈이 2이고 잇수가 각각 20, 30일 때 두 기어의 중심 거리(mm)는 얼마인가?

① 30   ② 40   ③ 50   ④ 60

•정답 10. ①   11. ③   12. ③

1-5 벨트

축간 거리가 10m 이하이고 속도비는 1 : 6 정도, 속도는 10~30m/s이다. 벨트의 전동 효율은 96~98%이고, 충격 하중에 대한 안전 장치의 역할을 하여 원활한 전동이 가능하지만 미끄러짐 때문에 일정한 속도비를 얻을 수 없어 정확한 동력 전달이 어렵다.

(1) 평벨트(flat belt)

① 벨트의 재질 : 가죽 벨트, 고무벨트, 천 벨트, 띠강 벨트 등이 있으며, 가죽 벨트는 마찰 계수가 크고 마멸에 강하며 질기다(가격이 비쌈). 고무 벨트는 인장 강도가 크고 늘어남이 적으며 수명이 길고 두께가 고르나 기름에 약하다.

② 이음 효율

이음 종류	접착제 이음	철사 이음	가죽끈 이음	이음쇠 이음
이음 효율	75~90%	60%	40~50%	40~70%

③ 벨트 거는 법

㈎ 두 축이 평행한 경우

- 평행걸기(open belting) : 동일 방향으로 회전한다.
- 엇걸기(cross belting) : 반대 방향으로 회전하며 십자 걸기라고도 한다.

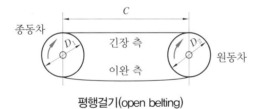

평행걸기(open belting) 엇걸기(cross belting)

핵 · 심 · 문 · 제

1. 벨트 전동의 일반적인 장점으로 볼 수 없는 것은 어느 것인가?

① 원동축의 진동, 충격을 피동축에 거의 전달 하지 않는다.

② 미끄럼이 안전 장치의 역할을 하여 원활한 동력 전달이 가능하다.

③ 축간 거리가 먼 경우에도 동력 전달이 가능 하다.

④ 일정한 속도비를 얻을 수 있어 정확한 동력 전달이 된다.

2. 평벨트의 이용 방법 중 이음 효율이 가장 좋은 것 은 어느 것인가?

① 이음쇠 이음   ② 가죽끈 이음

③ 철사 이음   ④ 접착제 이음

(2) V벨트

축간 거리 5m 이하, 속도비 1:7, 속도 10~15m/s에 사용되며, 단면이 V형이고 이음매가 없다. 전동 효율은 95~99% 정도이며, 홈 밑에 접촉하지 않게 되어 있으므로 홈의 빗변으로 벨트가 먹혀 들어가기 때문에 마찰력이 크다. 이것을 쐐기 작용이라 한다.

① V벨트의 표준 치수 : V벨트의 표준 치수는 M, A, B, C, D, E의 6종류가 있으며, M에서 E쪽으로 가면 단면이 커진다. V벨트의 표준 치수는 다음과 같다.

V벨트의 표준 치수

단면형	형의 종류	폭(a) (mm)	높이(b) (mm)	단면적 (mm²)
	M	10.0	5.5	40.4
	A	12.5	9.0	83.0
	B	16.5	11.0	137.5
	C	22.0	14.0	236.7
	D	31.5	19.0	461.1
	E	38.0	25.5	732.3

V벨트의 형상

② V벨트의 특징

⑺ 홈의 양면에 밀착되므로 마찰력이 평벨트보다 크고, 미끄럼이 적어 비교적 작은 장력으로 큰 회전력을 전달할 수 있다.

⑻ 평벨트와 같이 벗겨지는 일이 없다.

⑼ 이음새가 없어 운전이 정숙하고, 충격을 완화하는 작용을 한다.

⑽ 지름이 작은 풀리에도 사용할 수 있다.

⑾ 설치 면적이 좁으므로 사용이 편리하다.

⑿ 축간 거리가 짧은 경우에도 사용할 수 있다.

핵 · 심 · 문 · 제

3. 선반, 밀링 머신의 동력 전달 장치로 사용되는 벨트(belt)로 올바른 것은?

① 평벨트   ② V벨트
③ 직물 벨트   ④ 털벨트

4. 일반적인 보통 V벨트 전동 장치의 속도비 적용 범위로 가장 적합한 것은?

① 1 : (1~2)   ② 1 : (1~7)
③ 1 : (1~15)   ④ 1 : (1~30)

5. V벨트의 단면을 나타내는 다음 그림에서 벨트의 각 α는 몇 도인가?

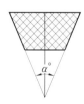

① 30°   ② 35°
③ 40°   ④ 45°

1-6   체인

(1) 체인의 종류

① 롤러 체인(roller chain) : 강철제의 링크를 핀으로 연결하고 핀에는 부시와 롤러를 끼워서 만든 것이다. 고속에서 소음이 나는 결점이 있다.

② 사일런트 체인(silent chain) : 링크의 바깥면이 스프로킷(sprocket : 사슬 톱니바퀴)의 이에 접촉하여 물리며, 마모가 생겨도 체인과 바퀴 사이에 틈이 없어 조용한 전동이 된다.

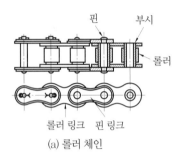
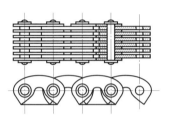

(a) 롤러 체인   (b) 사일런트 체인

체인의 종류

(2) 체인 전동의 특징

① 미끄럼이 없다.

② 속도비가 정확하다.

③ 큰 동력이 전달된다(효율 95% 이상).

④ 수리 및 유지가 쉽다.

⑤ 체인의 탄성으로 어느 정도 충격이 흡수된다.

⑥ 내열, 내유, 내습성이 있다.

⑦ 진동, 소음이 심하다.

⑧ 고속 회전에는 부적당하다.

 핵·심·문·제

1. 저속, 소용량의 컨베어, 엘리베이터용으로 사용하는 데 가장 적당한 체인은?

① 엇걸이 체인

② 링크 체인

③ 롤러 체인

④ 사일런트 체인

2. 다음 그림은 어떤 체인인가?

① 롤러 체인

② 사일런트 체인

③ 링크 체인

④ 인벌루트 체인

3. 체인 전동의 특성 중 틀린 것은?

① 정확한 속도비를 얻을 수 있다.

② 벨트에 의해 소음과 진동이 심하다.

③ 두 축이 평행한 경우에만 전동이 가능하다.

④ 축간 거리는 10~15m가 적합하다.

●정답   1. ①   2. ①   3. ④

2. 제어용 기계요소

스프링(spring)

스프링은 탄성이 큰 재료로 만들어지며 하중의 작용에 따라 변형이 된다.

스프링에 외력이 작용하면 변형되므로 외력은 일을 하는 셈이고, 이 일은 스프링에 변형 에너지 형태로 저장된다. 스프링에 작용시킨 외력을 제거하면 변형은 원래대로 돌아가고 변형된 에너지가 방출된다.

(1) 스프링의 용도

① 진동 흡수, 충격 완화(철도, 차량)

② 에너지 저축(시계 태엽)

③ 압력의 제한(안전 밸브) 및 힘의 측정(압력 게이지, 저울)

④ 기계 부품의 운동 제한 및 운동 전달(내연 기관의 밸브 스프링)

(2) 스프링의 재료

탄성 계수가 크고 탄성 한계나 피로, 크리프 한도가 높아야 하며 내식성, 내열성 혹은 비자성이나 비전도성 등이 좋아야 된다.

① 금속 재료

㉮ 철강 재료로는 탄소강, 합금강(스프링강, 피아노선, 스테인리스강)이 쓰인다.

㉯ 비철 재료로는 동합금(인청동선, 황동선), 니켈 합금이 쓰인다.

② 비금속 재료 : 고무, 공기, 기름 합성수지, FRP(섬유강화 복합재료)가 있다.

핵·심·문·제

1. 다음 중 스프링을 사용하는 목적에 해당하는 것으로 볼 수 없는 것은?

① 힘 축적

② 진동 흡수

③ 동력 전달

④ 충격 완화

2. 다음 중 비금속 스프링에 해당하지 않는 것은 어느 것인가?

① 고무 스프링

② 합성수지 스프링

③ 비철 스프링

④ 공기 스프링

• 정답   1. ③   2. ③

(3) 스프링의 종류

① 재료에 의한 분류 : 금속 스프링, 비금속 스프링, 유체 스프링

② 하중에 의한 분류 : 인장 스프링, 압축 스프링, 토션 바 스프링, 구부림을 받는 스프링

③ 용도에 의한 분류 : 완충 스프링, 가압 스프링, 측정용 스프링, 동력 스프링

④ 모양에 의한 분류 : 코일 스프링(coil spring), 스파이럴 스프링(spiral spring), 겹판 스프링(leaf spring), 링 스프링(ring spring), 원반 스프링 또는 접시 스프링(disk spring), 토션 바 스프링(torsion bar spring) 등이 있다.

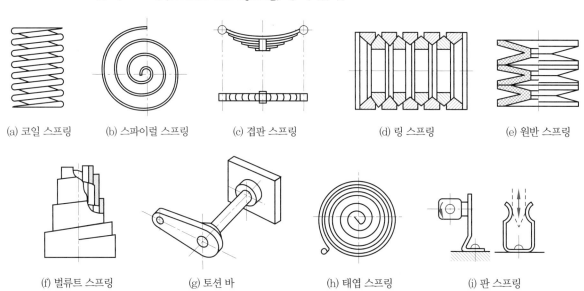

(a) 코일 스프링   (b) 스파이럴 스프링   (c) 겹판 스프링   (d) 링 스프링   (e) 원반 스프링

(f) 벌류트 스프링   (g) 토션 바   (h) 태엽 스프링   (i) 판 스프링

 핵·심·문·제

3. 원형봉에 비틀림 모멘트를 가하면 비틀림이 생기는 원리를 이용한 스프링은?

① 코일 스프링   ② 벌류트 스프링
③ 접시 스프링   ④ 토션바

4. 에너지의 축적용으로 사용되는 스프링은?

① 저울 스프링
② 시계의 태엽 스프링
③ 방진 스프링
④ 자동차의 현가 장치

5. 태엽 스프링을 축 방향으로 감아 올려 사용하며 압축용, 오토바이 차체 완충용으로 쓰이는 스프링은?

① 벌류트 스프링   ② 접시 스프링
③ 고무 스프링   ④ 공기 스프링

6. 에너지 흡수 능력이 크고, 스프링 작용 외에 구조용 부재 기능을 겸하며, 재료 가공이 용이해 자동차 현가용으로 많이 사용하는 스프링은?

① 공기 스프링   ② 겹판 스프링
③ 코일 스프링   ④ 태엽 스프링

• **정답** 3. ④ 4. ② 5. ① 6. ②

(4) 스프링 지수와 종횡비

① **지름** : 재료의 지름(=소선의 지름 : d), 코일의 평균 지름(D), 코일의 안지름(D_1), 코일의 바깥지름(D_2)이 있다.

② **스프링 지수** : 코일의 평균 지름(D)과 재료 지름(d)의 비이다.

$$스프링\ 지수(C) = \frac{D}{d}(보통\ 4 \sim 10)$$

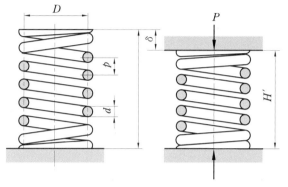

코일 스프링의 각부 명칭

여기서, D : 코일의 평균 지름
H : 자유 높이
H' : 하중이 걸렸을 때의 높이
P : 하중
d : 선 지름
p : 피치
δ : 처짐

③ **스프링의 종횡비** : 하중이 없을 때의 스프링 높이를 자유 높이(H)라 하는데, 그 자유 높이와 코일의 평균 지름의 비이다.

$$종횡비(\lambda) = \frac{H}{D}(보통\ 0.8 \sim 4)$$

④ **코일의 감김 수**

㈎ 총 감김 수 : 코일 끝에서 끝까지의 감김 수

㈏ 유효 감김 수 : 스프링의 기능을 가진 부분의 감김 수

㈐ 무효 감김수 : 스프링으로서의 기능을 발휘하지 못하는 부분의 감김 수

$$n_a = n_t - (x_1 + x_2)$$

여기서, n_a : 유효 감김 수, n_t : 총 감김 수, x_1, x_2 : 상, 하 무효 감김 수

 핵·심·문·제

7. 코일의 평균 지름과 소선 지름과의 비를 무엇이라 하는가?

① 스프링 상수　　　② 스프링 지수

③ 스프링의 종횡비　④ 스프링 피치

8. 코일 스프링의 지름이 30mm, 소선의 지름이 5mm일 때 스프링 지수는?

① 0.17　　　　　② 2.8

③ 6　　　　　　④ 17

• 정답　7. ②　8. ③

2-2 브레이크(brake)

브레이크는 기계의 운동 부분의 에너지를 흡수해서 속도를 낮게 하거나 정지시키는 장치이다. 브레이크 중에서 가장 널리 사용되고 있는 것은 마찰 브레이크로 일반 기계, 자동차, 철도 차량 등에 사용된다.

(1) 브레이크의 분류

① 작동 부분의 구조에 따른 분류 : 블록 브레이크, 밴드 브레이크, 디스크 브레이크
② 작동력의 전달 방법에 따른 분류 : 공기 브레이크, 유압 브레이크, 전자 브레이크

(2) 브레이크 재료의 마찰 계수

주철제 및 주강제 브레이크 드럼에 대한 브레이크 재료의 조합에 따른 마찰 계수는 다음과 같다.

① 주철 : 0.1~0.2　　② 황동 : 0.1~0.2　　③ 청동 : 0.1~0.2
④ 목재 : 0.1~0.35　　⑤ 가죽 : 0.23~0.3　　⑥ 석면, 직물 : 0.35~0.6

핵·심·문·제

1. 기계 부분의 운동 에너지를 열에너지나 전기에너지 등으로 바꾸어 흡수함으로써 운동 속도를 감소시키거나 정지시키는 장치는?

① 브레이크　　　　② 커플링
③ 캠　　　　　　　④ 마찰차

2. 브레이크 재료 중 마찰 계수가 가장 큰 것은?

① 주철　　　　　　② 석면 직물
③ 청동　　　　　　④ 황동

3. 제동 장치를 작동 부분의 구조에 따라 분류할 때 이에 해당되지 않는 것은?

① 유압 브레이크　　② 밴드 브레이크
③ 디스크 브레이크　④ 블록 브레이크

4. 제동 장치에 대한 설명으로 틀린 것은?

① 제동 장치는 기계 운동부의 이탈 방지 기구이다.
② 제동 장치에서 가장 널리 사용되고 있는 것은 마찰 브레이크이다.
③ 용도는 일반 기계, 자동차, 철도 차량 등에 널리 사용된다.
④ 운전 중인 기계의 운동 에너지를 흡수하여 운동 속도를 감소 및 정지시키는 장치이다.

5. 일반적인 제동 장치의 제동부 조작에 이용하는 에너지가 아닌 것은?

① 유압　　　　　　② 전자력
③ 압축 공기　　　　④ 빛 에너지

• 정답　1. ①　2. ②　3. ①　4. ①　5. ④

(3) 브레이크의 종류

① 반지름 방향으로 밀어붙이는 형식 : 블록 브레이크(block brake), 밴드 브레이크(band brake), 팽창 브레이크(expansion brake)

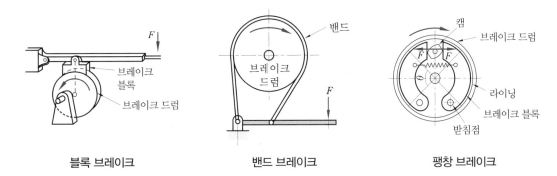

블록 브레이크   밴드 브레이크   팽창 브레이크

② 축 방향으로 밀어붙이는 형식 : 원판 브레이크(disc brake), 원추 브레이크(cone brake), 다판식 브레이크

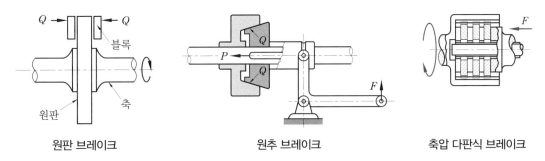

원판 브레이크   원추 브레이크   축압 다판식 브레이크

핵·심·문·제

6. 냉각이 쉽고 큰 회전력 제동이 가능한 브레이크는?
① 원판 브레이크
② 복식 블록 브레이크
③ 밴드 브레이크
④ 자동 하중 브레이크

7. 브레이크 슈를 바깥쪽으로 확장하여 밀어 붙이는 데 캠이나 유압 장치를 사용하는 브레이크는?
① 드럼 브레이크　② 원판 브레이크
③ 원추 브레이크　④ 밴드 브레이크

8. 복식 블록 브레이크의 변형된 형식으로, 브레이크 슈를 밀어 붙이는 데 캠이나 유압을 사용하는 브레이크는?
① 내확장 브레이크　② 원판 브레이크
③ 원추 브레이크　④ 밴드 브레이크

9. 브레이크의 마찰면이 원판이며, 원판의 수에 따라 단판 브레이크와 다판 브레이크로 분류되는 것은?
① 블록 브레이크　② 밴드 브레이크
③ 드럼 브레이크　④ 디스크 브레이크

전산응용기계제도
기능사

부록

CBT 대비 실전문제

제1회 CBT 대비 실전문제

1. 선의 종류를 선택하는 방법으로 틀린 것은?

① 대상물의 보이지 않는 부분의 모양은 숨은선으로 한다.

② 치수선은 가는 실선으로 한다.

③ 절단면을 나타내는 절단선은 굵은 실선으로 한다.

④ 치수 보조선은 가는 실선으로 한다.

해설 절단선은 가는 1점 쇄선으로 하고 절단선의 양 끝 부분과 절단면이 꺾이는 부분만 굵은 실선으로 한다.

2. 다음 그림에서 A부분을 침탄 열처리하려고 할 때 표시하는 선으로 옳은 것은?

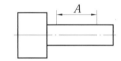

① 굵은 1점 쇄선

② 가는 파선

③ 가는 실선

④ 가는 2점 쇄선

해설 특수 지정선으로 사용되는 선은 굵은 1점 쇄선이다.

3. 한 도면에서 두 종류 이상의 선이 같은 장소에서 겹치는 경우 우선 순위가 높은 것부터 바르게 나열한 것은?

① 외형선, 숨은선, 중심선, 치수 보조선

② 외형선, 해칭선, 중심선, 절단선

③ 해칭선, 숨은선, 중심선, 치수 보조선

④ 외형선, 치수 보조선, 중심선, 숨은선

4. 한국산업표준(KS)에서 기계 부문을 나타내는 분류 기호는?

① KS A

② KS B

③ KS C

④ KS D

해설 ㉠ A : 기본
㉡ B : 기계
㉢ C : 전기
㉣ D : 금속

5. 도면 관리에서 다른 도면과 구별하고 도면 내용을 직접 보지 않고도 제품의 종류 및 형식 등의 도면 내용을 알 수 있도록 하기 위해 기입하는 것은?

① 도면 번호

② 도면 척도

③ 도면 양식

④ 부품 번호

6. CAD 시스템에서 도면상 임의의 점을 입력할 때 변하지 않는 원점(0, 0)을 기준으로 정한 좌표계는 어느 것인가?

① 상대좌표계

② 상승좌표계

③ 증분좌표계

④ 절대좌표계

해설 ㉠ 상대좌표계 : CAD 시스템에서 원점이 아닌 주어진 시작점, 즉 현재 위치인 출발점을 기준으로 그 점과 거리로 좌표를 나타낸 좌표계
㉡ 절대좌표계 : CAD 시스템에서 도면상 임의의 점을 입력할 때 변하지 않는 원점(0, 0)을 기준으로 정한 좌표계

7. 다음 그림과 같은 투상도의 명칭은?

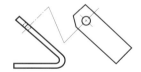

① 부분 투상도

② 보조 투상도

③ 국부 투상도

④ 회전 투상도

해설 임의의 각도로 기울어진 면에 수직인 방향으로 투상한 것을 보조 투상도라고 한다.

•정답 1. ③ 2. ① 3. ① 4. ② 5. ① 6. ④ 7. ②

8. 도형의 표시 방법으로 적합하지 않은 것은?

① 가능한 한 자연, 안정, 사용 상태로 표시한다.

② 물품의 주요면이 가능한 한 투상면에 수직 또는 수평하게 한다.

③ 물품의 형상이나 기능을 가장 명료하게 나타내는 면을 평면도로 선정한다.

④ 서로 관련되는 도면의 배열은 가능한 한 숨은선을 사용하지 않도록 한다.

해설 물품의 형상이나 기능을 가장 명료하게 나타내는 면을 정면도로 선정해야 한다.

9. 다음 기호가 나타내는 각법은?

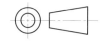

① 제1각법   ② 제2각법

③ 제3각법   ④ 제4각법

10. 다음은 제3각법으로 정면도와 우측면도를 나타낸 것이다. ⓐ에 들어갈 평면도로 맞는 것은?

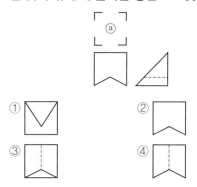

11. 절단선으로 대상물을 절단하여 단면도를 그릴 때의 설명 중 틀린 것은?

① 절단 뒷면에 나타나는 숨은선이나 중심선은 생략하지 않는다.

② 화살표는 단면을 보는 방향을 나타낸다.

③ 절단한 곳을 나타내는 표시 문자는 한글 또는 영문자의 대문자로 표시한다.

④ 절단면은 가는 1점 쇄선으로 표시하고, 절단선의 꺾인 부분과 끝부분은 굵은 실선으로 도시한다.

해설 숨은선은 단면도에 되도록 기입하지 않는다.

12. 내연기관의 피스톤 등 자동차 부품으로 많이 쓰이는 Al 합금은?

① 실루민

② 화이트 메탈

③ Y 합금

④ 두랄루민

해설 Y 합금은 내열용 Al 합금으로 내연기관의 피스톤에 사용된다.

13. 주철의 일반적인 설명으로 틀린 것은?

① 강에 비하여 취성이 작고 강도가 비교적 높다.

② 주철은 파면상으로 분류하면 회주철, 백주철, 반주철로 구분할 수 있다.

③ 주철 중 탄소의 흑연화를 위해서는 탄소량 및 규소의 함량이 중요하다.

④ 고온에서 소성 변형이 곤란하나 주조성이 우수하여 복잡한 형상을 쉽게 생산할 수 있다.

해설 취성이란 재료에 힘을 가할 때 부서지는 성질을 말한다. 주철은 강에 비해 취성이 크기 때문에 충격에 의해 깨지기 쉽다.

14. 금속 재료 중 주석, 아연, 납, 안티몬의 합금으로, 주성분인 주석과 구리, 안티몬을 함유하며 배빗 메탈이라고도 하는 것은?

① 켈밋

② 합성수지

③ 트리 메탈

④ 화이트 메탈

해설 화이트 메탈에는 주석계 화이트 메탈과 납계 화이트 메탈이 있다. 주석계 화이트 메탈에는 배빗 메탈(babbit metal)이 있고, 납계 화이트 메탈에는 루기 메탈(lurgi metal), 반 메탈(bahn metal)이 있다.

15. 구리에 아연을 8~20% 첨가한 합금으로서 α 고용체만으로 구성되어 있으므로 냉간가공이 쉽게 되어 단추, 금박, 금 모조품 등으로 사용되는 재료는 어느 것인가?

① 톰백(tombac)

② 델타 메탈(delta metal)

③ 니켈 실버(nickel silver)

④ 먼츠 메탈(muntz metal)

해설 보기 문항은 모두 황동의 종류이다.
  ㉠ 델타 메탈(철황동) – 6 : 4 황동에 1~2% Fe 함유
  ㉡ 니켈 실버(양은) – 7 : 3 황동에 10~20% Ni 함유
  ㉢ 먼츠 메탈(황동) – 6 : 4 황동

16. 금속 탄화물의 분말형 금속 원소를 프레스로 성형한 다음 이것을 소결하여 만든 합금으로 절삭 공구와 내열, 내마멸성이 요구되는 부품에 많이 사용되는 금속은?

① 초경합금

② 주조 경질 합금

③ 합금 공구강

④ 세라믹

해설 초경합금은 탄화 텅스텐(WC)과 같은 금속 탄화물의 분말을 Co, Ni 등의 결합제와 함께 소결한 합금이다.

17. 신소재인 초전도 재료의 초전도 상태에 대한 설명으로 옳은 것은?

① 상온에서 자화시켜 강한 자기장을 얻을 수 있는 금속이다.

② 알루미나가 주가 되는 재료로 높은 온도에서 잘 견디어 낸다.

③ 비금속 무기 재료(classical ceramics)를 고온에서 소결 처리하여 만든 것이다.

④ 어떤 종류의 순금속이나 합금을 극저온으로 냉각하면 특정 온도에서 갑자기 전기 저항이 영(0)이 된다.

18. 다음 중 치수 기입 요소가 아닌 것은?

① 치수선

② 치수 보조선

③ 화살표

④ 치수 경계선

해설 치수를 기입할 때는 치수선, 치수 보조선, 화살표를 사용한다.

19. 헐거운 끼워 맞춤에서 구멍의 최소 허용 치수와 축의 최대 허용 치수와의 차이값을 무엇이라 하는가?

① 최대 죔새

② 최대 틈새

③ 최소 죔새

④ 최소 틈새

20. 치수 보조 기호에 대한 설명으로 틀린 것은?

① C : 45도 모따기 기호

② SR : 구의 반지름 기호

③ ( ) : 직접적으로 필요하지 않으나 참고로 나타낼 때 사용하는 참고 치수 기호

④ t : 리벳 이음 등에서 피치를 나타낼 때 사용하는 피치 기호

해설 t : 두께 기호

21. 치수 공차에 대한 설명으로 옳지 않은 것은?

① 최대 허용 한계 치수와 최소 허용 한계 치수의 차를 공차라 한다.

② 구멍일 경우 끼워 맞춤 공차의 적용 범위는 IT6~IT10이다.

③ IT 기본 공차의 등급 수치가 작을수록 공차의 범위값은 크다.

④ 구멍일 경우에는 영문 대문자로, 축일 경우에는 영문 소문자로 표기한다.

해설 IT 기본 공차는 IT01, IT0, IT1~IT18까지 20등급이 있다. IT01의 공차 범위가 가장 작고 IT18의 공차 범위가 가장 크다.

22. 표면 거칠기의 면 지시기호에 대한 것 중 a의 지시 사항은?

① 가공 방법
② 표면의 결 요구사항
③ 다듬질 여유
④ 줄무늬 방향의 기호

23. 구멍 치수가 $60^{+0.030}_{0}$이고 축 치수가 $60^{+0.050}_{+0.032}$일 때 최대 죔새는?

① 0.020
② 0.032
③ 0.050
④ 0.002

> **해설** 최대 죔새 = 축의 최대 치수 - 구멍의 최소 치수
> $= 60.050 - 60.0$
> $= 0.050$

24. 다음 그림의 치수 기입에 대한 설명으로 틀린 것은?

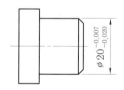

① 기준 치수는 지름 20이다.
② 공차는 0.013이다.
③ 최대 허용 치수는 19.93이다.
④ 최소 허용 치수는 19.98이다.

> **해설** 최대 허용 치수 = 20 - 0.007 = 19.993

25. 기하 공차의 구분에서 자세 공차에 해당하지 않는 것은?

① 평행도 공차
② 직각도 공차
③ 경사도 공차
④ 진직도 공차

> **해설** 진직도 공차는 모양 공차이다.

26. 로 표시된 기하 공차의 도면에서 ↗가 의미하는 것은?

① 원주 흔들림 공차
② 진원도 공차
③ 온 흔들림 공차
④ 경사도 공차

27. 가공에 의한 커터의 줄무늬 방향이 다음과 같이 생길 경우 올바른 줄무늬 방향 기호는?

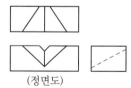

① C
② M
③ R
④ X

28. IGES 파일의 구분에 해당하지 않는 것은?

① start section
② local section
③ directory entry section
④ parameter data section

29. 다음은 제3각법으로 정투상한 도면이다. 등각 투상도로 적합한 것은?

(정면도)

①　　　　②
③　　　　④

30. 다음 그림은 공간상의 선을 이용하여 3차원 물체의 가장자리 능선을 표시하여 주는 모델이다. 이러한 모델링은?

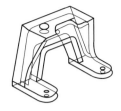

① 서피스 모델링
② 와이어 프레임 모델링
③ 솔리드 모델링
④ 이미지 모델링

해설 와이어 프레임 모델링의 특징
ㄱ 3차원 물체를 공간상의 선으로 표현한다.
ㄴ 데이터의 구성이 간단하다.
ㄷ 처리 속도가 빠르다.
ㄹ 3면 투시도의 작성이 용이하다.
ㅁ 은선 제거가 불가능하다.
ㅂ 단면도의 작성이 불가능하다.
ㅅ 물리적 성질의 계산이 불가능하다.
ㅇ 내부에 관한 정보가 없어 해석용 모델로 사용되지
못한다.

31. 다음 모델링 기법 중에서 숨은선 제거가 불가능
한 모델링 기법은?

① CSG 모델링
② B-rep 모델링
③ 와이어 프레임 모델링
④ 서피스 모델링

32. B-spline 곡선의 특징으로 틀린 것은?

① 하나의 꼭짓점을 움직여도 이웃하는 단위 곡선
과의 연속성이 보장된다.
② 1개의 정점 변화는 곡선 전체에 영향을 준다.
③ 다각형에 따른 형상 예측이 가능하다.
④ 곡선상의 점 몇 개를 알고 있으면 B-spline 곡
선을 쉽게 알 수 있다.

33. 다음 중 솔리드 모델링 시스템에서 사용하는 일
반적인 기본 형상(primitive)이 아닌 것은?

① 곡면   ② 실린더
③ 구   ④ 원뿔

34. 마이크로미터 스핀들 나사의 피치가 0.5mm이
고 딤블의 원주 눈금이 100등분되어 있으면 최소
측정값은 몇 mm인가?

① 0.05   ② 0.01
③ 0.005   ④ 0.001

해설 $\dfrac{0.5}{100} = 0.005\,\mathrm{mm}$

35. 사인 바로 각도를 측정할 때 필요 없는 것은?

① 블록 게이지
② 다이얼 게이지
③ 각도 게이지
④ 정반

해설 사인 바로 각도 측정 시 필요한 것

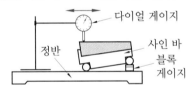

36. 3차원 측정기의 분류에서 몸체 구조에 따른 형
태에 속하지 않는 것은?

① 이동 브리지형(moving bridge type)
② 캔틸레버형(cantilever type)
③ 컬럼형(column type)
④ 캘리퍼스형(calipers type)

37. 주철제 V-벨트 풀리의 홈 부분 각도가 아닌 것
은 어느 것인가?

① 34°   ② 36°
③ 38°   ④ 40°

해설 V벨트 풀리의 홈 부분의 각도는 풀리의 지름에
따라 34°, 36°, 38°가 있다. V벨트의 각도는 40° 한
가지이다.

38. 스폿 용접 이음의 기호는?

① ○ ② ⊖

③ ◺ ④ ⊓

39. 기어의 제도 시 잇수(Z)가 20개이고 모듈(M)이 2인 보통 치형의 기어를 그리려면 이끝원의 지름은 얼마인가?

① 38mm ② 40mm

③ 42mm ④ 44mm

> **해설** $D_0 = D_P + 2m = Z \cdot m + 2m$
> $= 20 \times 2 + 2 \times 2$
> $= 44$

40. 구름 베어링의 호칭 번호가 6203일 때 베어링의 안지름은?

① 15mm ② 16mm

③ 17mm ④ 18mm

> **해설** 62는 베어링의 계열 번호이고, 03은 베어링의 안지름 번호이다.
> 00 : 10mm
> 01 : 12mm
> 02 : 15mm
> 03 : 17mm
> 이 외에는 안지름 번호에 5를 곱한 값이 안지름의 치수이다.

41. 테이퍼 핀의 호칭 지름을 표시하는 부분은?

① 핀의 큰 지름 부분

② 핀의 작은 지름 부분

③ 핀의 중간 지름 부분

④ 핀의 작은 지름 부분에서 전체의 $\frac{1}{3}$ 되는 부분

42. 유니파이 나사의 호칭 1/2-13UNC에서 13이 뜻하는 것은?

① 바깥지름 ② 피치

③ 1인치당 나사산 수 ④ 등급

> **해설** 1/2-13 UNC
> └ 유니파이 보통나사
> └ 1인치에 대한 나사산의 수
> └ 나사의 바깥지름을 인치로 나타낸 것

43. 기어의 제도 시 축 방향에서 본 측면도의 이뿌리원을 나타낼 때 사용하는 선은?

① 굵은 실선

② 가는 1점 쇄선

③ 가는 실선

④ 은선

> **해설** ㉠ 바깥지름 : 굵은 실선
> ㉡ 피치원 : 가는 1점 쇄선
> ㉢ 이뿌리원 : 가는 실선

44. 나사 종류의 표시 기호 중 틀린 것은?

① 미터 보통 나사 – M

② 유니파이 가는 나사 – UNC

③ 미터 사다리꼴 나사 – Tr

④ 관용 평행 나사 – G

45. 나사를 제도하는 방법을 설명한 것 중 옳은 것은?

① 암나사의 골을 표시하는 선은 굵은 실선으로 그린다.

② 수나사의 바깥지름을 나타내는 선은 가는 실선으로 그린다.

③ 완전 나사부와 불완전 나사부의 경계선은 굵은 실선으로 그린다.

④ 암나사 탭 구멍의 드릴 자리는 118°의 굵은 실선으로 그린다.

> **해설** 암나사의 골은 가는 실선, 수나사의 바깥지름은 굵은 실선으로 그리며, 드릴 구멍의 뾰족한 부분을 그릴 때는 120°로 그린다.

46. 한 변의 길이가 12mm인 정사각형 단면 봉에 축선 방향으로 144kgf의 압축하중이 작용할 때 생기는 압축 응력값은 몇 kgf/mm²인가?

① 4.75   ② 1.0

③ 0.75   ④ 12.1

해설 $\sigma = \dfrac{W}{A} = \dfrac{144}{12 \times 12} = 1\,kgf/mm^2$

47. 평벨트 전동과 비교한 V벨트 전동의 특징이 아닌 것은?

① 고속 운전이 가능하다.

② 바로걸기와 엇걸기 모두 가능하다.

③ 미끄럼이 적고 속도비가 크다.

④ 접촉 면적이 넓으므로 큰 동력을 전달한다.

해설 바로걸기와 엇걸기가 모두 가능한 것은 평벨트 전동이다.

48. 피치 4mm인 3줄 나사를 1회전시켰을 때의 리드는 어느 것인가?

① 6mm   ② 12mm

③ 16mm   ④ 18mm

해설 리드와 피치의 관계

$L = n \cdot p$ (여기서, L : 리드, n : 줄수, p : 피치)

49. 베어링의 호칭 번호 6304에서 6은 무엇인가?

① 형식 기호   ② 치수 기호

③ 지름 번호   ④ 등급 기준

해설 6 3 0 4

├── 안지름 번호 : 20mm

├── 치수 계열 기호 : 03

└── 형식 기호 : 단열 깊은 홈형 볼 베어링

50. 축에 키 홈을 가공하지 않고 사용하는 키(key)는 무엇인가?

① 성크 키   ② 새들 키

③ 반달 키   ④ 스플라인

해설 새들 키는 안장 키라고도 하는데 말안장처럼 생겼다고 하여 붙여진 이름이다. 지름이 작은 축을 고정할 때는 축에 홈을 가공하면 비틀림 하중에 의해 파손될 수도 있으므로 축에 키 홈을 가공하지 않는 새들 키를 사용한다.

51. 다음과 같이 표시된 너트의 호칭 중에서 형식을 나타내는 것은?

> KSB1012 6각너트 스타일1 B M12−8 MFZnⅡ−C

① 스타일1   ② B

③ M12   ④ 8

해설 너트의 형식에는 스타일1과 스타일2가 있다. 스타일2는 스타일1보다 높이가 높다.

52. 스퍼 기어의 도시법에서 피치원을 나타내는 선의 종류는?

① 가는 실선   ② 가는 1점 쇄선

③ 가는 2점 쇄선   ④ 굵은 실선

해설 ㉠ 이끝원 : 굵은 실선

㉡ 피치원 : 가는 1점 쇄선

㉢ 이뿌리원 : 가는 실선

53. 다음 중 스프링 제도에 대한 설명으로 틀린 것은 어느 것인가?

① 코일 스프링은 원칙적으로 하중이 걸린 상태에서 그린다.

② 겹판 스프링은 원칙적으로 스프링 판이 수평인 상태에서 그린다.

③ 그림에 단서가 없는 코일 스프링은 오른쪽으로 감긴 것을 표시한다.

④ 코일 스프링이 왼쪽으로 감긴 경우는 "감긴 방향 왼쪽"이라고 표시한다.

해설 코일 스프링은 원칙적으로 하중이 걸리지 않은 상태에서 그려야 하며, 하중이 가해진 상태에서 그릴 경우는 하중을 표기해야 한다.

54. 베어링 기호 NA4916V의 설명 중 틀린 것은?

① NA : 니들 베어링

② 49 : 치수 계열

③ 16 : 안지름 번호

④ V : 접촉각 기호

해설 V : 편측 비접촉 고무시일 부착

55. 스퍼 기어 제도 시 요목표에 기입되지 않는 것은 무엇인가?

① 압력각　　　　② 모듈
③ 잇수　　　　　④ 비틀림각

해설 스퍼 기어에는 비틀림각이 없으며, 헬리컬 기어의 요목표에는 비틀림각이 기입되어야 한다.

56. 다음 그림은 어떤 키(key)를 나타낸 것인가?

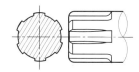

① 묻힘 키　　　　② 접선 키
③ 세레이션　　　　④ 스플라인

해설 스플라인은 축에 여러 개의 같은 키 홈을 파고, 거기에 맞는 한 짝의 보스 부분을 만들어 서로 잘 미끄러져 운동할 수 있게 한 것이다.

57. 용접부 표면 또는 용접부 형상의 보조 기호 중 영구적인 이면 판재(backing strip) 사용을 표시하는 기호는?

① ─　　　　　　② ⌣
③ MR　　　　　④ M

해설 용접부 형상의 보조 기호
① 평면
② 토(toe)를 매끄럽게 함
③ 제거 가능한 이면 판재 사용
④ 영구적인 이면 판재 사용

58. 평벨트를 벨트 풀리에 걸 때 벨트와 벨트 풀리의 접촉각을 크게 하기 위해 이완 측에 설치하는 것은 무엇인가?

① 림　　　　　　② 단차
③ 균형 추　　　　④ 긴장 풀리

해설 긴장 풀리의 사용 방법

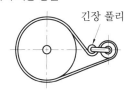

59. 다음 중 나사의 표시 방법으로 틀린 것은?

① 나사산의 감긴 방향이 오른 나사인 경우는 표시하지 않는다.
② 나사산의 줄수는 한줄 나사인 경우는 표시하지 않는다.
③ 암나사와 수나사의 등급을 동시에 나타낼 필요가 있을 경우는 암나사의 등급, 수나사의 등급 순서로 그 사이에 사선(/)을 넣어 표시한다.
④ 나사의 등급은 생략하면 안 된다.

해설 나사의 등급은 나사의 정도를 표시하는 것으로, 나사의 등급을 표시하는 숫자와 문자의 조합 또는 문자로 표시하며, 나사의 등급이 필요 없을 경우에는 생략해도 좋다.

60. 축의 도시 방법을 설명한 것 중 틀린 것은?

① 축의 끝은 모따기를 하고 모따기 치수를 기입한다.
② 단면 모양이 같은 긴 축은 중간을 파단하여 짧게 그릴 수 있다.
③ 축은 길이 방향으로 절단하여 온 단면도로 표현한다.
④ 축에서 키 홈 부분의 표시는 부분·단면도로 나타낸다.

제2회 CBT 대비 실전문제

1. 물체의 무게 중심선을 정면도상에 표시할 때 사용하는 선의 종류는?

① 가는 1점 쇄선   ② 가는 2점 쇄선

③ 가는 실선   ④ 굵은 실선

해설 단면의 무게 중심을 연결한 선을 표시할 때는 가는 2점 쇄선을 사용한다.

2. 그림에서 ⓐ부분이 의미하는 내용은?

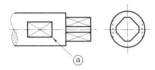

① 곡면   ② 회전체

③ 평면   ④ 구멍

해설 가는 실선의 대각선을 그은 것은 평면임을 나타낸다.

3. 가는 실선으로 사용하는 선이 아닌 것은?

① 치수선   ② 해칭선

③ 치수 보조선   ④ 숨은선

해설 숨은선은 가는 파선 또는 굵은 파선을 사용한다.

4. KS의 부문별 기호에서 기계 부문을 나타내는 기호는 어느 것인가?

① KS A   ② KS B

③ KS C   ④ KS D

해설 ㉠ A : 기본
ㄴ B : 기계
ㄷ C : 전기
ㄹ D : 금속

5. 제도에서 도면의 크기 및 양식에 관련된 내용 중 틀린 것은?

① 제도용지의 세로와 가로의 비는 1 : $\sqrt{2}$이다.

② A2 도면의 크기는 420×594이다.

③ 반드시 마련해야 하는 도면의 양식은 윤곽선, 표제란, 중심 마크이다.

④ 도면을 접어서 보관할 경우에는 A3의 크기로 한다.

해설 도면을 접어서 보관할 경우에는 A4 크기로 하되 표제란이 보이도록 접는다. 여러 방향으로 교차 또는 무방향일 경우는 기호 "M"을 사용한다. "X" 기호는 줄무늬 방향이 그림의 투상면에 경사지고 두 방향으로 교차되는 경우를 표시한다.

6. 그림과 같이 점 A에서 점 B로 이동하려고 한다. 좌표계 중 어느 것을 사용해야 하는가? (단, 점 A, B의 위치는 알 수 없다.)

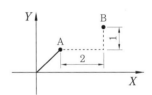

① 상대좌표   ② 절대좌표

③ 극좌표   ④ 원통좌표

7. 회전 도시 단면도에 대한 설명으로 틀린 것은?

① 핸들, 림, 리브 등의 절단면은 45° 회전하여 표시한다.

② 절단한 곳의 전후를 끊어서 그 사이에 그릴 수 있다.

③ 절단선의 연장선 위에 그린다.

④ 도형 내의 절단한 곳에 겹쳐서 가는 실선으로 그린다.

해설 90° 회전하여 표시하여야 한다.

8. 다음 등각도를 3각법으로 투상할 때 평면도로 맞는 것은?

•정답 1. ② 2. ③ 3. ④ 4. ② 5. ④ 6. ① 7. ① 8. ②

① ② ③ ④

9. 단면도의 해칭에 관한 설명으로 올바른 것은?

① 해칭 부분에 문자, 기호 등을 기입하기 위하여 해칭을 중단할 수 없다.

② 인접한 부품의 단면은 해칭선의 방향이나 간격을 변경하지 않고 동일하게 사용한다.

③ 보통 해칭선의 각도는 주된 중심선에 대하여 60°로 가는 실선을 사용하여 등간격으로 그린다.

④ 단면 면적이 넓은 경우에는 그 외형선의 안쪽 적절한 범위에 해칭 또는 스머징을 할 수 있다.

해설 해칭선은 치수 기입을 위해 중단할 수 있으며, 인접 부분과 구별하기 위해 방향이나 간격을 반드시 변경해야 하고, 주된 중심선에 대하여 일반적으로 45°로 경사지게 긋는다.

10. 다음 정면도와 우측면도에 알맞은 평면도는 어느 것인가?

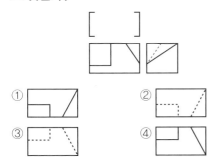

① ② ③ ④

11. 다음의 투상도 선정과 배치에 관한 설명 중 틀린 것은?

① 물체의 모양과 특징을 가장 잘 나타낼 수 있는 면을 정면도로 선정한다.

② 길이가 긴 물체는 길이 방향으로 놓은 자연스러운 상태를 그린다.

③ 투상도끼리 비교 대조가 용이하도록 투상도를 선정한다.

④ 정면도 하나로 그 물체의 형태를 알 수 있어도 측면도나 평면도를 꼭 그려야 한다.

해설 정면도 하나로 그 물체의 형태를 알 수 있는 경우에는 측면도나 평면도를 그리지 않는다.

12. 탄소강의 성질을 설명한 것 중 옳지 않은 것은?

① 소량의 구리를 첨가하면 내식성이 좋아진다.

② 인장강도와 경도는 공석점 부근에서 최대가 된다.

③ 탄소강의 내식성은 탄소량이 감소할수록 증가한다.

④ 표준 상태에서는 탄소가 많을수록 강도나 경도가 증가한다.

13. 구리에 아연을 5~20% 첨가한 것으로 색깔이 아름답고 장식품에 많이 쓰이는 황동은?

① 톰백 ② 포금
③ 먼츠 메탈 ④ 커머셜 브론즈

해설 톰백(tombac) : 색깔이 금색에 가까워 금박 대용으로 사용하며, 화폐나 메달로도 사용한다.

14. 니켈-크롬강에서 나타나는 뜨임 취성을 방지하기 위해 첨가하는 원소는?

① 크롬(Cr) ② 탄소(C)
③ 몰리브덴(Mo) ④ 인(P)

15. 순수 비중이 2.7인 이 금속은 주조가 쉽고 가벼울 뿐만 아니라 대기 중에서 내식력이 강하고 전기와 열의 양도체로 다른 금속과 합금하여 쓰이는 것은 어느 것인가?

① 구리(Cu) ② 알루미늄(Al)
③ 마그네슘(Mg) ④ 텅스텐(W)

• 정답 9. ④ 10. ① 11. ④ 12. ③ 13. ① 14. ③ 15. ②

16. Cu에 60~70%의 Ni 함유량을 첨가한 Ni-Cu계의 합금이며, 내식성이 좋으므로 화학 공업용 재료로 많이 쓰이는 재료는?

① Y합금　　　　② 니크롬
③ 모넬메탈　　　④ 콘스탄탄

17. 상온 취성(cold shortness)의 주된 원인이 되는 물질로 가장 적합한 것은?

① 탄소(C)　　　② 규소(Si)
③ 인(P)　　　　④ 황(S)

해설 ㉠ 인(P) : 상온 취성의 원인
　　 ㉡ 황(S) : 적열 취성의 원인

18. 다음 그림과 같이 치수 40 밑에 그은 선은 무엇을 나타내는가?

① 기준 치수　　　② 비례척이 아닌 치수
③ 다듬질 치수　　④ 가공 치수

해설 도면의 척도대로 그리지 않는 부분에 대해서는 치수 숫자 밑에 밑줄을 그어 비례척이 아님을 나타낸다.

19. 도면에서 구멍의 치수가 ∅60$^{+0.03}_{-0.02}$로 표기되어 있을 때 아래 치수 허용차값은?

① +0.03　　　② +0.01
③ -0.02　　　④ -0.01

20. 그림에서 사용된 치수 배치 방법으로 옳은 것은 어느 것인가?

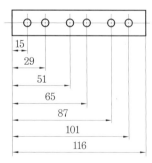

① 직렬 치수 기입
② 병렬 치수 기입
③ 누진 치수 기입
④ 좌표 치수 기입

21. 다음과 같은 그림에서 치수 공차에 대한 설명으로 틀린 것은?

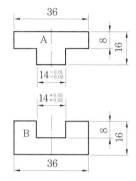

① A부품의 끼워 맞춤 부위 치수 공차는 0.030이다.
② A부품의 끼워 맞춤 부위 최대 허용 한계 치수는 13.990이다.
③ B부품의 끼워 맞춤 부위 최소 허용 한계 치수는 14.020이다.
④ A, B 부품의 끼워 맞춤 부위 기준 치수는 14이다.

해설 치수 공차＝최대 허용 치수-최소 허용 치수
　　　　　＝13.99-13.98
　　　　　＝0.01

22. 그림에서 기하 공차 기호로 기입할 수 없는 것은?

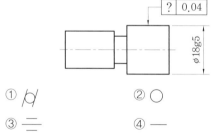

① ⌀　　　　② ○
③ ＝　　　　④ ─

해설 그림에는 관련 형체가 없는 단독 형체에 적용하는 기하 공차가 들어가야 한다. 보기 문항의 ③ 대칭도 공차는 관련 형체 데이텀이 필요하다.

23. 도면에서 다음과 같은 기하 공차 기호에 알맞은 설명은?

| // | 0.01/100 | A |

① 평면도가 평면 A에 대하여 지정 길이 0.01mm 에 대한 100mm의 허용값을 가지는 것을 말한다.
② 평면도가 직선 A에 대하여 지정 길이 100mm에 대한 0.01mm의 허용값을 가지는 것을 말한다.
③ 평행도가 기준 A에 대하여 지정 길이 0.01mm 에 대한 100mm의 허용값을 가지는 것을 말한다.
④ 평행도가 기준 A에 대하여 지정 길이 100mm에 대한 0.01mm의 허용값을 가지는 것을 말한다.

24. 다음 기하 공차 중에서 데이텀의 필요 없이 단독 형체로 적용되는 것은?

① 평행도　　　　② 진원도
③ 동심도　　　　④ 대칭도

25. 다음과 같은 치수가 있을 경우 끼워 맞춤의 종류로 맞는 것은?

구분	구멍	축
최대 허용 치수	50.025	50.050
최소 허용 치수	50.000	50.034

① 헐거운 끼워 맞춤　　② 억지 끼워 맞춤
③ 중간 끼워 맞춤　　　④ 상대 끼워 맞춤

해설 구멍의 최대 허용 치수가 축의 최소 허용 치수보다 작으므로 억지 끼워 맞춤이다.

26. 가공에 의한 커터의 줄무늬 기호를 기입한 면의 중심에 대하여 대략 방사상(레이디얼 모양)인 설명도는?

① 　　②
③ 　　④

27. 다음 중 가장 고운 다듬면을 나타내는 것은?

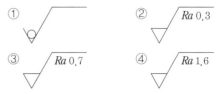

해설 Ra와 함께 표기된 수치는 산술 평균 거칠기를 μm로 표시한 것이다. ①과 같이 원으로 표시한 것은 제거 가공을 허용하지 않는다는 것을 지시한다.

28. 국제표준화기구(ISO)에서 제정한 제품 모델의 교환과 표현의 표준에 관한 줄인 이름으로, 형상 정보뿐만 아니라 제품의 가공, 재료, 공정 수리 등 수명 주기 정보의 교환을 지원하는 것은?

① IGES　　　　② DXF
③ SAT　　　　④ STEP

29. 아래 투상도는 어떤 물체를 보고 제3각법으로 투상한 것이다. 이 물체의 등각 투상도로 맞는 것은 어느 것인가?

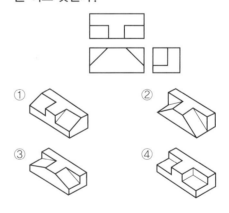

30. CAD 시스템을 이용하여 제품에 대한 기하학적 모델링 후 체적, 무게 중심, 관성 모멘트 등의 물리적 성질을 알아보려고 한다면 필요한 모델링은?

① 와이어 프레임 모델링
② 서피스 모델링
③ 솔리드 모델링
④ 시스템 모델링

31. 2차원 변환 행렬이 다음과 같을 때 좌표변환 H는 무엇을 의미하는가?

$$H = \begin{bmatrix} 3 & 0 & 0 \\ 0 & 3 & 0 \\ 0 & 0 & 1 \end{bmatrix}$$

① 확대　　　　　　② 회전
③ 이동　　　　　　④ 반사

32. 기존에 만들어진 제품의 도면이 없는 경우 실제 제품의 크기와 형상 자료를 얻는 데 편리한 입력 장치는 어느 것인가?

① 3차원 측정기　　② 플로터
③ 3D 프린터　　　④ 마우스

33. 이미 정의된 두 개 이상의 곡면을 부드럽게 연결되게 하는 곡면 처리를 무엇이라 하는가?

① 블렌딩(blending)
② 셰이딩(shading)
③ 스키닝(skinning)
④ 리드로잉(redrawing)

34. 롤러의 중심 거리가 100mm인 사인 바로 5°의 테이퍼값이 측정되었을 때 정반 위에 놓인 사인 바의 양 롤러 간의 높이의 차는 약 몇 mm인가?

① 8.72　　　　　　② 7.72
③ 4.36　　　　　　④ 3.36

해설 $100 \times \sin 5° \doteqdot 8.72 \text{mm}$

35. 각도 측정에 사용되는 측정기가 아닌 것은?

① 사인 바　　　　　② 수준기
③ 오토 콜리메이터　④ 측장기

해설 측장기는 내부에 표준자 또는 기준편을 가지고 피측정물의 길이를 직접 측정하는 장치이다.

36. 정반 위에서 테이퍼를 측정하여 그림과 같은 측정 결과를 얻었을 때 테이퍼량은 얼마인가?

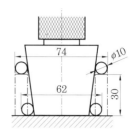

① $\dfrac{1}{2}$　　　　　② $\dfrac{1}{2.5}$
③ $\dfrac{1}{5}$　　　　　④ $\dfrac{1}{7.5}$

해설 테이퍼량 $= \dfrac{74-62}{30} = \dfrac{12}{30} = \dfrac{1}{2.5}$

37. 수나사의 크기는 무엇을 기준으로 표시하는가?

① 유효지름
② 수나사의 안지름
③ 수나사의 바깥지름
④ 수나사의 골지름

해설 수나사의 호칭 지름은 수나사의 바깥지름으로 표시한다.

38. 기준 랙 공구의 기준 피치선이 기어의 기준 피치원에 접하지 않는 기어는?

① 웜 기어
② 표준 기어
③ 전위 기어
④ 베벨 기어

해설 ㉠ 표준 기어 : 기준 랙 공구의 피치선이 기어의 피치원에 접하는 기어
　　㉡ 전위 기어 : 기준 랙 공구의 피치선이 기어의 피치원으로부터 적당량만큼 이동하여 창성한 기어

39. 브레이크 드럼에서 브레이크 블록에 수직으로 밀어 붙이는 힘이 1000N이고 마찰 계수가 0.45일 때 드럼의 접선 방향 제동력은 몇 N인가?

① 150　　　　　　② 250
③ 350　　　　　　④ 450

● 정답 31. ①　32. ①　33. ①　34. ①　35. ④　36. ②　37. ③　38. ③　39. ④

해설 블록 브레이크에서 밀어붙이는 힘을 Q, 마찰 계수를 μ, 제동력을 f라고 하면 $f=\mu Q$이다.

$$\therefore f=0.45\times1000=450\text{N}$$

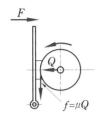

40. 스프링을 사용하는 목적으로 볼 수 없는 것은?

① 힘 축적   ② 진동 흡수
③ 동력 전달   ④ 충격 완화

해설 스프링은 변형에 대한 저항력과 복원력을 이용하는 것이므로 힘을 축적하거나 진동을 흡수하고 충격을 완화시키는 역할을 한다.

41. 가장 널리 쓰이는 키(key)로 축과 보스 양쪽에 모두 키 홈을 파서 동력을 전달하는 것은?

① 성크 키   ② 반달 키
③ 접선 키   ④ 원뿔 키

42. 벨트 풀리의 도시 방법에 관한 내용이다. 틀린 것은?

① 벨트 풀리는 축직각 방향에서의 투상을 주투상도로 한다.
② 모양이 대칭형인 벨트 풀리라도 일부만 도시할 수는 없다.
③ 암(arm)은 길이 방향으로 절단하여 단면을 도시하지 않는다.
④ 벨트 풀리의 홈 부분 치수는 해당하는 형별, 호칭 지름에 따라 결정된다.

해설 대칭일 경우 한쪽 또는 일부분을 생략하여 도시할 수 있다.

43. 코일 스프링의 제도에 대한 설명 중 틀린 것은?

① 스프링은 원칙적으로 하중이 걸리지 않은 상태로 도시한다.
② 스프링의 종류와 모양만을 도시할 때는 재료의 중심선만 굵은 실선으로 그린다.
③ 특별한 단서가 없는 한 모두 오른쪽 감기로 도시하고 왼쪽 감기일 경우 '감긴 방향 왼쪽'이라고 표시한다.
④ 코일 부분의 중간 부분을 생략할 때는 생략한 부분을 가는 실선으로 표시한다.

해설 코일 부분의 중간 부분을 생략할 때는 생략된 부분을 가는 1점 쇄선 또는 가는 2점 쇄선으로 그린다.

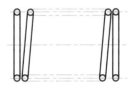

44. 용접부의 기호 중 플러그 용접을 나타내는 것은 어느 것인가?

① $\parallel$ ② ◯
③ ◺   ④ ⊏

45. 축의 도시 방법에 대한 설명으로 틀린 것은?

① 긴 축은 중간 부분을 파단하여 짧게 그리고 실제 치수를 기입한다.
② 길이 방향으로 절단하여 단면을 도시한다.
③ 축의 끝에는 조립을 쉽고 정확하게 하기 위해서 모따기를 한다.
④ 축의 일부 중 평면 부위는 가는 실선의 대각선으로 표시한다.

해설 축은 길이 방향으로 단면하여 도시하지 않는다.

46. 결합용 기계요소라고 볼 수 없는 것은?

① 나사   ② 키
③ 베어링   ④ 코터

해설 베어링은 축용 기계요소이다.

47. 스퍼 기어의 도시 방법을 설명한 것 중 틀린 것은 어느 것인가?

① 보통 축에 직각인 방향에서 본 투상도를 주투상도로 할 수 있다.

② 정면도, 측면도 모두 이끝원은 굵은 실선으로 그린다.

③ 피치원은 가는 1점 쇄선으로 그린다.

④ 이뿌리원은 가는 2점 쇄선으로 그리지만 측면도에서는 생략해도 좋다.

해설 이뿌리원은 가는 실선으로 그린다.

48. ISO 규격에 있는 것으로 미터 사다리꼴 나사의 종류를 표시하는 기호는?

① M   ② S

③ Rc   ④ Tr

해설 ㉠ ISO 규격에 있는 것 : 미터 사다리꼴 나사(Tr)
㉡ ISO 규격에 없는 것 : 29° 사다리꼴 나사(TW)

49. 미터 나사에 대한 설명으로 올바른 것은?

① 나사산의 각도는 60°이다.

② ABC 나사라고도 한다.

③ 운동용 나사이다.

④ 피치는 1인치당 나사산의 수로 나타낸다.

해설 ㉠ ABC 나사는 America, British, Canada의 약자로 미국, 영국, 캐나다의 협정에 의해 만들어진 나사이며, 유니파이 나사라고도 한다.
㉡ 미터 나사는 체결용 나사이다. 운동용 나사에는 사각 나사, 사다리꼴 나사 등이 있다.

50. 다음 그림과 같은 반달 키 호칭 치수의 표시 방법으로 맞는 것은?

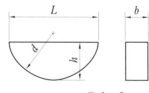

① $b \times d$ ② $b \times L$

③ $b \times h$ ④ $h \times L$

51. 그림과 같이 용접하려고 한다. 옳은 도시법은?

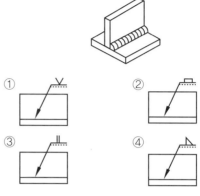

해설 문제의 그림은 두 부재 사이의 용접부 모양을 나타낸 것이며, 필릿 용접임을 나타낸다. 필릿 용접은 ◺로 표시한다.

52. 베어링의 호칭이 6026P6이다. 여기서 P6가 나타내는 것은?

① 등급 기호   ② 안지름 번호

③ 계열 번호   ④ 치수 계열

53. 작은 쪽의 지름을 호칭 지름으로 나타내는 핀은 어느 것인가?

① 평행핀 A형   ② 평행핀 B형

③ 분할 핀   ④ 테이퍼 핀

해설 테이퍼 핀의 호칭 지름(d)

54. 미끄럼 베어링과 비교한 구름 베어링의 특징에 대한 설명으로 틀린 것은?

① 마찰 계수가 작고 특히 기동 마찰이 적다.

② 규격화되어 있어 표준형 양산품이 있다.

③ 진동하중에 강하고 호환성이 없다.

④ 전동체가 있어 고속 회전에 불리하다.

해설 구름 베어링은 충격에 약한 것이 단점이지만 대부분 규격화되어 있어 호환성이 있다는 장점이 있다.

●정답 47. ④   48. ④   49. ①   50. ①   51. ④   52. ①   53. ④   54. ③

55. 다음 그림에서 W=300N의 하중이 작용하고 있다. 스프링 상수가 k_1=5N/mm, k_2=10N/mm라면 늘어난 길이는 몇 mm인가?

① 15
② 20
③ 25
④ 30

해설 $W=k \cdot x$이므로 먼저 전체 스프링 상수 k_T를 구한다. 스프링을 병렬로 연결한 경우 전체 스프링 상수는 각각의 스프링 상수를 모두 더한 것과 같다.

$k_T=k_1+k_2=5+10=15\text{N/mm}$

∴ 늘어난 길이 $x=\dfrac{300}{15}=20\text{mm}$

56. 보스와 축의 둘레에 여러 개의 키(key)를 깎아 붙인 모양으로, 큰 동력을 전달할 수 있고 내구력이 크며, 축과 보스의 중심을 정확하게 맞출 수 있는 특징을 가지는 것은?

① 새들 키
② 원뿔 키
③ 반달 키
④ 스플라인

57. 비틀림 각이 30°인 헬리컬 기어에서 잇수가 40이고 축직각 모듈이 4일 때 피치원의 지름은 몇 mm인가?

① 160
② 170.27
③ 168
④ 184.75

해설 축직각 모듈을 m_s라 할 때
축직각 방식의 피치원 지름 $D=m_s Z=4 \times 40$
$=160\text{mm}$

※ 치직각 방식의 피치원 지름 $D=\dfrac{m_s Z}{\cos\beta}$

58. 브레이크의 마찰면이 원판으로 되어 있고, 원판의 수에 따라 단판 브레이크와 다판 브레이크로 분류되는 것은?

① 블록 브레이크
② 밴드 브레이크
③ 드럼 브레이크
④ 디스크 브레이크

해설 디스크 브레이크의 구조

디스크
유압 튜브
마찰 패드

59. V벨트는 단면 형상에 따라 구분되는데 가장 단면이 큰 벨트의 형은?

① A
② C
③ E
④ M

해설 M<A<B<C<D<E

60. 모듈이 2이고 잇수가 20과 40인 표준 평기어의 중심 거리는?

① 30mm
② 40mm
③ 60mm
④ 80mm

해설 모듈이 2일 때
잇수가 20인 평기어의 피치원 지름(D_1)은
$D_1=2 \times 20=40\text{mm}$
잇수가 40인 평기어의 피치원 지름(D_2)은
$D_2=2 \times 40=80\text{mm}$
두 피치원이 접했을 때의 중심 거리를 구해야 하므로
$C=\dfrac{D_1+D_2}{2}=\dfrac{40+80}{2}$
$=60\text{mm}$

제3회 CBT 대비 실전문제

1. 다음 그림에서 A부분을 침탄 열처리하려고 할 때 표시하는 선으로 옳은 것은?

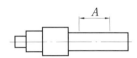

① 가는 실선
② 가는 파선
③ 굵은 1점 쇄선
④ 가는 2점 쇄선

해설 특수 지정선으로 굵은 1점 쇄선을 사용한다.

2. 기계 제도에서 가는 실선으로 나타내는 것이 아닌 것은?

① 치수선
② 회전 단면선
③ 외형선
④ 해칭선

해설 외형선은 대상물의 보이는 부분의 모양을 표시하는 선으로, 굵은 실선으로 나타낸다.

3. 도면에서 대상물의 보이지 않은 부분의 모양을 표시하는 선은?

① 파선
② 굵은 실선
③ 가는 1점 쇄선
④ 가는 2점 쇄선

4. KS 부문별 분류 기호에서 기계를 나타내는 것은 어느 것인가?

① KS B
② KS C
③ KS K
④ KS H

해설 ㉠ B : 기계
㉡ C : 전기
㉢ K : 섬유
㉣ H : 식료품

5. 제도용지의 세로(폭)와 가로(길이)의 비는?

① $1 : \sqrt{2}$
② $\sqrt{2} : 1$
③ $1 : \sqrt{3}$
④ $1 : 2$

6. CAD 프로그램에서 사용되지 않는 좌표계는?

① 직교좌표계
② 원통좌표계
③ 극좌표계
④ 원형좌표계

해설 CAD 프로그램에서는 2차원 또는 3차원에서의 한 점을 정의할 수 있는 좌표계를 사용해야 한다. 원형좌표계는 2차원 평면상의 모든 점을 정의할 수 없으므로 사용하지 않는다.

7. 다음 등각 투상도에서 화살표 방향에서 본 투상도는 어느 것인가?

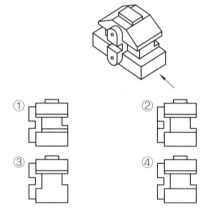

8. 회전 도시 단면도를 설명한 것으로 가장 옳은 것은?

① 도형 내의 절단한 곳에 겹쳐서 90° 회전시켜 도시한다.
② 물체의 $\frac{1}{4}$ 을 절단하여 $\frac{1}{2}$ 은 단면, $\frac{1}{2}$ 은 외형을 동시에 도시한다.
③ 물체의 반을 절단하여 투상면 전체를 단면으로 도시한다.
④ 외형도에서 필요한 일부분만 단면으로 도시한다.

9. 다음 중 길이 방향으로 절단하여 도시하여도 좋은 것은?

① 축
② 볼트
③ 키
④ 보스

• 정답 1. ③ 2. ③ 3. ① 4. ① 5. ① 6. ④ 7. ④ 8. ① 9. ④

10. 다음 등각 투상도에서 화살표 방향을 정면도로 하여 제3각법으로 투상하였을 때 맞는 것은?

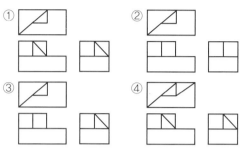

11. 다음 투상도의 설명으로 틀린 것은?

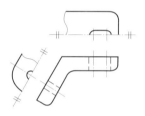

① 경사면을 보조 투상도로 나타낸 도면이다.
② 평면도의 일부를 생략한 도면이다.
③ 좌측면도를 회전 투상도로 나타낸 도면이다.
④ 대칭 기호를 사용해 한쪽을 생략한 도면이다.

해설 좌측면이 경사져 있으므로 보조 투상도로 나타낸 것이다.

12. 구리에 니켈 40~45%의 함유량을 첨가하는 합금으로 통신기, 전열선 등의 전기 저항 재료로 이용되는 것은?

① 모넬메탈   ② 콘스탄탄
③ 엘린바   ④ 인바

13. 열처리에서 재질을 경화시킬 목적으로 강을 오스테나이트 조직의 영역으로 가열한 후 급랭시키는 열처리는?

① 뜨임   ② 풀림
③ 담금질   ④ 불림

14. 재료의 표시에 있어서 SM35C에서 35C가 나타내는 뜻은?

① 인장강도   ② 재료의 종별
③ 탄소 함유량   ④ 규격명

해설 SM30C는 기계 구조용 탄소강을 나타내는 기호이며 35C는 탄소 함유량을 나타낸다.

15. 구리(Cu)에 관한 내용으로 틀린 것은?

① 비중이 1.7이다.
② 용융점이 1083℃ 정도이다.
③ 비자성으로 내식성이 철강보다 우수하다.
④ 전기 및 열의 양도체이다.

해설 구리의 비중은 8.96이다.

16. 재료의 인장 시험에서 시험편의 표점 거리가 50mm이고, 인장 시험 후 파괴 시작점의 표점 거리가 55mm이었을 때 재료의 연신율은 몇 %인가?

① 5   ② 10
③ 50   ④ 55

해설 연신율 $= \dfrac{l - l_0}{l_0} \times 100$

$= \dfrac{55 - 50}{50} \times 100 = 10\%$

17. Cu 3.5~4.5%, Mg 1~1.5%, Si 0.5%, Mn 0.5~1.0%, 나머지 Al인 합금으로 무게를 중요시하는 항공기나 자동차에 사용되는 고력 Al 합금인 것은 어느 것인가?

① 두랄루민
② 하이드로날륨
③ 알드레이
④ 내식 알루미늄

해설 두랄루민은 무게에 비해서 강도가 높은 고력 Al 합금이다.

18. 각도 치수가 잘못 기입된 것은?

①

②

③

④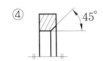

해설 치수선을 호에 따라 둥글게 해야 한다. 치수선을 직선으로 하면 현의 길이 치수를 기입한 것이 된다.

19. 다음 그림과 같은 ⌀50H7 − r6 끼워 맞춤에서 최소 죔새는 얼마인가?

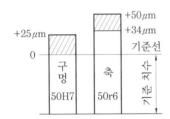

① 0.009mm
② 0.025mm
③ 0.034mm
④ 0.05mm

해설 최소 죔새는 억지 끼워 맞춤에서 조립 전 구멍의 최대 허용 치수와 축의 최소 허용 치수의 차이다.
최소 죔새＝34−25
＝9μm
＝0.009mm

20. 정사각형 변의 길이를 나타내는 기호는?

① □
② ⌀
③ C
④ ▽

해설 ② 지름 표시 기호
③ 모따기 표시 기호
④ 표면 거칠기 표시 기호

21. 재료의 기호와 명칭이 맞는 것은?

① STC : 기계 구조용 탄소 강재
② STKM : 용접 구조용 압연 강재
③ SPHD : 탄소 공구 강재
④ SS : 일반 구조용 압연 강재

해설 ① STC : 탄소 공구강 강재
② STKM : 기계 구조용 탄소 강관
③ SPHD : 열간 압연 연강판 및 강대 드로잉용

22. ⌀70H7에서 70mm IT7급의 기본 공차값은 30μm이고 아래 치수 허용차는 0일 때 틀린 것은?

① 위 치수 허용차는 30μm이다.
② 최대 허용 치수는 ⌀70.030mm이다.
③ 최소 허용 치수는 ⌀70.000mm이다.
④ 기준 치수는 69.970mm이다.

해설 기준 치수란 허용 한계 치수가 주어지는 기준이 되는 치수이다. ⌀70H7은 ⌀70$^{+0.03}_{0}$으로 나타낼 수 있다. 이때 위 치수 허용차 +0.03과 아래 치수 허용차 0의 기준이 되는 치수는 70mm이다.

23. IT 기본 공차는 치수 공차와 끼워 맞춤에 있어서 정해진 모든 치수 공차를 의미하는 것으로, 국제표준화기구(ISO) 공차 방식에 따라 분류한다. 구멍 끼워 맞춤에 해당되는 공차의 등급 범위는?

① IT 3～IT 5
② IT 6～IT 10
③ IT 11～IT 14
④ IT 16～IT 18

24. 다음 그림에서 표시된 기하 공차의 기호는?

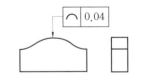

① 선의 윤곽도
② 면의 윤곽도
③ 원통도
④ 위치도

25. 표면 거칠기의 표시 방법 중 제거 가공을 필요로 하는 경우를 지시하는 기호로 옳은 것은?

①
②
③
④

해설 ① 제거 가공을 허용하지 않는다는 것을 지시할 경우
② 제거 가공을 필요로 한다는 것을 지시할 경우
③ 제거 가공의 필요 여부를 문제 삼지 않을 경우
④ 표면 거칠기의 요구사항을 지시할 경우는 긴 선을 추가함

26. 그림과 같이 기입된 표면의 지시기호에 대한 설명으로 옳은 것은?

① 연삭 가공을 하고 가공 무늬는 동심원이 되게 한다.
② 밀링 가공을 하고 가공 무늬는 동심원이 되게 한다.
③ 연삭 가공을 하고 가공 무늬는 방사상이 되게 한다.
④ 밀링 가공을 하고 가공 무늬는 방사상이 되게 한다.

해설 ㉠ 가공 방법 : 면의 지시기호의 긴 쪽 다리에 가로선을 붙여서 기입한다. 예 M : 밀링 가공
㉡ 줄무늬 방향 : 가공으로 생긴 선의 방향을 표시하며 면의 지시기호의 오른쪽에 기입한다. 예 C : 동심원

27. 아래 도면의 기하 공차가 나타내고 있는 것은?

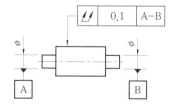

① 원통도
② 진원도
③ 온 흔들림
④ 원주 흔들림

해설 축 직선 A-B에 관하여 화살표로 지시하는 원통 부분을 회전시켰을 때 원통 표면에서 반지름 방향의 온 흔들림이 0.1mm를 초과하면 안 된다는 의미이다.

28. DXF(data exchange file)의 섹션 구성에 해당되지 않는 것은?

① header section
② library section
③ tables section
④ entities section

29. 다음은 어떤 물체를 보고 제3각법으로 그린 정투상도이다. 화살표 방향을 정면으로 보았을 때 등각 투상도로 올바른 것은?

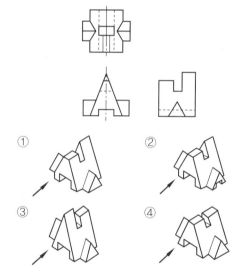

30. 서피스 모델링(surface modeling)의 특징을 설명한 것 중 틀린 것은?

① 복잡한 형상의 표현이 가능하다.
② 단면도를 작성할 수 없다.
③ 물리적 성질을 계산하기가 곤란하다.
④ NC 가공 정보를 얻을 수 있다.

해설 와이어 프레임 모델은 단면도 작성이 불가능하지만 서피스 모델은 가능하다.

31. 동차좌표를 이용하여 2차원 좌표를 $p=[x, y, 1]$로 표현하고, 동차변환 매트릭스 연산을 $P'=pT$로 표현할 때 다음과 같은 변환 매트릭스의 설명으로 옳은 것은?

$$T = \begin{bmatrix} 1 & 0 & 0 \\ 0 & 1 & 0 \\ 1 & 1 & 1 \end{bmatrix}$$

① x축으로 1만큼 이동
② y축으로 1만큼 이동
③ x축으로 1만큼, y축으로 1만큼 이동
④ x축으로 2만큼, y축으로 2만큼 이동

32. CAD의 디스플레이 기능 중 줌(ZOOM) 기능을 사용할 때 화면에서 나타나는 현상은?

① 도형 요소의 치수가 변화한다.
② 도형 형상이 반대로 나타난다.
③ 도형 요소가 시각적으로 확대, 축소된다.
④ 도형 요소가 회전한다.

33. 일반적인 B-spline 곡선의 특징을 설명한 것으로 틀린 것은?

① 곡선의 차수는 조정점의 개수와 무관하다.
② 곡선의 형상을 국부적으로 수정할 수 있다.
③ 원, 타원, 포물선과 같은 원추 곡선을 정확하게 표현할 수 있다.
④ 첫 번째 조정점과 마지막 조정점은 반드시 통과한다.

34. 각도를 측정할 수 있는 측정기는?

① 버니어 캘리퍼스　② 오토 콜리메이터
③ 옵티컬 플랫　④ 하이트 게이지

해설 ① 버니어 캘리퍼스 : 길이 측정
② 오토 콜리메이터 : 각도 측정
③ 옵티컬 플랫 : 평면도 측정
④ 하이트 게이지 : 높이 측정 및 금긋기 작업

35. 어미자의 눈금이 0.5mm이며, 아들자의 눈금 12mm를 25등분한 버니어 캘리퍼스의 최소 측정값은?

① 0.01mm　② 0.02mm
③ 0.05mm　④ 0.025mm

해설 S : 어미자의 1눈금 간격
V : 아들자의 1눈금 간격
C : 아들자로 읽을 수 있는 최소 측정값
$\therefore C = S - V = 0.5 - \dfrac{12}{25} = 0.02\,\text{mm}$

36. 하이트 게이지 중 스크라이버 밑면이 정반에 닿아 정반면으로부터 높이를 측정할 수 있으며, 어미자는 스탠드 홈을 따라 상하로 조금씩 이동시킬 수 있어 0점 조정이 용이한 구조로 되어 있는 것은?

① HB형 하이트 게이지
② HT형 하이트 게이지
③ HM형 하이트 게이지
④ 간이형 하이트 게이지

해설 ㉠ HB형 : 스크라이버가 정반에 닿을 수 없다.
㉡ HM형 : 0점 조정을 할 수 없다.
㉢ HT형 : 스크라이버가 정반에 닿을 수 있으며 0점 조정이 용이하다.

37. 다음 중 축의 도시 방법으로 옳은 것은?

① 축은 길이 방향으로 단면을 도시한다.
② 긴 축은 중간을 파단하여 그릴 수 없다.
③ 축 끝에는 모따기를 할 수 있다.
④ 중심선을 수직 방향으로 놓고 축을 길게 세워 놓은 상태로 도시한다.

38. 코일 스프링의 제도 방법으로 틀린 것은?

① 특별한 단서가 없는 한 모두 오른쪽 감기로 도시한다.
② 원칙적으로 하중이 걸린 상태에서 그린다.
③ 코일 부분의 중간을 생략할 때는 가는 2점 쇄선으로 표시한다.
④ 스프링의 종류와 모양만을 도시할 때는 재료의 중심선만 굵은 실선으로 그린다.

• 정답 32. ③　33. ③　34. ②　35. ②　36. ②　37. ③　38. ②

39. 스퍼 기어의 피치원을 나타낼 때 사용하는 선은 어느 것인가?

① 굵은 실선
② 가는 실선
③ 가는 1점 쇄선
④ 가는 2점 쇄선

40. 보기의 설명을 나사 표시 방법으로 옳게 나타낸 것은?

> **보기**
> • 왼나사이며 두줄 나사이다.
> • 미터 가는 나사로 호칭 지름 50mm, 피치 2mm 이다.
> • 수나사 등급이 4h 정밀급 나사이다.

① 왼 2줄 M50×2−4h
② 우 2줄 M2×50−4h
③ 오른 2줄 M50×2−4h
④ 좌 2줄 M2×50−4h

41. 구름 베어링의 호칭 번호 '608C2P6'에서 C2가 나타내는 것은?

① 베어링 계열 번호
② 안지름 번호
③ 접촉각 기호
④ 내부 틈새 기호

해설 C는 clearance(틈새)의 머리글자이다.

42. 평벨트 풀리의 도시 방법에 관한 설명 중 잘못된 것은?

① 벨트 풀리와 같이 모양이 대칭형인 것은 일부분만 도시한다.
② 벨트 풀리는 축직각 방향에서의 투상을 주투상도로 한다.
③ 암은 길이 방향으로 절단하여 단면 도시한다.
④ 암의 단면형은 도형의 안이나 밖에 회전 단면을 도시한다.

해설 암을 길이 방향으로 절단하여 도시하면 도면을 더 이해하기 어렵게 되므로 절단 평면이 암을 통과하더라도 단면으로 도시하지 않고 외형을 그대로 표시해야 한다.

43. 표준 스퍼 기어의 모듈이 2이고 기어의 잇수가 32일 때 바깥지름은?

① 64mm
② 68mm
③ 72mm
④ 76mm

해설 모듈 : m, 잇수 : Z 라고 하면
바깥지름 $D_0 = m \cdot Z + 2m$
$= 2 \times 32 + 2 \times 2 = 68mm$

44. 모듈이 3이고, 잇수가 각각 30과 60인 한 쌍의 표준 평기어의 중심 거리는?

① 114mm
② 126mm
③ 135mm
④ 148mm

해설 피치원의 지름=모듈×잇수
$D_1 = 3 \times 30 = 90$, $D_2 = 3 \times 60 = 180$
중심 거리 $C = \dfrac{D_1 + D_2}{2} = \dfrac{90 + 180}{2} = 135mm$

45. 벨트 전동에 관한 설명으로 틀린 것은?

① 벨트 풀리에 벨트를 감는 방식은 크로스 벨트 방식과 오픈 벨트 방식이 있다.
② 오픈 벨트 방식에서는 양 벨트 풀리가 반대 방향으로 회전한다.
③ 벨트가 원동차에 들어가는 측을 인(긴)장 측이라 한다.
④ 벨트가 원동차로부터 풀려 나오는 측을 이완 측이라 한다.

해설 평벨트를 거는 방법
㉠ 평행걸기(open belting) : 두 풀리의 회전 방향이 같다(바로걸기).
㉡ 십자걸기(cross belting) : 두 풀리의 회전 방향이 반대이다(엇걸기).

46. 레이디얼 볼 베어링의 안지름이 20mm인 것은?

① 6204   ② 6201

③ 6200   ④ 6310

해설 안지름이 20mm 이상 500mm 미만인 경우의 안지름 번호는 안지름(mm)을 5로 나눈 수를 두 자리 수로 나타낸다. 따라서 $\frac{20}{5}$=4이므로 안지름 번호는 "04"가 된다.

47. 순간적으로 짧은 시간에 작용하는 하중은?

① 정하중   ② 교번하중

③ 충격하중   ④ 분포하중

해설 ㉠ 정하중 : 시간과 더불어 크기가 변하지 않는 정지 하중

㉡ 교번하중 : 하중의 크기와 방향이 충격 없이 주기적으로 변하는 하중

㉢ 충격하중 : 비교적 단시간에 충격적으로 작용하는 하중

㉣ 분포하중 : 재료의 한 지점에 집중되지 않고 어느 범위 내에 분포된 하중

48. 복식 블록 브레이크의 설명 중 틀린 것은?

① 큰 회전력의 제동에 적당하다.

② 브레이크 드럼을 양쪽에서 누른다.

③ 축에 구부림이 작용하지 않는다.

④ 축의 역전 방지기구로 사용한다.

해설 축의 역회전(역전)을 방지하는 기구로 사용되는 것은 래칫 휠이다. 래칫 휠은 휠의 주위에 특별한 형태의 이를 갖고 이것에 스토퍼를 물려 축의 역회전을 막기도 하며, 간헐적으로 축을 회전시키기도 한다.

49. 다음 중 가장 큰 하중이 걸리는 데 사용되는 키(key)는?

① 새들 키   ② 묻힘 키

③ 둥근 키   ④ 평 키

해설 ㉠ 둥근 키 : 키 홈을 축과 보스 사이에 둥근 구멍으로 만들면 되므로 제작이 간단하지만 전달 토크가 작다.

㉡ 새들 키 : 키 홈을 만들지 않으므로 축의 임의의 위치에 고정할 수 있다는 장점이 있지만 큰 토크를 전달하면 미끄러진다.

㉢ 평 키 : 축의 한쪽을 키의 너비만큼 평평하게 만들고 이 부분에 키를 때려 박는다. 새들키보다 약간 큰 토크를 전달할 수 있다.

㉣ 묻힘 키 : 가장 일반적으로 사용되는 키이며 축과 보스의 양쪽에 키 홈을 만들고 키를 끼워 토크를 전달한다. 축의 지름에 따라 큰 토크의 전달도 가능하다.

50. 스프로킷 휠의 도시 방법으로 맞는 것은?

① 바깥지름 – 굵은 실선

② 피치원 – 가는 실선

③ 이뿌리원 – 가는 1점 쇄선

④ 축직각 단면으로 도시할 때 이뿌리선 – 굵은 파선

해설 ㉠ 피치원 : 가는 1점 쇄선

㉡ 이뿌리원 : 가는 실선

㉢ 이뿌리선 : 굵은 실선

51. "M24 – 6H/5g"로 표시된 나사의 설명으로 틀린 것은?

① 미터 나사   ② 호칭 지름 24mm

③ 암나사 5급   ④ 수나사 5급

해설 ㉠ M : 미터 나사

㉡ 24 : 호칭 지름 24mm

㉢ 6H : 암나사 6급

㉣ 5g : 수나사 5급

52. 다음 중 나사의 도시 방법으로 옳은 것은?

① 완전 나사부와 불완전 나사부의 경계선은 가는 실선으로 그린다.

② 암나사의 안지름을 표시하는 선은 가는 실선으로 그린다.

③ 수나사와 암나사의 결합부 단면은 암나사로 나타낸다.

④ 골 부분에 대한 불완전 나사부는 축선에 대하여 30°의 가는 실선으로 나타낸다.

해설 ① 암나사의 안지름은 굵은 실선으로 그린다.

② 완전 나사부와 불완전 나사부의 경계선은 굵은 실선으로 그린다.

③ 수나사와 암나사의 결합부 단면은 수나사로 그린다.

53. 주로 너비가 좁고 얇은 긴 보로서 하중을 지지하는 스프링은?

① 원판 스프링
② 겹판 스프링
③ 인장 코일 스프링
④ 압축 코일 스프링

해설 겹판 스프링

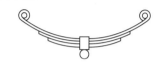

54. 용접부 표면의 형상에서 끝단부를 매끄럽게 함을 표시하는 보조 기호는?

① —
② ⌒
③ ⌣
④ ⌣

해설 ① — : 평면으로 함
② ⌒ : 볼록형
③ ⌣ : 오목형
④ ⌣ : 끝단부를 매끄럽게 함

55. 호칭 번호가 62/22인 깊은 홈 볼 베어링의 안지름 치수는 몇 mm인가?

① 22
② 110
③ 310
④ 55

해설 9 이하 및 " / "의 번호는 그 치수가 안지름이다.

56. 베벨 기어에서 피치원은 무슨 선으로 표시해야 하는가?

① 가는 1점 쇄선
② 굵은 1점 쇄선
③ 가는 2점 쇄선
④ 굵은 실선

57. 키의 호칭 방법으로 맞는 것은?

① KS B 1311 평행키 10×8×25 양 끝 둥금 SM45C
② 양 끝 둥금 KS B 1311 평행키 10×8×25 SM45C
③ KS B 1311 SM45C 평행키 10×8×25 양 끝 둥금
④ 평행키 10×8×25 양 끝 둥금 SM45C KS B 1311

58. 일반적으로 리벳 작업을 하기 위한 구멍은 리벳 지름보다 몇 mm 정도 커야 하는가?

① 0.5～1.0
② 1.0～1.5
③ 2.5～5.0
④ 5.0～10.0

59. 한 변의 길이 12mm인 정사각형 단면 봉에 축선 방향으로 144kgf의 압축하중이 작용할 때 생기는 압축응력값은 몇 kgf/mm²인가?

① 4.75
② 1.0
③ 0.75
④ 12.1

해설 $\sigma = \dfrac{W}{A} = \dfrac{144}{12 \times 12}$
$= 1\mathrm{kgf/mm^2}$

60. 니들 롤러 베어링의 설명으로 틀린 것은?

① 지름은 작은 바늘 모양의 롤러를 사용한다.
② 좁은 장소나 충격 하중이 있는 곳에서 사용할 수 없다.
③ 내륜붙이 베어링과 내륜 없는 베어링이 있다.
④ 축 지름에 비하여 바깥지름이 작다.

해설 니들 롤러 베어링은 롤러의 지름이 작아서 다른 베어링에 비해 바깥지름이 작으므로 좁은 장소에서 사용할 수 있다.

제4회 CBT 대비 실전문제

1. 도면에서 2종류 이상의 선이 같은 장소에서 중복될 경우 선의 우선 순위로 옳은 것은?

① 숨은선 → 외형선 → 절단선 → 중심선 → 무게 중심선 → 치수 보조선

② 외형선 → 숨은선 → 절단선 → 중심선 → 무게 중심선 → 치수 보조선

③ 중심선 → 외형선 → 숨은선 → 절단선 → 무게 중심선 → 치수 보조선

④ 무게 중심선 → 치수 보조선 → 외형선 → 숨은선 → 절단선 → 중심선

2. 대상면의 일부에 특수한 가공을 하는 부분의 범위를 표시할 때 사용하는 선은?

① 굵은 1점 쇄선 ② 굵은 실선
③ 파선 ④ 가는 2점 쇄선

해설 굵은 1점 쇄선의 사용 예

3. 다음 중 도형 내의 특정한 부분이 평면이라는 것을 나타낼 때 사용하는 선은?

① 2점 쇄선 ② 1점 쇄선
③ 굵은 실선 ④ 가는 실선

해설 도형 내의 특정한 부분이 평면이라는 것을 나타낼 때는 가는 실선의 대각선으로 표시한다.

4. KS의 부문별 기호 연결이 틀린 것은?

① KS A : 기본 ② KS B : 기계
③ KS C : 전기 ④ KS D : 섬유

해설 KS D : 금속

5. 도면에서 마련하는 양식 중에서 마이크로필름 등으로 촬영하거나 복사 및 철할 때의 편의를 위하여 마련하는 것은?

① 윤곽선 ② 표제란
③ 중심 마크 ④ 비교 눈금

6. 일반적인 CAD 시스템에서 사용되는 좌표계가 아닌 것은?

① 직교좌표계 ② 타원좌표계
③ 극좌표계 ④ 구면좌표계

7. 다음은 어떤 물체를 제3각법으로 투상하여 평면도와 우측면도를 나타낸 것이다. 정면도로 옳은 것은?

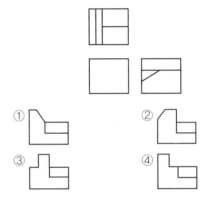

8. 국부 투상도의 설명에 해당하는 것은?

① 대상물의 구멍, 홈 등과 같이 한 부분의 모양을 도시하는 것으로 충분한 경우의 투상도

② 그림의 특정 부분만을 확대하여 그린 그림

③ 복잡한 물체를 절단하여 투상한 것

④ 물체의 경사면에 맞서는 위치에 그린 투상도

9. 정투상법에 관한 설명 중 틀린 것은?

① 한국산업표준에서는 제3각법으로 도면을 작성하는 것을 원칙으로 한다.

② 한 도면에 제1각법과 제3각법을 혼용하여 사용

정답 1. ② 2. ① 3. ④ 4. ④ 5. ③ 6. ② 7. ① 8. ① 9. ②

해도 된다.

③ 제3각법은 눈 → 투상면 → 물체 순으로 놓고 투상한다.

④ 제1각법에서 평면도는 정면도 밑에, 우측면도는 정면도 좌측에 배치한다.

해설 한 도면에는 제1각법과 제3각법 중 한 가지만 선택하여 사용해야 하며, 서로 혼용하지 않는다.

10. 보기의 등각 투상도를 온 단면도로 나타낸 것은 어느 것인가?

보기

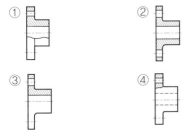

해설 ㉠ 온 단면도 : 부품의 $\frac{1}{2}$을 절단하여 그린 것

㉡ 반 단면도 : 부품의 $\frac{1}{4}$을 절단하여 그린 것

보기 문항에서 ①과 ④는 부분 단면도, ②는 온 단면도, ③은 반 단면도이다.

11. 제3각법으로 투상한 그림과 같은 도면에서 누락된 평면도에 가장 적합한 것은?

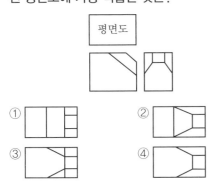

12. 면심입방격자의 구조로서 전성과 연성이 우수한 금속으로 짝지어진 것은?

① 금, 크롬, 카드뮴   ② 금, 알루미늄, 구리
③ 금, 은, 카드뮴   ④ 금, 몰리브덴, 코발트

해설 ㉠ 체심입방격자 : 철, 몰리브덴
㉡ 면심입방격자 : 은, 구리, 알루미늄, 금, 니켈
㉢ 조밀육방격자 : 카드뮴, 아연, 마그네슘, 티타늄

13. 니켈, 크롬, 몰리브덴, 구리 등을 첨가하여 재질을 개선한 것으로 노듈러 주철, 덕타일 주철 등으로 불리며 내마멸성, 내열성, 내식성 등이 대단히 우수하여 자동차용 주물이나 주조용 재료로 가장 많이 쓰이는 것은?

① 칠드 주철   ② 구상 흑연 주철
③ 보통 주철   ④ 펄라이트 가단주철

14. 열경화성 수지에서 높은 전기 절연성이 있어 전기부품 재료로 많이 쓰이며, 베이클라이트(bakelite)라고 불리는 수지는?

① 요소 수지   ② 페놀 수지
③ 멜라민 수지   ④ 에폭시 수지

해설 페놀 수지는 페놀, 크레졸 등과 포르말린을 반응시켜 제조한 것으로, 베이클라이트라는 상품명으로 널리 사용된다.

15. 주조용 알루미늄 합금이 아닌 것은?

① Al-Cu계 합금   ② Al-Si계 합금
③ Al-Mg계 합금   ④ 두랄루민

해설 두랄루민은 가공용 알루미늄 합금이다.

16. 표면 경도를 필요로 하는 부분만을 급랭하여 경화시키고 내부는 본래의 연한 조직으로 남게 하는 주철은?

① 칠드 주철   ② 가단주철
③ 구상 흑연 주철   ④ 내열 주철

해설 칠드(chilled)는 냉각에 의해 단단하게 만든 것을 의미하는 말이다. 칠드 주철은 표면의 필요한 부분만을 급랭하여 경화시킨 것이다.

• 정답   10. ②   11. ④   12. ②   13. ②   14. ②   15. ④   16. ①

17. 특수강 중에서 자경성(self-hardening)이 있어 담금질성과 뜨임 효과를 좋게 하며, 탄소와 결합하여 탄화물을 만들어 강에 내마멸성을 좋게 하고 내식성, 내산화성을 향상시켜 강인한 강을 만드는 것은 어느 것인가?

① Co강
② Cr강
③ Ni강
④ Si강

해설 자경성이란 공랭 시 스스로 경도가 증가하는 성질이다.

18. 도면에 기입되는 치수는 특별히 명시하지 않는 한 보통 어떤 치수를 기입하는가?

① 재료 치수
② 마무리 치수
③ 반제품 치수
④ 소재 치수

해설 도면에 기입되는 치수는 최종적으로 제품이 만들어지는 치수를 기입해야 하는데, 이것을 마무리 치수 또는 다듬질 치수라고 한다.

19. 치수 기입의 요소가 아닌 것은?

① 치수선
② 치수 보조선
③ 치수 숫자
④ 해칭선

해설 해칭선은 단면을 표시할 때 사용한다.

20. 아래 그림과 같은 치수 기입 방법은?

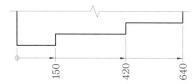

① 직렬 치수 기입 방법
② 병렬 치수 기입 방법
③ 누진 치수 기입 방법
④ 복합 치수 기입 방법

해설 누진 치수 기입 방법 : 치수를 하나의 연속된 치수선으로 표시하며, 치수가 시작되는 기점은 기점기호(○)로 나타내고 다른 끝은 화살표로 나타낸다.

21. 치수 기입의 일반 형식 중에서 이론적으로 정확한 치수의 도시 방법은?

① ⊢ 30 ⊣
② ⊢ (30) ⊣
③ ⊢ 30̲ ⊣
④ ⊢ 30̶25̶

22. IT 공차에 대한 설명으로 옳은 것은?

① IT01부터 IT18까지 20등급으로 구분되어 있다.
② IT01~IT4는 구멍 기준 공차에서 게이지 제작 공차이다.
③ IT6~IT10은 축 기준 공차에서 끼워 맞춤 공차이다.
④ IT10~IT18은 구멍 기준 공차에서 끼워 맞춤 이외의 공차이다.

해설 IT01, IT0, IT1~IT18까지 모두 20등급이다.

23. 모양 공차 기호 중에서 원통도를 나타내는 기호는 어느 것인가?

① ○
② ⌀
③ ◎
④ ⊕

24. 축의 지름이 $\phi 50^{+0.025}_{-0.020}$일 때 공차는?

① 0.025
② 0.02
③ 0.045
④ 0.005

해설 최대 허용 치수 $= 50 + 0.025$
$= 50.025$
최소 허용 치수 $= 50 - 0.020$
$= 49.98$
공차 $=$ 최대 허용 치수 $-$ 최소 허용 치수
$= 50.025 - 49.98 = 0.045$

25. 끼워 맞춤에서 최대 죔새를 구하는 방법은?

① 축의 최대 허용 치수 − 구멍의 최소 허용 치수
② 구멍의 최소 허용 치수 − 축의 최대 허용 치수
③ 구멍의 최대 허용 치수 − 축의 최소 허용 치수
④ 축의 최소 허용 치수 − 구멍의 최대 허용 치수

26. 다음과 같은 기하학적 치수 공차 방식의 설명으로 틀린 것은?

⊥	0.009/150	A

① ⊥ : 공차 종류의 기호

② 0.009 : 공차값

③ 150 : 전체 길이

④ A : 데이텀 문자 기호

해설 150은 공차가 적용되는 임의의 길이이다.

27. 줄무늬 방향 기호의 뜻으로 틀린 것은?

① = : 가공에 의한 커터의 줄무늬 방향이 기호를 기입한 그림의 투상면에 평행

② ⊥ : 가공에 의한 커터의 줄무늬 방향이 기호를 기입한 그림의 투상면에 직각

③ X : 가공에 의한 커터의 줄무늬 방향이 여러 방향으로 교차 또는 무방향

④ C : 가공에 의한 커터의 줄무늬가 기호를 기입한 면의 중심에 대하여 대략 동심원 모양

28. 다음 그림은 어떤 물체를 제3각법 정투상도로 나타낸 것이다. 입체도로 옳은 것은?

① ②

③ ④

29. 서로 다른 CAD/CAM 프로그램 간의 데이터를 상호 교환하기 위한 데이터 표준이 아닌 것은?

① PHIGS   ② DIN

③ DXF   ④ STEP

30. 다음 설명에 해당하는 3차원 모델링은?

• 데이터의 구조가 간단하다.

• 처리 속도가 빠르다.

• 단면도 작성이 불가능하다.

• 은선 제거가 불가능하다.

① 와이어 프레임 모델링

② 서피스 모델링

③ 솔리드 모델링

④ 시스템 모델링

31. CAD 소프트웨어에서 명령어를 아이콘으로 만들고 아이템별로 묶어 명령을 편리하게 이용할 수 있도록 한 것은?

① 툴바   ② 스크롤바

③ 스크린 메뉴   ④ 풀다운 메뉴바

32. 주어진 양 끝점만 통과하고 중간에 있는 점은 조정점의 영향에 따라 근사하고 부드럽게 연결되는 선은?

① Bezier 곡선   ② Spline 곡선

③ Polygonal line   ④ 퍼거슨 곡선

33. CAD 용어에 대한 설명 중 틀린 것은?

① pan : 도면의 다른 영역을 보기 위해 디스플레이 윈도를 이동시키는 것

② zoom : 화면상의 이미지를 실제 사이즈를 포함하여 확대 또는 축소하는 것

③ clipping : 필요 없는 요소를 제거하는 방법, 주로 그래픽에서 클리핑 윈도로 정의된 영역 밖에 존재하는 요소들을 제거하는 것

④ toggle : 명령의 실행 또는 마우스를 클릭할 때마다 on 또는 off가 번갈아 나타나는 세팅

34. 이미 치수를 알고 있는 표준과의 차를 구하여 치수를 알아내는 측정 방법을 무엇이라 하는가?

① 절대 측정   ② 비교 측정

③ 표준 측정   ④ 간접 측정

35. 롤러의 중심 거리가 150mm인 사인 바로 5°의 테이퍼값이 측정되었을 때 정반 위에 놓인 사인 바의 양 롤러 간의 높이의 차는 약 몇 mm인가?

① 8.72 ② 10.72
③ 11.06 ④ 13.08

해설 $150 \times \sin 5° \fallingdotseq 13.08\text{mm}$

36. 길이를 측정하고 직각삼각형의 삼각함수를 이용한 계산에 의하여 임의각의 측정 또는 임의각을 만드는 측정기는?

① 사인 바 ② 높이 게이지
③ 깊이 게이지 ④ 공기 마이크로미터

37. 나사의 도시 방법에 대한 내용 중 틀린 것은?

① 암나사의 안지름은 가는 실선으로 그린다.
② 수나사의 바깥지름은 굵은 실선으로 그린다.
③ 완전 나사부와 불완전 나사부의 경계선은 굵은 실선으로 그린다.
④ 불완전 나사부의 골을 나타내는 선은 경사진 가는 실선으로 그린다.

해설 암나사의 안지름은 굵은 실선으로 그린다.

38. 다음 그림은 어떤 키(key)를 나타낸 것인가?

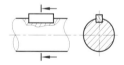

① 묻힘키 ② 안장키
③ 접선키 ④ 원뿔키

39. 제동 장치에 대한 설명으로 틀린 것은?

① 제동 장치는 기계 운동부의 이탈 방지기구이다.
② 제동 장치에서 가장 널리 사용되고 있는 것은 마찰 브레이크이다.
③ 용도는 일반 기계, 자동차, 철도 차량 등에 널리 사용된다.
④ 운동 중인 기계의 운동 에너지를 흡수하여 운동 속도를 감소 및 정지시키는 장치이다.

40. 스프로킷 휠의 제도 시 바깥지름은 어떤 선으로 도시하는가?

① 굵은 실선 ② 가는 실선
③ 굵은 파선 ④ 가는 1점 쇄선

41. 전단하중에 대한 설명으로 옳은 것은?

① 재료를 축 방향으로 잡아당기도록 작용하는 하중이다.
② 재료를 축 방향으로 누르도록 작용하는 하중이다.
③ 재료를 가로 방향으로 자르도록 작용하는 하중이다.
④ 재료가 비틀어지도록 작용하는 하중이다.

해설 ㉠ 인장하중 : 축 방향으로 잡아당기는 하중
㉡ 압축하중 : 축 방향으로 누르는 하중
㉢ 비틀림 하중 : 비틀어지도록 작용하는 하중

42. 42500kgf · mm의 굽힘 모멘트가 작용하는 연강의 축 지름은 약 몇 mm인가? (단, 허용 굽힘 응력은 5kgf/mm²이다.)

① 21 ② 36
③ 92 ④ 44

해설 $M = \sigma_b \dfrac{\pi d^3}{32}$

$d = \sqrt[3]{\dfrac{32M}{\pi \sigma_b}} = \sqrt[3]{\dfrac{32 \times 42500}{3.14 \times 5}} \fallingdotseq 44\text{mm}$

43. 벨트 전동 장치의 특성에 관한 설명으로 틀린 것은 어느 것인가?

① 회전비가 부정확하여 강력 고속 전동이 곤란하다.
② 전동 효율이 작아 각종 기계 장치의 운전에 널리 사용하기에는 부적합하다.
③ 종동축에 과대 하중이 작용할 때는 벨트와 풀리 부분이 미끄러져서 전동 장치의 파손을 방지할 수 있다.
④ 전동 장치의 조작이 간단하고 비용이 싸다.

해설 벨트는 각종 기계 장치의 동력 전달용으로 널리 사용된다.

44. 축의 도시 방법에 대한 설명으로 옳은 것은?

① 축은 길이 방향으로 단면을 도시할 수 있다.

② 축 끝의 모따기는 폭의 치수만 기입한다.

③ 긴 축은 중간을 파단하여 짧게 그릴 수 없다.

④ 널링을 도시할 때 빗줄인 경우 축선에 대하여 30°로 엇갈리게 그린다.

45. 호칭 번호가 6026P6인 단열 깊은 홈 볼 베어링의 안지름 치수는 몇 mm인가?

① 6

② 26

③ 30

④ 130

해설 안지름 치수＝안지름 번호×5
＝26×5＝130mm

46. 다음의 나사를 설명한 것으로 잘못된 것은?

> 왼 2줄 M50×2-6H

① 왼쪽 2줄 미터 가는 나사

② 수나사로 2줄 나사

③ 호칭 지름 50mm

④ 나사의 등급 6H

해설 6H(대문자)는 암나사의 등급이다. 수나사이면 등급을 6h(소문자)로 표시한다.

47. 평벨트 이음 방법 중 이음 효율이 가장 좋은 것은?

① 이음쇠 이음

② 가죽끈 이음

③ 철사 이음

④ 접착제 이음

해설 평벨트 이음부의 강도는 벨트 자체의 강도보다 약하다. 평벨트 자체의 강도에 대한 평벨트 이음부의 강도의 비를 이음 효율이라고 한다. 평벨트의 이음 방법에 따른 이음 효율은 다음과 같다.
㉠ 접착제 이음 : 75~90%
㉡ 철사 이음 : 60%
㉢ 가죽끈 이음 : 40~50%
㉣ 이음쇠 이음 : 40~70%

48. 다음 중 축에 키 홈을 가공하지 않고 사용하는 키(key)는?

① 성크 키

② 반달 키

③ 새들 키

④ 스플라인

해설 지름이 작은 축을 고정할 때는 축에 홈을 가공하면 비틀림 하중에 의해 파손될 수도 있으므로 축에 키 홈을 가공하지 않는 새들 키를 사용한다.

49. 스프링 제도에 대한 설명으로 틀린 것은?

① 겹판 스프링은 원칙적으로 스프링 판이 수평한 상태에서 그린다.

② 코일 스프링은 원칙적으로 하중이 걸린 상태에서 그린다.

③ 그림에 단서가 없는 코일 스프링은 오른쪽으로 감긴 것을 표시한다.

④ 코일 스프링이 왼쪽으로 감긴 경우는 "감긴 방향 왼쪽"이라고 표시한다.

해설 코일 스프링은 하중이 걸리지 않은 상태에서 그려야 하며, 하중이 걸린 상태로 그린다면 하중을 표기해야 한다.

50. 표준 스퍼 기어에서 모듈이 2이고 잇수가 50일 때 이끝원 지름은 얼마인가?

① 96mm

② 100mm

③ 102mm

④ 104mm

해설 $D_0 = m \cdot Z + 2m$
$= 2 \times 50 + 2 \times 2 = 104\text{mm}$

51. 다음 용접 이음 중 맞대기 이음은 어느 것인가?

①

②

③

④

해설 ① 맞대기 이음 ② 겹치기 이음
③ 모서리 이음 ④ 양쪽 덧댄 맞대기 이음

52. 모듈 2, 잇수 30과 60을 갖는 한 쌍의 표준 평기어 중심 거리는 얼마인가?

① 84mm   ② 90mm
③ 120mm   ④ 135mm

해설 $C = \dfrac{D_1+D_2}{2} = \dfrac{mZ_1+mZ_2}{2}$
$= \dfrac{2\times30+2\times60}{2} = 90mm$

53. 인장 코일 스프링에 3kgf의 하중을 걸었을 때 변위가 30mm이었다면, 이 스프링의 상수는 얼마인가?

① 0.1kgf/mm   ② 0.2kgf/mm
③ 5kgf/mm   ④ 10kgf/mm

해설 스프링의 하중 $F = k \cdot x$이므로
$k = \dfrac{F}{x} = \dfrac{3}{30} = 0.1kgf/mm$

54. 미터 나사에 관한 설명으로 잘못된 것은?

① 기호는 M으로 표기한다.
② 나사산의 각은 60°이다.
③ 호칭 지름은 인치(inch)로 나타낸다.
④ 부품의 결합 및 위치 조정 등에 사용한다.

해설 미터 나사는 호칭 지름을 mm로 나타낸다.

55. 기계 재료에 반복 하중이 작용하여도 영구히 파괴되지 않는 최대 응력을 무엇이라 하는가?

① 탄성 한계   ② 크리프 한계
③ 피로 한도   ④ 인장 강도

56. 브레이크 슈를 바깥쪽으로 확장하여 밀어 붙이는 데 캠이나 유압 장치를 사용하는 브레이크는?

① 드럼 브레이크
② 원판 브레이크
③ 원추 브레이크
④ 밴드 브레이크

해설 드럼 브레이크

57. 표준 스퍼 기어의 잇수가 32, 피치원의 지름이 96mm이면 원주 피치는 몇 mm인가?(단, π는 3.14로 한다.)

① 9.42   ② 10.28
③ 12.38   ④ 16.26

해설 원주 피치 $= \dfrac{\pi D}{Z}$
$= \dfrac{3.14\times96}{32}$
$= 9.42mm$

58. 둥근 머리에 육각 홈을 파놓은 것으로, 볼트의 머리가 밖으로 나오지 않아야 하는 곳에 주로 사용하는 볼트는?

① 접시머리 볼트   ② 스터드 볼트
③ 육각 볼트   ④ 육각구멍붙이 볼트

59. 핀의 호칭이 "평행 핀 h7B − 5×32 SM45C"라고 되어 있다면 핀의 길이는?

① 7   ② 5
③ 32   ④ 45

해설 ㉠ h7 : 끼워 맞춤 종류
㉡ B : 끝면의 모양(둥근 끝)
㉢ 5×32 : 지름×길이
㉣ SM45C : 재질

60. 잇수 18, 피치원 지름 108인 스퍼 기어의 모듈은 어느 것인가?

① 2   ② 4
③ 6   ④ 8

해설 $m = \dfrac{D}{Z} = \dfrac{108}{18} = 6$

제5회 CBT 대비 실전문제

1. 다음 중 가상선으로 나타내지 않는 것은?

① 물품의 보이지 않는 부분의 모양을 표시하는 경우
② 이동하는 부분의 운동 범위를 표시하는 경우
③ 가공 후의 모양을 표시하는 경우
④ 물품의 인접 부분을 참고로 표시하는 경우

해설 보이지 않는 부분의 모양은 숨은선으로 표시한다.

2. 부품도에서는 일부분만 부분적으로 열처리를 하도록 지시해야 한다. 이때 열처리 범위를 나타내기 위해 사용하는 특수 지정선은?

① 굵은 1점 쇄선   ② 파선
③ 가는 1점 쇄선   ④ 가는 실선

해설 특수한 가공을 필요로 하는 부분의 범위를 표시할 때 굵은 1점 쇄선을 사용한다.

3. 도면에서 2종류 이상의 선이 같은 곳에서 겹치는 경우 최우선하여 그리는 선은?

① 외형선   ② 절단선
③ 중심선   ④ 치수 보조선

4. 제도용지의 크기가 297×420mm일 때 도면 크기의 호칭으로 옳은 것은?

① A2   ② A3   ③ A4   ④ A5

해설 도면의 크기

A0	841×1189
A1	594×841
A2	420×594
A3	297×420
A4	210×297

5. 다음 중 도면에 반드시 마련해야 하는 사항은?

① 비교 눈금   ② 도면의 구역
③ 표제란   ④ 재단 마크

해설 표제란은 도번, 도명, 척도, 각법 등의 중요한 사항을 기록하는 곳으로, 반드시 있어야 한다.

6. CAD 시스템에서 마지막 점에서 다음 점까지의 각도와 거리를 입력하여 선긋기를 하는 입력 방법은 어느 것인가?

① 절대 직교좌표 입력 방법
② 상대 직교좌표 입력 방법
③ 절대 원통좌표 입력 방법
④ 상대 극좌표 입력 방법

7. 회전 도시 단면도에 대한 설명 중 틀린 것은?

① 암, 리브 등의 절단면은 90° 회전하여 표시한다.
② 절단한 곳의 전후를 끊어서 그 사이에 그릴 수 있다.
③ 도형 내 절단한 곳에 겹쳐서 그릴 때는 가는 1점 쇄선으로 그린다.
④ 절단선의 연장선 위에 그릴 수 있다.

해설 회전 도시 단면도를 도형 내에 그릴 때는 가는 실선으로 그린다.

8. 다음 정면도와 측면도를 보고 평면도에 해당하는 것을 고르면? (제3각법의 경우)

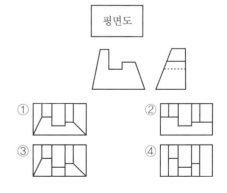

• 정답   1. ①   2. ①   3. ①   4. ②   5. ③   6. ④   7. ③   8. ①

9. 정투상법에서 물체의 모양, 기능, 특징 등을 가장 잘 나타내는 쪽의 투상면은 무엇으로 잡는 것이 좋은가?

① 정면도   ② 평면도
③ 측면도   ④ 배면도

10. 다음 도면은 제3각법에 의한 평면도와 우측면도이다. 정면도로 가장 적합한 것은?

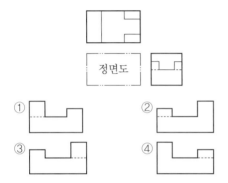

11. 제1각법과 제3각법의 설명 중 틀린 것은?

① 제1각법은 물체를 1상한에 놓고 정투상법으로 나타낸 것이다.
② 제1각법은 눈→투상면→물체의 순서로 나타낸다.
③ 제3각법은 물체를 3상한에 놓고 정투상법으로 나타낸 것이다.
④ 한 도면에 제1각법과 제3각법을 같이 사용해서는 안 된다.

해설 제1각법은 눈→물체→투상면의 순서로 나타낸다.

12. 비중이 약 2.7이며 가볍고 내식성과 가공성이 좋으며 전기 및 열전도도가 높은 재료는?

① 금(Au)   ② 알루미늄(Al)
③ 철(Fe)   ④ 은(Ag)

13. 뜨임은 보통 어떤 강재에 하는가?

① 가공 경화된 강
② 담금질하여 경화된 강

③ 용접 응력이 생긴 강
④ 풀림하여 연화된 강

해설 담금질된 강은 경도가 크지만 취성이 있으므로 깨지기 쉽다. 담금질된 강에 인성을 증가시킴으로써 취성을 감소시킬 목적으로 하는 열처리가 뜨임이다.

14. 백심가단주철에서 사용되는 탈탄제는?

① 알루미나, 탄소 가루
② 알루미나, 철광석
③ 철광석, 밀 스케일의 산화철
④ 유리 탄소, 알루미나

해설 탈탄 작용에 의해 주물 표면의 탄소를 제거하여 단조가 가능하도록 한 것이 백심가단주철이다. 백색 주물을 철광석이나 산화철과 함께 장시간 가열하면 탈탄된다.

15. 다음 중 Cr 또는 Ni을 다량 첨가하여 내식성을 현저히 향상시킨 강으로서 조직상 페라이트계, 마텐자이트계, 오스테나이트계 등으로 분류되는 합금강은?

① 규소강   ② 스테인리스강
③ 쾌삭강   ④ 자석강

해설 ㉠ 페라이트계 스테인리스강 : Cr 12~17%, C 0.2%
㉡ 마텐자이트계 스테인리스강 : Cr 12~18%, C 0.15~0.3%
㉢ 오스테나이트계 스테인리스강 : Cr 16~26%, Ni 6~20%

16. 내열강의 구비 조건으로 틀린 것은?

① 기계적 성질이 우수할 것
② 화학적으로 안정할 것
③ 열팽창 계수가 클 것
④ 조직이 안정할 것

해설 열팽창 계수가 크다는 것은 온도가 올라갈 때 많이 늘어난다는 것이다. 내열강은 고온에서 사용되는 강이므로 열팽창 계수가 작아야 한다.

17. 재료 표시 기호에서 SF340A로 표시되는 것은?

① 고속도 공구강　　② 탄소강 단강품
③ 기계 구조용 강　　④ 탄소강 주강품

해설 S F 340 A
　　　　└─ 최저 인장강도
　　　└── 단강품
　　└─── 탄소강

18. 다음 중 치수 기입 방법에 대한 설명으로 틀린 것은 어느 것인가?

① 치수의 단위는 mm이고, 단위 기호는 붙이지 않는다.
② cm나 m를 사용할 필요가 있을 경우는 반드시 cm나 m 등의 기호를 기입한다.
③ 한 도면 안에서의 치수는 같은 크기로 기입한다.
④ 치수 숫자의 단위 수가 많은 경우는 3단위마다 숫자 사이를 조금 띄우고 쉼표를 사용한다.

해설 3단위마다 쉼표는 사용하지 않는다.

19. 최대 허용 한계 치수에서 기준 치수를 뺀 값을 무엇이라 하는가?

① 아래 치수 허용차　　② 위 치수 허용차
③ 실치수　　　　　　　④ 치수 공차

20. 치수 기입 시 사용되는 보조 기호와 설명이 일치하지 않는 것은?

① □ : 정사각형의 변　　② R : 반지름
③ ϕ : 지름　　　　　　④ C : 구의 지름

해설 C : 45° 모따기의 모따기 길이

21. 치수 공차의 기입법 중 ϕ25E8 구멍의 공차역은? (단, IT8급의 기본 공차는 0.033mm이고, 25에 대한 E구멍의 기초가 되는 치수 허용차는 0.040mm이다.)

① $\phi 25^{+0.073}_{+0.040}$　　　　② $\phi 25^{+0.040}_{+0.033}$
③ $\phi 25^{+0.073}_{+0.033}$　　　　④ $\phi 25^{+0.073}_{+0.007}$

해설 E는 헐거운 구멍이므로 기초가 되는 치수 허용차는 아래 치수 허용차이고, 위 치수 허용차는 여기에 기본 공차를 더한 값이 된다.

22. 끼워 맞춤 기호의 기입에 대한 설명으로 옳은 것은 어느 것인가?

① 끼워 맞춤 방식에 의한 치수 허용차는 기준 치수 다음에 끼워 맞춤 종류의 기호 및 등급을 기입하여 표시한다.
② IT 공차에서 구멍은 알파벳 소문자로, 축은 대문자로 표시한다.
③ 같은 호칭 치수에 대하여 구멍 및 축에 끼워 맞춤 종류의 기호를 표기할 필요가 있을 때는 구멍의 기호를 치수선 아래에, 축의 기호를 치수선 위에 기입한다.
④ 구멍 또는 축의 전체 길이에 걸쳐 조립되지 않을 경우는 필요한 부분 이외에도 공차를 주도록 한다.

해설 구멍은 알파벳 대문자로, 축은 소문자로 표기한다.

23. 기하 공차의 구분 중 모양 공차의 종류에 해당하는 것은?

① ⌀　　　　　　　　② ∥
③ ⊥　　　　　　　　④ ⌖

해설 ㉠ 모양 공차 : 진직도, 평면도, 진원도, 원통도
㉡ 자세 공차 : 평행도, 직각도, 경사도
㉢ 위치 공차 : 위치도, 동축도, 대칭도
㉣ 흔들림 공차 : 원주 흔들림, 온 흔들림

24. 다음과 같이 도면에 기입된 기하 공차 기입 틀에서 0.011이 뜻하는 것은?

∥	0.011	A
	0.05/200	

① 기준 길이에 대한 공차값
② 전체 길이에 대한 공차값
③ 전체 길이 공차값에서 기준 길이 공차값을 뺀 값
④ 누진 치수 공차값

해설 기하 공차 기입 틀의 해독

평행도	형체의 전체 공차값	문자 기호 (데이텀)
	지정 길이의 공차값/지정 길이	

25. 표면 거칠기값 Ra 6.5를 직접 면에 지시하는 경우 표시 방향이 잘못된 것은?

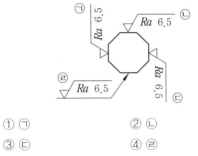

① ㉠　　　　　② ㉡
③ ㉢　　　　　④ ㉣

해설 문자를 도면의 오른쪽 변에서 보고 읽을 수 있도록 기입한다.

26. 가공에 의한 커터의 줄무늬 방향이 그림과 같을 때 (가) 부분의 기호는?

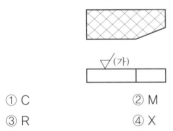

① C　　　　　② M
③ R　　　　　④ X

해설 가공에 의한 커터의 줄무늬 방향이 기호를 기입한 그림의 투상면에 경사지고 두 방향으로 교차되는 경우의 줄무늬 방향 기호는 "X"이다.

27. 기하 공차 표기에서 그림과 같이 수치에 사각형 테두리를 씌운 것은 무엇을 나타내는 것인가?

52

① 데이텀
② 돌출 공차역
③ 이론적으로 정확한 치수
④ 최대 실체 공차 방식

28. CAD 데이터의 교환 표준 중 하나로 국제표준화기구(ISO)가 국제표준으로 지정하고 있으며, CAD의 형상 데이터뿐만 아니라 NC 데이터나 부품표, 재료 등도 표준 대상이 되는 규격은?

① IGES　　　　② DXF
③ STEP　　　　④ GKS

29. 다음 식은 3차원 공간상에서 좌표변환 시 X축을 중심으로 θ만큼 회전하는 행렬식(matrix)을 나타낸다. (X)에 알맞은 값은?

$$[x' y' z' 1] = [x\ y\ z\ 1]\begin{bmatrix} 1 & 0 & 0 & 0 \\ 0 & (A) & (B) & 0 \\ 0 & (X) & (Y) & 0 \\ 0 & 0 & 0 & 1 \end{bmatrix}$$

① $\sin\theta$　　　② $-\sin\theta$
③ $\cos\theta$　　　④ $-\cos\theta$

30. 다음과 같이 제3각법으로 그린 정투상도를 등각투상도로 바르게 표현한 것은?

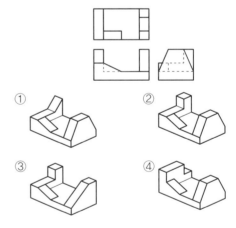

31. 일반적으로 CAD 시스템에서 수행되는 3차원 모델링의 종류가 아닌 것은?

① 와이어 프레임 모델링
② 서피스 모델링
③ 솔리드 모델링
④ 시스템 모델링

•정답 25. ③　26. ④　27. ③　28. ③　29. ②　30. ②　31. ④

32. 솔리드 모델의 특징에 대한 설명으로 틀린 것은?

① 두 모델 간의 간섭체크가 용이하다.

② 물리적 성질 등의 계산이 가능하다.

③ 이동·회전 등을 통한 정확한 형상 파악이 곤란
하다.

④ 컴퓨터의 메모리 용량이 많아진다.

33. 그림과 같이 2개의 경계곡선(위 그림)에 의해 하
나의 곡면(아래 그림)을 구성하는 기능을 무엇이라
고 하는가?

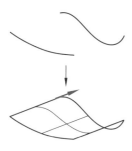

① revolution　　② twist

③ loft　　④ extrude

34. 마이크로미터 스핀들 나사의 피치가 0.5mm이
고 딤블의 원주 눈금이 50등분되어 있으면 최소
측정값은 몇 mm인가?

① 0.05　　② 0.01

③ 0.005　　④ 0.001

해설 $\dfrac{0.5}{50}=0.01\,\mathrm{mm}$

35. 마이크로미터의 종류 중 게이지 블록과 마이크
로미터를 조합한 측정기는?

① 공기 마이크로미터

② 하이트 마이크로미터

③ 나사 마이트로미터

④ 외측 마이크로미터

36. 스케일과 베이스 및 서피스 게이지를 하나의 기
본 구조로 하는 게이지는?

① 버니어 캘리퍼스　　② 마이크로미터

③ 블록 게이지　　④ 하이트 게이지

37. 나사의 용어 중 리드에 대한 설명으로 옳은 것은?

① 1회전 시 작용되는 토크

② 1회전 시 이동한 거리

③ 나사산과 나사산의 거리

④ 1회전 시 원주의 길이

해설 수나사를 암나사에 결합시키고 돌리면 축 방향으
로 이동하게 된다. 이때 나사가 1회전 시 이동한 거
리를 리드라고 한다.

38. 나사의 호칭 "좌 M10-6H/6g"의 설명으로 틀린
것은?

① 왼나사이며 한줄 나사이다.

② 미터 보통 나사로 호칭 지름은 10mm이다.

③ 나사의 리드는 6mm이다.

④ 암나사 등급은 6H이다.

해설 문제에서 6H는 암나사의 등급, 6g는 수나사의 등
급을 나타낸다. 나사의 호칭에 리드는 기입하지 않
는다.

39. ISO 규격에 있는 관용 테이퍼 나사로 테이퍼 수
나사를 표시하는 기호는?

① R　　② Rc

③ PS　　④ Tr

해설 ① R : 관용 테이퍼 수나사

② Rc : 관용 테이퍼 암나사

③ PS : 관용 평행 암나사

④ Tr : 미터 사다리꼴 나사

40. 그림과 같은 용접부의 용접 지시기호로 옳은 것은?

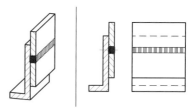

41. 유니버설 조인트의 허용 축 각도는 몇 도(°) 이내인가?

① 10°
② 20°
③ 30°
④ 60°

해설 유니버설 조인트의 교각은 45°까지 취할 수 있으나 보통은 30°로 한다. 일반적으로 회전수가 고속일 때는 교각을 작게, 회전수가 저속일 때는 교각을 크게 취할 수 있다.

42. 평행 키에서 나사용 구멍이 없는 것의 보조 기호는 어느 것인가?

① P
② PS
③ T
④ TG

해설 키의 종류 및 기호

	모양	기호
평행 키	나사용 구멍이 없음	P
	나사용 구멍이 있음	PS
경사 키	머리 없음	T
	머리 있음	TG
반달 키	둥근 바닥	WA
	납작 바닥	WB

43. 그림과 같은 리벳 이음의 명칭은?

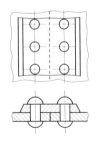

① 1줄 겹치기 리벳 이음
② 1줄 맞대기 리벳 이음
③ 2줄 겹치기 리벳 이음
④ 2줄 맞대기 리벳 이음

44. 그림과 같은 용접을 하려고 한다. 기호 표시로 옳은 것은?

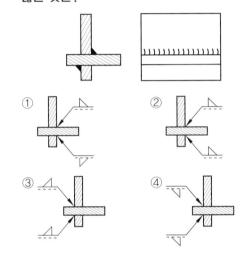

① ② ③ ④

45. 스프로킷 휠에 대한 설명으로 틀린 것은?

① 스프로킷 휠의 호칭 번호는 피치원 지름으로 나타낸다.
② 스프로킷 휠의 바깥지름은 굵은 실선으로 그린다.
③ 그림에는 주로 스프로킷 소재를 제작하는 데 필요한 치수를 기입한다.
④ 스프로킷 휠의 피치원 지름은 가는 1점 쇄선으로 그린다.

해설 호칭 번호는 스프로킷 휠에 대응하는 체인의 기준 피치값을 3.175로 나눈 값에 10배 하여 나타낸 것이다. 예를 들어 체인의 피치가 12.7mm라고 하면 $\frac{12.7}{3.175} \times 10 = 40$이 되므로 호칭 번호는 40이다.

46. 스퍼 기어에서 모듈이 2, 기어의 잇수가 30인 경우 피치원의 지름은 몇 mm인가?

① 15
② 32
③ 60
④ 120

해설 $D = m \cdot Z = 2 \times 30$
$= 60\text{mm}$

47. 캠을 평면 캠과 입체 캠으로 구분할 때 입체 캠의 종류로 틀린 것은?

① 원통 캠　　　　② 삼각 캠
③ 원뿔 캠　　　　④ 빗판 캠

48. 기어의 도시 방법에 관한 내용으로 올바른 것은 어느 것인가?

① 이끝원은 가는 실선으로 그린다.
② 피치원은 가는 1점 쇄선으로 그린다.
③ 이뿌리원은 2점 쇄선으로 그린다.
④ 잇줄 방향은 보통 3개의 파선으로 그린다.

해설 ① 이끝원은 굵은 실선으로 그린다.
③ 이뿌리원은 가는 실선으로 그린다.
④ 잇줄 방향은 보통 3개의 가는 실선으로 그린다.

49. 다음은 축의 도시에 대한 설명이다. 바르게 설명한 것은?

① 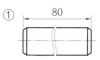 긴 축은 중간 부분을 파단하여 짧게 그리며, 80은 짧게 줄인 치수를 기입한 것이다.

② 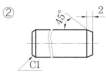 축의 끝에는 모따기를 하고 모따기 치수 기입은 그림과 같이 기입할 수 있다.

③ 축에 단을 주는 치수 기입을 나타내며, 홈의 너비는 12mm, 지름은 2mm이다.

④ 빗줄 널링에 대한 도시이며, 축선에 대하여 45° 엇갈리게 그린다.

해설 ① 80은 줄이기 전의 치수이다.
③ 지름은 12mm이고 너비는 2mm이다.
④ 축선에 대해 30°로 엇갈리게 그린다.

50. 다음 표준 스퍼 기어에 대한 요목표에서 전체 이 높이는 몇 mm인가?

스퍼 기어		
기어 치형		표준
공구	치형	보통 이
	모듈	2
	압력각	20°
잇수		31
피치원 지름		62
전체 이 높이		
다듬질 방법		호브 절삭
정밀도		KS B 1405, 5급

① 4　　　　② 4.5
③ 5　　　　④ 5.5

해설 전체 이 높이
$h = 1.25m + m = 2.25m$
$= 2.25 \times 2 = 4.5\text{mm}$

51. 스프링 제도에서 스프링 종류와 모양만 도시하는 경우 스프링 재료의 중심선은 어떤 선으로 나타내야 하는가?

① 굵은 실선　　　② 가는 1점 쇄선
③ 굵은 파선　　　④ 가는 실선

해설 스프링의 종류와 모양만 도시할 경우 굵은 실선으로 나타낸다.

52. V벨트의 종류 중에서 단면적이 가장 작은 것은?

① M형　　　　② A형
③ C형　　　　④ E형

53. 베어링의 안지름이 17mm인 베어링은?

① 6303　　　　② 32307K
③ 6317　　　　④ 607U

해설 베어링 안지름 번호(세 번째, 네 번째 숫자)
00 : 10mm, 01 : 12mm, 02 : 15mm, 03 : 17mm

54. 사용 기능에 따라 분류한 기계요소에서 직접 전동 기계요소는?

① 마찰차　　　　　② 로프
③ 체인　　　　　　④ 벨트

> **해설** 로프, 체인, 벨트는 두 개의 휠을 연결하는 매개체 역할을 하므로 간접 전동 기계요소이다. 직접 전동 기계요소는 마찰차와 같이 두 개의 휠이 직접 접촉하는 동력 전달요소이다.

55. 기계 제도에서 축을 도시할 때의 설명으로 틀린 것은?

① 중심선을 수평 방향으로 놓고 축을 길게 놓은 상태로 그린다.
② 축의 가공 방향과 관계없이 지름이 큰 쪽이 오른쪽에 있도록 그린다.
③ 축은 길이 방향으로 절단하여 온 단면도로 표현하지 않는다.
④ 단면 모양이 같은 긴 축은 중간 부분을 파단하여 짧게 표현하고, 전체 길이를 기입한다.

> **해설** 축은 가공 방향을 고려하여 지름이 큰 쪽이 왼쪽에 있도록 그린다.

56. 지름 D_1 = 200mm, D_2 = 300mm의 내접 마찰차에서 그 중심 거리 C는 몇 mm인가?

① 50　　　　　　② 100
③ 125　　　　　④ 250

> **해설** $C = \dfrac{D_2 - D_1}{2} = \dfrac{300 - 200}{2} = 50\text{mm}$

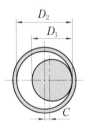

57. 웜 기어의 특징으로 가장 거리가 먼 것은?

① 큰 감속비를 얻을 수 있다.
② 중심 거리에 오차가 있을 때는 마멸이 심하다.
③ 소음이 작고 역회전을 방지할 수 있다.
④ 웜 휠의 정밀 측정이 쉽다.

58. 양쪽 끝 모두 수나사로 되어 있으며, 한쪽 끝에 상대 쪽 암나사를 만들어 미리 반영구적으로 나사 박음하고, 다른 쪽 끝에 너트를 끼워 죄도록 하는 볼트는?

① 스테이 볼트　　　② 아이 볼트
③ 탭 볼트　　　　　④ 스터드 볼트

> **해설** 스터드 볼트와 체결 방법
>
>
>
> 　　스터드 볼트　　　스터트 볼트의 체결 방법

59. 스프링 제도 시 원칙적으로 상용 하중상태에서 그리는 스프링은?

① 코일 스프링　　　② 벌류트 스프링
③ 겹판 스프링　　　④ 스파이럴 스프링

> **해설** 겹판 스프링은 판을 구부려 겹쳐 놓은 것이지만 제도할 때는 직선으로 펴져 있는 모양, 즉 상용하중상태로 그린다.

60. 볼 베어링 6203ZZ에서 ZZ는 무엇을 나타내는 것인가?

① 실드 기호　　　　② 내부 틈새 기호
③ 등급 기호　　　　④ 안지름 기호

• 정답 54. ①　55. ②　56. ①　57. ④　58. ④　59. ③　60. ①

제6회 CBT 대비 실전문제

1. 규격 중 기계 부분에 해당하는 것은?

① KS D   ② KS C
③ KS B   ④ KS A

해설 ㉠ KS A : KS 규격에서 기본 사항
　　㉡ KS B : KS 규격에서 기계 부분
　　㉢ KS C : KS 규격에서 전기 부분
　　㉣ KS D : KS 규격에서 금속 부분

2. 다음 중 투상도의 올바른 선택 방법으로 틀린 것은 어느 것인가?

① 대상 물체의 모양이나 기능을 가장 잘 나타낼 수 있는 면을 주투상도로 한다.
② 조립도와 같이 주로 물체의 기능을 표시하는 도면에서는 대상물을 사용하는 상태로 그린다.
③ 부품도는 조립도와 같은 방향으로만 그려야 한다.
④ 길이가 긴 물체는 특별한 사유가 없는 한 안정감 있게 옆으로 누워서 그린다.

해설 조립도는 기능을 표시하기 위한 도면이므로 대상물을 사용하는 상태의 방향으로 그려야 하고, 부품도는 가공을 하기 위한 도면이므로 가공할 때 놓여지는 방향으로 그려야 한다.

3. 다음 중 가상선의 용도에 대한 설명으로 틀린 것은 어느 것인가?

① 인접 부분을 참고로 표시하는 데 사용한다.
② 수면, 유면 등의 위치를 표시하는 데 사용한다.
③ 가공 전, 가공 후의 모양을 표시하는 데 사용한다.
④ 도시된 단면의 앞쪽에 있는 부분을 표시하는 데 사용한다.

해설 수면, 유면 등의 위치를 표시하는 데는 수준면선을 사용하여야 한다. 수준면선은 가는 실선으로 그린다.

4. 도면에서 반드시 있어야 할 사항이 아닌 것은?

① 윤곽선   ② 표제란
③ 중심 마크   ④ 비교 눈금

해설 ㉠ 도면에 반드시 마련해야 할 사항 : 윤곽선, 표제란, 중심 마크
　　㉡ 도면에 마련하는 것이 바람직한 사항 : 비교 눈금, 구역을 표시하는 구분선이나 기호, 재단 마크

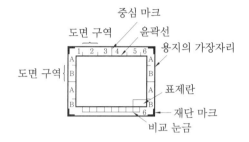

5. 선의 길이가 3~5mm, 선과 선의 간격이 0.5~1mm 정도의 모양으로 일정한 길이로 반복되게 그어진 선의 종류는 무엇인가?

① 쇄선   ② 파선
③ 실선   ④ 점선

해설 파선(破線, 깨뜨릴 파, 줄 선)은 선이 끊어져서 같은 간격으로 띄어 놓은 선을 말하므로 문제의 설명에 맞는다. 외형을 가상으로 절단한 곳을 나타내는 파단선(破斷線)과는 다른 것이다. 쇄선(鎖線, 쇠사슬 쇄, 줄 선)은 일정한 길이의 조금 긴 선들 사이에 짧은 선이 들어가서 쇠사슬 모양처럼 보이는 선이고, 점선(點線, 점 점, 줄 선)은 선이 아닌 점이 나열된 것이므로 답이 될 수 없다.

6. 패킹, 박판, 형강 등 얇은 물체의 단면 표시 방법으로 맞는 것은?

① 1개의 굵은 실선   ② 1개의 가는 실선
③ 은선   ④ 파선

해설 외형선의 굵기는 일반적으로 0.5mm인데, 외형선보다 얇은 패킹, 박판 등의 외형을 그대로 그리면 실제 형상보다 두꺼워지므로 1개의 굵은 실선으로 표시한다.

7. 알루미늄 합금 중에서 열팽창 계수가 가장 작은 것은?

① 실루민 ② 두랄루민
③ 로엑스 ④ 와이합금

해설 ㉠ 실루민 : 주조용(주조성은 좋으나 절삭성이 나쁨)
㉡ 두랄루민 : 항공기용 재료(무게에 비해 강도가 큼)
㉢ 로엑스 : 내열용(열팽창 계수가 작음)
㉣ 와이합금 : 내열용(고온 강도가 큼)
㉤ 하이드로날륨 : 선박용 재료(해수에 강함)

8. 다음 그림을 제3각법으로 투상했을 때, 각 그림과 투상도의 이름이 잘못된 것은?

① 저면도
② 배면도
③ 우측면도
④ 좌측면도

해설 3각법에서 저면도는 밑에서 본 것이고, 배면도는 뒤에서 본 것이다.

9. 그림의 도면은 제3각법으로 그려진 평면도와 우측면도이다. 누락된 정면도로 가장 적합한 것은?

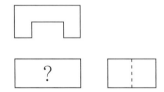

해설 평면도에 모서리의 점으로 나타나고 측면도에 선으로 나타나는 도형 요소는 정면도에서 세로 방향의 직선으로 나타난다.

10. CAD로 2차원 평면에서 원을 정의하고자 한다. 다음 중 특정 원을 정의할 수 없는 것은?

① 원의 반지름과 원을 지나는 하나의 접선으로 정의
② 원의 중심점과 반지름으로 정의
③ 원의 중심점과 원을 지나는 하나의 접선으로 정의
④ 원을 지나는 3개의 점으로 정의

해설 하나의 접선과 원의 반지름만으로는 중심이 서로 다른 수없이 많은 원이 존재할 수 있으므로 특정 원을 정의할 수 없다.

11. 다음 평면도에 해당하는 것은? (제3각법의 경우)

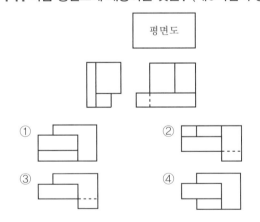

12. 다음 중 단면 도시 방법에 대한 설명으로 틀린 것은?

① 단면 부분을 확실하게 표시하기 위하여 보통 해칭(hatching)을 한다.

② 해칭을 하지 않아도 단면이라는 것을 알 수 있을 때에는 해칭을 생략해도 된다.

③ 같은 절단면 위에 나타나는 같은 부품의 단면은 해칭선의 간격을 달리한다.

④ 단면은 필요로 하는 부분만을 파단하여 표시할 수 있다.

해설 같은 절단면에서의 단면은 해칭선 간격과 같게 표시되어야 한다.

13. 다음 투상도의 설명으로 틀린 것은?

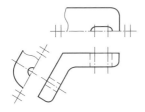

① 경사면을 보조 투상도로 나타낸 도면이다.

② 평면도의 일부를 생략한 도면이다.

③ 좌측면도를 회전 투상도로 나타낸 도면이다.

④ 대칭 기호를 사용해 한쪽을 생략한 도면이다.

해설 좌측면이 경사져 있으므로 보조 투상도로 나타낸 것이다.

14. 규소강의 용도는 어느 것인가?

① 버니어 캘리퍼스   ② 줄, 해머

③ 선반용 바이트   ④ 변압기 철심

해설 ① 버니어 캘리퍼스 : 스테인리스
② 줄, 해머 : 공구강
③ 선반용 바이트 : 공구강 또는 초경합금
④ 변압기 철심 : 규소강

15. 다음 중 담금질 조직이 아닌 것은?

① 소르바이트   ② 레데부라이트

③ 마텐자이트   ④ 트루스타이트

해설 레데부라이트(ledeburite) : 공정 반응에서 생긴 공정 조직을 말하며 탄소 함량은 4.3%이며 오스테나이트와 시멘타이트의 공정이다.

16. 각 좌표계에서 현재 위치, 즉 출발점을 항상 원점으로 하여 임의의 위치까지의 거리로 나타내는 좌표계 방식은?

① 직교좌표계

② 극좌표계

③ 상대좌표계

④ 원통좌표계

해설 이동하는 두 점 간의 상대적인 거리에 의해 위치를 표시하는 좌표계를 상대좌표계라고 한다.

17. 길이 치수의 치수 공차 표시 방법으로 틀린 것은 어느 것인가?

① $50^{-0.05}_{0}$ ② $50^{+0.05}_{0}$

③ $50^{+0.05}_{+0.02}$ ④ 50 ± 0.05

해설 치수 허용차 중 큰 값이 위 치수 허용차이고 작은 값이 아래 치수 허용차이다. 0과 -0.05 중에 0이 큰 값이므로 아래와 같이 기입해야 한다.

$$50^{0}_{-0.05}$$

18. 일부의 도형이 치수 수치에 비례하지 않을 때의 표시법으로 올바른 것은?

① 치수 수치의 아래에 실선을 긋는다.

② 치수 수치에 ( )를 한다.

③ 치수 수치를 사각형으로 둘러 싼다.

④ 치수 수치 앞에 "실" 또는 "전개"의 글자 기호를 기입한다.

해설 도면 중 특정 부분의 길이가 표시되는 치수와 다른 경우 치수 수치에 밑줄을 그어 비례척과 다름을 표시해야 한다.

19. 축의 지름이 $80^{+0.025}_{-0.020}$일 때, 공차는?

① 0.025   ② 0.02

③ 0.045   ④ 0.005

해설 허용되는 최대 지름은 80.025mm이고, 최소 지름은 79.98mm이므로 공차는
$$80.025 - 79.98 = 0.045mm$$

20. "ø60 H7"에서 각각의 항목에 대한 설명으로 틀린 것은?

① ø : 지름 치수를 의미

② 60 : 기준 치수

③ H : 축의 공차역의 위치

④ 7 : IT 공차 등급

해설 H는 대문자이므로 구멍 기호이다.

21. 기하 공차 중 데이텀이 적용되지 않는 것은?

① 평행도   ② 평면도

③ 동심도   ④ 직각도

해설 기하 공차를 규제할 때 단독 형상이 아닌 관련되는 형체의 기준으로부터 기하 공차를 규제하는 경우, 어느 부분의 형체를 기준으로 기하 공차를 규제하느냐에 따른 기준이 되는 형체를 데이텀이라 하며, 평면도는 적용되지 않는다.

22. 구멍의 최소 치수가 축의 최대 치수보다 큰 경우는 무슨 끼워 맞춤인가?

① 헐거운 끼워 맞춤

② 중간 끼워 맞춤

③ 억지 끼워 맞춤

④ 강한 억지 끼워 맞춤

해설 헐거운 끼워 맞춤이란 부품을 가공할 때 구멍을 축보다 약간 크게 만들어 조립하는 맞춤 방법이다. 이런 맞춤 방법은 항상 틈새를 갖게 되므로 미끄러짐이 원활하도록 할 경우에 적용된다.

23. ø50H7/p6과 같은 끼워 맞춤에서 H7의 공차값은 $^{+0.025}_{0}$이고, p6의 공차값은 $^{+0.042}_{+0.026}$이다. 최대 죔새는?

① 0.001   ② 0.027

③ 0.042   ④ 0.067

해설 최대 죔새는 구멍이 가장 작을 때와 축이 가장 클 때의 죔새를 말한다. 축은 가장 작을 때 50.0mm이고, 축은 가장 클 때 50.042mm이므로 최대 죔새는 0.042mm이다.

24. 기하 공차 표기에서 그림과 같이 수치에 사각형 테두리를 씌운 것은 무엇을 나타내는 것인가?

$$\boxed{52}$$

① 데이텀

② 돌출 공차역

③ 이론적으로 정확한 치수

④ 최대 실체 공차 방식

해설 치수 공차가 적용되지 않는 이론적으로 정확한 위치를 표시할 때는 치수 수치에 사각형 테두리를 씌운다.

25. 아래 그림에서 표면 거칠기 기호 표시가 잘못된 곳은?

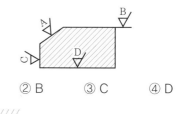

① A   ② B   ③ C   ④ D

해설

26. 그림과 같이 기입된 표면 지시 기호의 설명으로 옳은 것은?

① 연삭 가공을 하고 가공 무늬는 동심원이 되게 한다.

② 밀링 가공을 하고 가공 무늬는 동심원이 되게 한다.

③ 연삭 가공을 하고 가공 무늬는 방사상이 되게 한다.

④ 밀링 가공을 하고 가공 무늬는 방사상이 되게 한다.

해설 ㉠ 가공 방법 : 면의 지시 기호의 긴 쪽 다리에 가로선을 붙여서 기입한다.
예) M : 밀링 가공

ⓒ 줄무늬 방향 : 가공으로 생긴 선의 방향을 표시하
며 면의 지시 기호의 오른쪽에 기입한다.
예 C : 동심원

27. 다음 중 게이지 블록과 함께 사용하여 삼각함수
계산식을 이용하여 각도를 구하는 것은?

① 수준기
② 사인 바
③ 요한슨식 각도 게이지
④ 콤비네이션 세트

해설	
수준기	수평 또는 수직을 측정
요한슨식 각도 게이지	지그, 공구, 측정기구
콤비네이션 세트	각도 측정, 중심내기 등에 사용

28. 3각법으로 그린 다음과 같은 투상도의 입체도로
가장 적합한 것은?

①   ②

③   ④

29. 다음과 같은 투상도는 어느 입체도에 해당하는
가? (3각법)

①   ②

③   ④

30. 면을 사용하여 은선을 제거시킬 수 있고 또 면의
구분이 가능하므로 가공면을 자동적으로 인식 처
리할 수 있어서 NC data에 의한 NC 가공 작업이
가능하나 질량 등의 물리적 성질은 구할 수 없는
모델링 방법은?

① 서피스 모델링   ② 솔리드 모델링
③ 시스템 모델링   ④ 와이어 프레임 모델링

해설 솔리드 모델링은 질량 등의 물리적 성질을 구할
수 있고, 와이어 프레임 모델링은 은선을 제거할 수
없다.

31. 각도 측정기가 아닌 것은?

① 사인 바   ② 수준기
③ 오토 콜리메이터   ④ 외경 마이크로미터

해설 외경 마이크로미터는 길이 측정기이다.

32. 측정자의 직선 또는 원호 운동을 기계적으로 확
대하여 그 움직임을 지침의 회전변위로 변환시켜
눈금을 읽을 수 있는 측정기는?

① 다이얼 게이지   ② 마이크로미터
③ 만능 투영기   ④ 3차원 측정기

해설 마이크로미터는 나사의 원리를 이용한 것이고,
만능 투영기는 광학적인 확대경이고, 3차원 측정기
는 전자식 프로브에 의해 공작물의 형상을 측정하는
것이다.

33. 버니어 캘리퍼스의 종류가 아닌 것은?

① B형   ② M형   ③ CB형   ④ CM형

해설 M형
ⓐ M1형 : 슬라이드가 홈형
ⓑ M2형 : M1형에 미동 슬라이드 장치 부착

• 정답 27. ② 28. ① 29. ③ 30. ① 31. ④ 32. ① 33. ①

34. 롤러의 중심 거리가 100mm인 사인 바로 5°의 테이퍼 값이 측정되었을 때 정반 위에 놓인 사인 바의 양 롤러 간의 높이의 차는 약 몇 mm인가?

① 8.72   ② 7.72   ③ 4.36   ④ 3.36

해설 $100 \times \sin 5° = 8.72 \text{mm}$

35. 핀 이음에서 한쪽 포크(fork)에 아이(eye) 부분을 연결하여 구멍에 수직으로 평행 핀을 끼워 두 부분이 상대적으로 각운동을 할 수 있도록 연결한 것은?

① 코터   ② 너클 핀
③ 분할 핀   ④ 스플라인

해설 코터는 쐐기 모양, 분할 핀은 머리핀 모양, 스플라인은 추로스 모양이다.

36. 나사 종류의 표시기호 중 틀린 것은?

① 미터 보통 나사 – M
② 유니파이 가는 나사 – UNC
③ 미터 사다리꼴 나사 – Tr
④ 관용 평행 나사 – G

해설 UNC는 유니파이 보통 나사를 표시하며, 유니파이 가는 나사는 UNF로 표시한다.

37. 기어의 도시 방법에 관한 내용으로 올바른 것은?

① 이끝원은 가는 실선으로 그린다.
② 피치원은 가는 1점 쇄선으로 그린다.
③ 이뿌리원은 2점 쇄선으로 그린다.
④ 잇줄 방향은 보통 3개의 파선으로 그린다.

해설 이끝원은 굵은 실선, 이뿌리원은 가는 실선, 잇줄 방향은 3개의 가는 실선으로 그린다.

38. 길이가 200mm인 스프링의 한 끝을 천장에 고정하고, 다른 한 끝에 무게 100N의 물체를 달았더니 스프링의 길이가 240mm로 늘어났다. 스프링 상수(N/mm)는?

① 1   ② 2   ③ 2.5   ④ 4

해설 k : 스프링 상수
P : 하중
x : 늘어난 길이라고 할 때
$$k = \frac{P}{x} = \frac{100}{240-200} = \frac{100}{40} = 2.5$$

39. 강판 또는 형강 등을 영구적으로 결합하는 데 사용되는 것은?

① 핀   ② 키
③ 용접   ④ 볼트와 너트

해설 핀, 키, 볼트와 너트는 분해가 필요한 경우에 사용하며, 다시 분해할 필요가 없을 때만 용접으로 결합시킨다.

40. V벨트 전동의 특징에 대한 설명으로 틀린 것은?

① 평 벨트보다 잘 벗겨진다.
② 이음매가 없어 운전이 정숙하다.
③ 평 벨트보다 비교적 작은 장력으로 큰 회전력을 전달할 수 있다.
④ 지름이 작은 풀리에도 사용할 수 있다.

해설 풀리에 V홈이 있으므로 잘 벗겨지지 않는다.

41. 나사산의 모양에 따른 나사의 종류에서 삼각나사에 해당하지 않는 것은?

① 미터 나사   ② 유니파이 나사
③ 관용 나사   ④ 톱니 나사

해설 나사산의 모양은 삼각, 사각, 사다리꼴, 둥근형, 톱니형으로 구분한다. 미터나사, 유니파이 나사, 관용 나사는 모두 나사산이 삼각형이다.

42. 나사의 도시에서 굵은 실선으로 도시되는 부분이 아닌 것은?

① 수나사의 바깥지름
② 암나사의 안지름
③ 암나사의 골지름
④ 완전 나사부와 불완전 나사부의 경계선

해설 암나사의 골지름은 가는 실선으로 도시한다.

43. 표준 평기어에서 피치원 지름이 600mm이고, 모듈이 10인 경우 기어의 잇수는 몇 개인가?

① 50   ② 60

③ 100   ④ 120

해설 $Z = \dfrac{D}{m} = \dfrac{600}{10} = 60$

44. 다음 체인 전동의 특성 중 틀린 것은?

① 정확한 속도비를 얻을 수 있다.

② 벨트에 비해 소음과 진동이 심하다.

③ 2축이 평행한 경우에만 전동이 가능하다.

④ 축간 거리는 10~15m가 적합하다.

해설 체인 전동의 축간 거리는 $40p \sim 50p$(p는 피치)가 적당하다. 보통 1m 이하이며 피치가 매우 큰 경우 2~3m도 가능하다.

45. 평벨트 풀리의 제도 방법을 설명한 것 중 틀린 것은?

① 암은 길이 방향으로 절단하여 단면도를 도시한다.

② 벨트 풀리는 대칭형이므로 그 일부분만을 도시할 수 있다.

③ 암의 테이퍼 부분 치수를 기입할 때 치수 보조선은 경사선으로 긋는다.

④ 암의 단면 모양은 도형의 안이나 밖에 회전 단면을 도시한다.

해설 풀리의 암은 길이 방향으로 단면하지 않는다.

46. 다음 나사 중 백래시를 작게 할 수 있고 높은 정밀도를 오래 유지할 수 있으며 효율이 가장 좋은 것은?

① 사각 나사   ② 톱니 나사

③ 볼 나사   ④ 둥근 나사

해설 볼 나사는 수나사와 암나사 사이의 백래시 공간에 볼을 채워 넣어 백래시를 제거한 것이다. 백래시가 없어야 하는 리드 스크루에 사용된다.

47. 테이퍼 핀의 호칭 지름을 표시하는 부분은?

① 핀의 큰 쪽 지름

② 핀의 작은 쪽 지름

③ 핀의 중간 부분 지름

④ 핀의 작은 쪽 지름에서 전체의 $\frac{1}{3}$이 되는 부분

해설 테이퍼 핀은 한쪽은 굵고, 한쪽은 얇은 핀이다. 핀의 작은 쪽 지름으로 호칭 지름을 표시한다.

48. 베어링의 호칭 번호 6203Z에서 Z가 뜻하는 것은?

① 한쪽 실드

② 리테이너 없음

③ 보통 틈새

④ 등급 표시

해설 Z가 하나이면 실드가 한쪽에만 있는 것이고, 두 개이면 실드가 양쪽에 모두 있는 것이다. 틈새는 C, 등급은 P로 표시한다.

49. 둥근 축 또는 원뿔 축과 보스의 둘레에 같은 간격으로 가공된 나사산 모양을 갖는 수많은 작은 삼각형의 스플라인은?

① 코터   ② 반달 키

③ 묻힘 키   ④ 세레이션

해설 축의 둘레에 수많은 삼각형 돌기를 만들어 놓은 것을 세레이션이라고 한다. 돌리 때 미끄러지지 않는다.

50. 다음 제동장치 중 회전하는 브레이크 드럼을 브레이크 블록으로 누르게 한 것은?

① 밴드 브레이크

② 원판 브레이크

③ 블록 브레이크

④ 원추 브레이크

해설 밴드 브레이크, 원판 브레이크, 원추 브레이크는 브레이크 블록이 없다.

51. 비틀림 모멘트를 받는 회전축으로 치수가 정밀하고 변형량이 적어 주로 공작기계의 주축에 사용하는 축은?

① 차축 ② 스핀들
③ 플렉시블축 ④ 크랭크축

해설 축이 받는 하중의 종류에 따른 분류
- 차축 : 주로 굽힘 모멘트를 받는다.
- 전동축 : 주로 비틀림과 굽힘 모멘트를 받는다.
- 스핀들 : 주로 비틀림 모멘트를 받는다.

52. 나사를 기능상으로 분류했을 때 운동용 나사에 속하지 않는 것은?

① 볼 나사 ② 관용 나사
③ 둥근 나사 ④ 사다리꼴 나사

해설 관용 나사는 배관을 연결할 때 사용되는 나사이다.

53. 베어링 호칭 번호 "6308 Z NR"로 되어 있을 때 각각의 기호 및 번호에 대한 설명으로 틀린 것은?

① 63 : 베어링 계열 기호
② 08 : 베어링 안지름 번호
③ Z : 레이디얼 내부 틈새 기호
④ NR : 궤도륜 모양 기호

해설 Z는 한쪽 실드붙이를 의미한다.

54. 평기어에서 피치원의 지름이 132mm, 잇수가 44개인 기어의 모듈은?

① 1 ② 3
③ 4 ④ 6

해설 $m = \dfrac{D}{Z} = \dfrac{132}{44} = 3$

55. 평판 모양의 쐐기를 이용하여 인장력이나 압축력을 받는 2개의 축을 연결하는 결합용 기계요소는?

① 코터 ② 커플링
③ 아이 볼트 ④ 테이퍼 키

해설 테이퍼 키는 평판 모양이 아니라 원뿔 모양이다.

56. 도면에 3/8-16UNC-2A로 표시되어 있다. 이에 대한 설명 중 틀린 것은?

① 3/8은 나사의 지름을 표시하는 숫자이다.
② 16은 1인치 내의 나사산의 수를 표시한 것이다.
③ UNC는 유니파이 보통나사를 의미한다.
④ 2A는 수량을 의미한다.

해설 2A는 나사의 등급을 표시한다.

57. 유체가 나사의 접촉면 사이의 틈새나 볼트의 구멍으로 흘러나오는 것을 방지할 필요가 있을 때 사용하는 너트는?

① 캡 너트
② 홈붙이 너트
③ 플랜지 너트
④ 슬리브 너트

해설

홈붙이 너트	너트의 풀림을 막기 위하여 분할 핀을 꽂을 수 있게 홈이 6개 또는 10개 정도 있는 것이다.
플랜지 너트	볼트 구멍이 클 때, 접촉면이 거칠거나 큰 면압을 피하려 할 때 쓰인다.
슬리브 너트	머리 밑에 슬리브가 달린 너트로서 수나사의 편심을 방지하는 데 사용한다.

58. 축이음 기계 요소 중 플렉시블 커플링에 속하는 것은?

① 올덤 커플링
② 셀러 커플링
③ 클램프 커플링
④ 마찰 원통 커플링

해설 올덤 커플링은 요철이 있는 원판을 사이에 두고 미끄러지면서 축이 어긋난 경우도 동력을 전달할 수 있는 커플링이다. 이렇게 어긋난 축에 동력을 전달할 수 있는 것을 플렉시블(flexible)하다고 한다.

59. 스퍼 기어에서 Z는 잇수(개)이고, P가 지름 피치(인치)일 때 피치원 지름(D, mm)을 구하는 공식은?

① $D = \dfrac{PZ}{25.4}$ ② $D = \dfrac{25.4}{PZ}$

③ $D = \dfrac{P}{25.4Z}$ ④ $D = \dfrac{25.4Z}{P}$

해설 지름 피치는 잇수를 피치원 지름으로 나눈 값이다. 단위로 인치(inch)를 사용하므로 mm로 환산하기 위해서는 25.4를 곱해 주어야 한다.
$P = \dfrac{Z}{D}[\text{in}] = \dfrac{25.4Z}{D}[\text{mm}]$이므로,
$D = \dfrac{25.4Z}{P}$

60. 축의 설계 시 고려해야 할 사항으로 거리가 먼 것은?

① 강도   ② 제동 장치
③ 부식   ④ 변형

해설 부품을 설계한다는 것은 부품의 모양이나 재질 등을 결정하는 것을 말한다. 축은 강도나 변형을 고려하여 굵기와 모양을 결정하고 부식을 고려하여 재질을 결정한다.

제7회 CBT 대비 실전문제

1. 제도 용지의 규격 중에서 "297×420"은 다음 중 어느 것에 해당하는가?

① A1   ② A2

③ A3   ④ A4

해설 제도 용지의 비율은 1:√2이다. 가장 큰 것은 A0 규격인데 841×1189이고, 한 번 접으면 A1, 두 번 접으면 A2, 세 번 접으면 A3가 된다. 접을 때는 긴 쪽을 반으로 접는다.

2. 대칭선, 중심선을 나타내는 선은?

① 가는 실선   ② 가는 2점 쇄선

③ 가는 1점 쇄선   ④ 굵은 쇄선

해설 가는 1점 쇄선의 굵기는 0.3mm 이하이며, 기어나 체인의 피치선, 피치원의 표시에 쓰인다.

3. 파단선의 설명 중 틀린 것은?

① 불규칙한 실선

② 프리핸드(free hand)로 그린다.

③ 굵기는 외형선과 같다.

④ 선의 굵기는 외형선의 1/20이다.

해설 파단선의 굵기는 가는 실선이다.

4. 투상도의 선택법 중 잘못된 것은?

① 은선이 적게 나타나도록 한다.

② 정면도를 중심이 되도록 한다.

③ 정면도 하나로 나타낼 수도 있다.

④ 2면도 이상을 선택해야 한다.

해설 필요한 경우에만 2면도 이상을 선택하고 불필요한 경우는 1면도만으로도 충분하다.

5. 다음에 나타낸 정면도에 해당되는 평면도는?

① □ (사각형 안 사각형)   ② (점선 원)

③ (원)   ④ □

해설 평면도는 물체를 위에서 내려 본 모양을 그린 것이다. 보기의 형상은 원형이나 사각형 모두 가능하지만, 가운데 부분이 가려져서 파선으로 나와야 한다.

6. 부품의 일부분이 특수한 모양으로 되어 있으면 그 부분의 모양은 정면도만을 그려서 알 수 없을 경우가 있다. 이때 평면도를 다 그릴 필요가 없이 특정 부분의 모양만을 그리는 것은?

① 부투상도   ② 국부 투상도

③ 전개도법   ④ 보조 투상도

해설 국부 투상도는 투상면 전체를 그릴 필요가 없을 때 특정 부분만 그린 것이다.

7. 복각 투상도를 바르게 설명한 것은?

① 도면에서 정면도 옆에 저면도를 나타낸다.

② 도면에서 앞면과 뒷면을 동시에 나타낸다.

③ 도면에서 정면도를 2개로 나타낸다.

④ 도면에서 평면도를 2개로 나타낸다.

해설 복각 투상도는 앞면과 뒷면을 하나의 투상면에 그린 것으로서 앞뒷면의 대조가 용이하며 지면을 적게 차지한다.

8. 제3각법으로 정투상한 그림과 같은 정면도와 평면도에 가장 적합한 우측면도는?

① 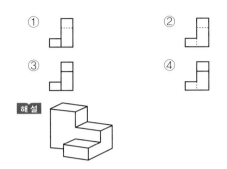 ②

③ ④

해설

에 그린 투상도
③ 특정 부분의 도형이 작아서 그 부분만을 확대하여 그린 투상도
④ 물체의 홈, 구멍 등 특정 부위만 도시한 투상도

해설 정투상면에 경사진 형상을 정확한 모양으로 그리려면 정투상면에는 투상이 불가능하므로 경사진 투상면을 추가로 그리게 되는데 이것을 보조 투상도라고 한다.

9. 제3각법으로 투상된 그림과 같은 투상도에서 평면도로 가장 적합한 것은?

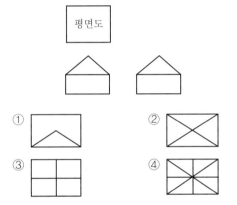

해설 정면도와 측면도에서 모두 경사진 선은 평면도에서도 경사지게 표시된다.

10. 좌우 또는 상하가 대칭인 물체의 $\frac{1}{4}$ 을 잘라내고 중심선을 기준으로 외형도와 내부 단면도를 나타내는 단면의 도시 방법은?

① 한쪽 단면도   ② 부분 단면도
③ 회전 단면도   ④ 온 단면도

해설 한쪽 단면도는 외부와 내부를 반반씩 나타내므로 반 단면도라고도 한다. 온 단면도는 $\frac{1}{4}$ 을 잘라낸 것이다.

11. 투상도의 표시 방법에서 보조 투상도에 관한 설명으로 옳은 것은?

① 복잡한 물체를 절단하여 나타낸 투상도
② 경사면부가 있는 물체의 경사면과 맞서는 위치

12. 다음 중 특수 황동이 아닌 것은?

① 델타 메탈   ② 퍼멀로이
③ 주석 황동   ④ 연황동

해설 특수 황동에는 Pb을 넣은 연황동, Sn을 넣은 주석 황동, Fe을 첨가한 델타 황동, Mn, Al, Fe, Ni, Sn을 첨가한 강력 황동이 있다. 퍼멀로이는 20~75% Ni, 5~40% Co, 나머지 Fe의 Ni-Fe 합금이다.

13. 다음 구멍과 축의 끼워 맞춤 조합에서 헐거운 끼워 맞춤은?

① ϕ40 H7/g6   ② ϕ50 H7/k6
③ ϕ60 H7/p6   ④ ϕ70 H7/s6

해설 소문자로 표기된 축의 종류가 h를 기준으로 a 쪽에 가까운 문자 표기이면 헐거운 끼워 맞춤이고, z 쪽에 가까운 문자 표기이면 억지 끼워 맞춤이다.

14. 합성수지의 공통적 성질이 아닌 것은?

① 가볍고 튼튼하다.
② 성형성이 나쁘다.
③ 전기 절연성이 좋다.
④ 단단하나 열에 약하다.

해설 ㉠ 가볍고 튼튼하다(비중 1~1.5).
ㄴ 가공성이 크고 성형이 간단하다.
ㄷ 전기 절연성이 좋다.
ㄹ 산, 알칼리, 유류, 약품 등에 강하다.
ㅁ 단단하나 열에 약하다.
ㅂ 투명한 것이 많으며 착색이 자유롭다.
ㅅ 비중과 강도의 비인 비강도가 비교적 높다.

15. CAD 시스템의 입력 장치가 아닌 것은?

① 키보드　　　　　② 라이트 펜
③ 플로터　　　　　④ 마우스

해설 플로터는 CAD 시스템의 출력 장치이다.

16. 상용하는 공차역에서 위 치수 허용차와 아래 치수 허용차의 절댓값이 같은 것은?

① H　　　　　② js
③ h　　　　　④ E

해설 공차역이란 위 치수 허용차와 아래 치수 허용차 사이의 범위를 나타낸다. 이 두 가지 허용차의 절댓값이 같다는 것은 예를 들어 ±0.02와 같이 표시할 수 있다는 것을 의미한다. 이러한 공차역에 해당하는 것은 js이다.

17. 도면에 치수를 기입할 때의 주의사항으로 틀린 것은?

① 치수는 정면도, 측면도, 평면도에 보기 좋게 골고루 배치한다.
② 외형선, 중심선 혹은 그 연장선은 치수선으로 사용하지 않는다.
③ 치수는 가능한 한 도형의 오른쪽과 위쪽에 기입한다.
④ 한 도면 내에서는 같은 크기의 숫자로 치수를 기입한다.

해설 치수는 가능하면 주투상도에 집중하여 기입해야 한다.

18. 치수 보조 기호에 대한 설명으로 틀린 것은?

① C : 45도 모따기 기호
② SR : 구의 반지름 기호
③ ( ) : 직접적으로 필요하지 않으나 참고로 나타낼 때 사용하는 참고 치수 기호
④ t : 리벳 이음 등에서 피치를 나타낼 때 사용하는 피치 기호

해설 t : 두께 기호

19. 구멍의 치수가 $\phi 30^{+0.025}_{0}$, 축의 치수가 $\phi 30^{+0.020}_{-0.005}$일 때 최대 죔새는 얼마인가?

① 0.030　　　　　② 0.025
③ 0.020　　　　　④ 0.005

해설 최대 죔새란 축이 구멍보다 가장 크게 제작될 때의 치수이다. 따라서, 최대 죔새는 30.020−30.0＝0.020mm가 된다.

20. 도면에서 구멍의 치수가 $\phi 60^{+0.03}_{-0.02}$로 표기되어 있을 때 아래 치수 허용차값은?

① +0.03　　　　　② +0.01
③ −0.02　　　　　④ −0.01

해설 기준 치수 옆에 있는 것이 치수 허용차인데 위에 있는 것을 위 치수 허용차, 아래에 있는 것을 아래 치수 허용차라고 한다. 항상 큰 치수를 위에, 작은 치수를 아래에 기입해야 한다.

21. 기하 공차의 구분 중 모양 공차의 종류에 속하지 않는 것은?

① 진직도 공차　　　　　② 평행도 공차
③ 진원도 공차　　　　　④ 면의 윤곽도 공차

해설 평행도 공차는 자세 공차에 속한다.

22. 데이텀이 필요치 않은 기하 공차의 기호는?

① ◎　　　　　② ⊥
③ ∠　　　　　④ ○

해설 평행도 공차는 자세 공차에 속한다.

23. KS 규격에서 $\phi 90$ h 6은 다음 중 무엇을 뜻하는가?

① 축 기준식　　　　　② 축과 구멍 기준식
③ 구멍 기준식　　　　　④ 억지 끼워 맞춤

해설 기준 치수 뒤에 있는 영문자가 대문자이면 구멍의 종류이고, 소문자이면 축의 종류이다. 특히, 구멍 기준식 끼워 맞춤을 할 때는 H 구멍을 사용하고, 축 기준식 끼워 맞춤을 할 때는 h 축을 사용한다.

• 정답 　15. ③　16. ②　17. ①　18. ④　19. ③　20. ③　21. ②　22. ④　23. ①

24. 다음 그림은 제 3각법으로 제도한 것이다. 이 물체의 등각 투상도로 알맞은 것은?

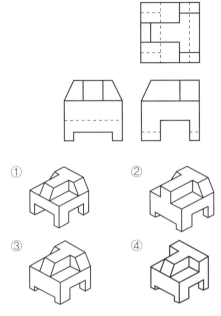

① ② ③ ④

해설 정투상을 보고 3D 모델링을 하려면 홈의 깊이와 경사면의 위치를 면밀히 관찰해야 한다.

25. 도면에서 다음과 같은 기하 공차 기호에 알맞은 설명은?

| // | 0.01/100 | A |

① 평면도가 평면 A에 대하여 지정 길이 0.01mm에 대한 100mm의 허용값을 가지는 것을 말한다.
② 평면도가 직선 A에 대하여 지정 길이 100mm에 대한 0.01mm의 허용값을 가지는 것을 말한다.
③ 평행도가 기준 A에 대하여 지정 길이 0.01mm에 대한 100mm의 허용값을 가지는 것을 말한다.
④ 평행도가 기준 A에 대하여 지정 길이 100mm에 대한 0.01mm의 허용값을 가지는 것을 말한다.

해설 사선 두 개는 평행도 공차를 의미하고, A는 기준, 분모의 100은 지정 길이, 0.01은 허용값을 의미한다. 평면도는 평행 사변형으로 표시한다.

26. 다음은 제 3 각법으로 그린 정투상도이다. 입체도로 옳은 것은?

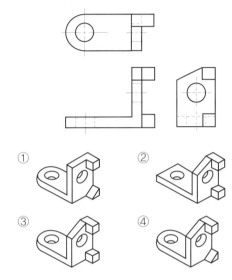

① ② ③ ④

해설 바닥 면이 사각이 아니라 원형이고 측면의 돌기가 삼각이 아니라 아래 위 모두 사각인 것은 3번이다.

27. 표면 거칠기값(6.3)만을 직접 면에 지시하는 경우 표시 방향이 잘못된 것은?

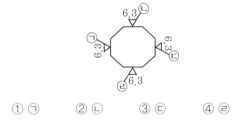

① ㉠ ② ㉡ ③ ㉢ ④ ㉣

해설 제도에서 문자 또는 숫자는 왼쪽에서 오른쪽으로, 아래쪽에서 위쪽 방향으로 기입해야 하는데, 보기 ㉢은 위쪽에서 아래쪽 방향으로 기입한 것이므로 잘못되었다.

28. 가공에 의한 커터의 줄무늬 방향이 그림과 같을 때, (가) 부분의 기호는?

① C   ② M   ③ R   ④ X

해설 평면을 가공하면 커터의 종류나 작업 방법에 따라 각기 다른 무늬가 나타난다. C는 동심원, M은 방향 없음, R은 방사형, X는 교차 형태를 표시하는 기호이다.

29. 솔리드 모델링의 특징을 열거한 것 중 틀린 것은 어느 것인가?

① 은선 제거가 불가능하다.
② 간섭 체크가 용이하다.
③ 물리적 성질 등의 계산이 가능하다.
④ 형상을 절단하여 단면도 작성이 용이하다.

해설 솔리드 모델링은 면을 표현할 수 있으므로 은선 제거가 가능하다.

30. 직육면체나 원기둥과 같은 도형단위요소를 합집합, 차집합, 교집합 연산처리를 통해 3D 모델링하는 방식은?

① CSG   ② B-rep
③ Bezier   ④ NURBS

해설 CSG(Constructive Solid Geometry)는 직육면체, 원기둥 등의 단순한 도형단위요소(primitive)를 합집합, 차집합, 교집합 연산처리 하여 3D 모델링함으로써 중량, 체적 등을 구하기 용이하다.

31. 다음 중 비교 측정에 사용하는 측정기가 아닌 것은?

① 버니어 캘리퍼스
② 다이얼 테스트 인디케이터
③ 다이얼 게이지
④ 지침 측미기

해설 버니어 캘리퍼스는 길이를 직접 측정한다.

32. 공기 마이크로미터의 장점으로 볼 수 없는 것은 어느 것인가?

① 안지름 측정이 가능하다.

② 일반적으로 배율이 1000배에서 10000배까지 가능하다.
③ 피측정물에 붙어 있는 기름이나 먼지를 분출 공기로 불어 내어 정확한 측정을 할 수 있다.
④ 응답 시간이 매우 빠르다.

해설 공기 마이크로미터의 응답 시간은 측정에 비해서 조금 늦어져 약 0.2초 걸리며, 경우에 따라서는 1초 가까이 걸리는 경우도 있다.

33. 다음 중 동력전달용 V벨트의 규격(형)이 아닌 것은?

① B   ② A   ③ F   ④ E

해설 V벨트의 규격에는 M, A, B, C, D, E형이 있다.

34. 시준기와 망원경을 조합한 것으로 미소각도를 측정하는 광학적 측정기는?

① 오토 콜리메이터   ② 콤비네이션 세트
③ 사인 바   ④ 측장기

해설 오토 콜리메이터는 정반이나 긴 안내면 등 평면의 직진도, 진각도 및 단면 게이지의 평행도 등을 측정하는 계기이다.

35. 다음 그림과 같이 사인 바를 사용하여 각도를 측정하는 경우 a는 몇 도인가?

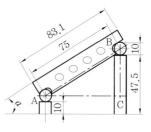

① 20°   ② 25°   ③ 30°   ④ 35°

해설 $\sin a = \dfrac{57.5-20}{75} = 0.5$ 이므로 $a = 30°$가 된다.

36. 스퍼 기어에서 모듈이 2, 기어의 잇수가 30인 경우 피치원의 지름은 몇 mm인가?

① 15   ② 32
③ 60   ④ 120

해설 $D = m \cdot Z = 2 \times 30 = 60$

37. 소선의 지름이 8mm, 스프링 전체의 평균 지름이 80mm인 압축 코일 스프링이 있다. 이 스프링의 스프링 지수는?

① 10   ② 40
③ 64   ④ 72

해설 C : 스프링 지수
D : 스프링 전체의 평균 지름
d : 소선의 지름
$C = \dfrac{D}{d} = \dfrac{80}{8} = 10$

38. 전자력을 이용하여 제동력을 가해 주는 브레이크는?

① 블록 브레이크
② 밴드 브레이크
③ 디스크 브레이크
④ 전자 브레이크

해설 전자 브레이크는 전자석의 힘으로 제동력을 가하는 브레이크이다.

39. 구름 베어링의 호칭 번호가 6205일 때 베어링의 안지름은?

① 5m   ② 20mm
③ 25mm   ④ 62mm

해설 호칭 번호 뒤쪽 두 숫자가 안지름 기호이다. 안지름이 20mm 이상일 경우는 안지름을 5로 나눈 숫자로 표기한다. 20mm 미만은 특별한 숫자를 사용하는데 00은 10mm, 01은 12mm, 02는 15mm, 03은 17mm이다.

40. 웜의 제도 시 이뿌리원 도시 방법으로 옳은 것은?

① 가는 실선으로 도시한다.
② 파선으로 도시한다.
③ 굵은 실선으로 도시한다.
④ 굵은 1점 쇄선으로 도시한다.

해설 웜기어의 이끝원은 굵은 실선으로, 이뿌리원은 가는 실선으로 도시한다.

41. 일반적으로 테이퍼 핀의 테이퍼 값은?

① $\dfrac{1}{20}$ ② $\dfrac{1}{30}$
③ $\dfrac{1}{40}$ ④ $\dfrac{1}{50}$

해설 테이퍼란 한쪽은 굵고 한쪽은 얇은 것을 말하며, 그 뾰족한 정도를 테이퍼라고 한다. 구멍과 핀의 테이퍼 값이 일치해야 조립이 가능하다. 일반적인 테이퍼 핀의 테이퍼 값은 1/50이다.

42. 다음 그림은 어떤 키(key)를 나타낸 것인가?

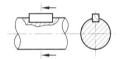

① 묻힘 키   ② 안장 키
③ 접선 키   ④ 원뿔 키

해설 축에 홈을 파고 묻어서 고정하는 키를 묻힘 키라고 한다. 안장 키는 축에 홈을 파지 않으며, 접선 키는 축의 원주상에 접선 방향으로 설치하고, 원뿔 키는 키와 홈이 모두 원뿔 모양이다.

43. 6각의 대각선 거리보다 큰 지름의 자리면이 달린 너트로서 볼트 구멍이 클 때, 접촉면을 거칠게 다듬질했었을 때 또는 큰 면압을 피하려고 할 때 쓰이는 너트(nut)는?

① 둥근 너트
② 플랜지 너트
③ 아이 너트
④ 홈붙이 너트

해설 접촉되는 자리면을 넓힌 것을 플랜지 너트라고 한다.

44. 그림과 같은 리벳 이음의 명칭은?

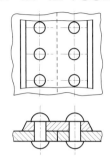

① 1줄 겹치기 리벳 이음
② 1줄 맞대기 리벳 이음
③ 2줄 겹치기 리벳 이음
④ 2줄 맞대기 리벳 이음

해설 맞대는 양쪽에 모두 두 줄씩 있는 것이 2줄 맞대기 리벳 이음이다. 그림은 한쪽에 한 줄씩 있으므로 1줄 맞대기 리벳 이음이다.

45. 평벨트 풀리의 구조에서 벨트와 직접 접촉하여 동력을 전달하는 부분은?

① 림   ② 암
③ 보스   ④ 리브

해설 풀리란 벨트를 걸어 돌리는 바퀴를 말하며, 림 (rim)이란 가장 외곽의 테 부분을 말한다.

46. 맞물리는 한 쌍의 평기어에서 모듈이 2이고, 잇수가 각각 20, 30일 때 두 기어의 중심 거리는?

① 30mm   ② 40mm
③ 50mm   ④ 60mm

해설 $D_1 = m \cdot Z_1 = 2 \times 20 = 40$
$D_2 = m \cdot Z_2 = 2 \times 30 = 60$
$C = \dfrac{D_1 + D_2}{2} = \dfrac{40 + 60}{2} = 50$

47. 나사의 도시법 중 측면에서 본 그림 및 그 단면도에서 보이는 상태에서 나사의 골밑(골지름)은 어떤 선으로 도시하는가?

① 굵은 실선
② 가는 2점 쇄선
③ 가는 실선
④ 가는 1점 쇄선

해설 나사의 산 윗부분을 이은 선은 굵은 실선으로 그리고, 나사의 골밑을 이은 선은 가는 실선으로 그린다.

48. 다음 중 전위 기어의 사용 목적으로 가장 옳은 것은?

① 베어링 압력을 증대시키기 위함
② 속도비를 크게 하기 위함
③ 언더컷을 방지하기 위함
④ 전동 효율을 높이기 위함

해설 언더컷이란 래크 공구나 호브로 기어를 창성할 때 간섭에 의해 기어의 이뿌리가 깎여 가늘어지는 것을 말하며, 언더컷 방지를 위해 전위 기어로 가공한다.

49. 지름 5mm 이하의 바늘 모양의 롤러를 사용하는 베어링은?

① 니들 롤러 베어링
② 원통 롤러 베어링
③ 자동 조심형 롤러 베어링
④ 테이퍼 롤러 베어링

해설 니들(needle)은 영어로 바늘이란 뜻이며 바늘처럼 가늘고 긴 모양을 나타내기도 한다.

50. 기어의 도시방법을 설명한 것 중 틀린 것은?

① 피치원은 굵은 실선으로 그린다.
② 잇봉우리원은 굵은 실선으로 그린다.
③ 이골원은 가는 실선으로 그린다.
④ 잇줄 방향은 보통 3개의 가는 실선으로 그린다.

해설 피치원은 가는 1점 쇄선으로 그린다.

51. 다음 용접 이음의 기본 기호 중에서 잘못 도시된 것은?

① V형 맞대기 용접 : ∨

② 필릿 용접 : ◣

③ 플러그 용접 : ⊓

④ 심 용접 : ○

해설 심 용접 : ⊖

52. 회전 운동을 하는 드럼이 안쪽에 있고, 바깥에서 양쪽 대칭으로 드럼을 밀어 붙여 마찰력이 발생하도록 한 브레이크는?

① 블록 브레이크

② 밴드 브레이크

③ 드럼 브레이크

④ 캘리퍼형 원판 브레이크

해설 밴드 브레이크는 드럼을 밴드로 조여서 제동하는 것이고, 드럼 브레이크는 바깥쪽의 드럼을 안쪽에 있는 라이닝으로 제동하는 것이고, 캐리퍼형 원판 브레이크는 원판을 원판 양쪽에서 눌러 잡아서 제동하는 것이다.

53. 키의 너비만큼 축을 평평하게 가공하고, 안장키보다 약간 큰 토크 전달이 가능하게 제작된 키는?

① 접선 키   ② 평키

③ 원뿔 키   ④ 둥근 키

해설 축의 한쪽 부분을 평평하게 가공해서 축을 D자 모양으로 만들고 여기에 키를 조립하여 회전력을 전달하는 것이다.

54. 회전체의 균형을 좋게 하거나 너트를 외부에 돌출시키지 않으려고 할 때 주로 사용하는 너트는?

① 캡 너트   ② 둥근 너트

③ 육각 너트   ④ 와셔붙이 너트

해설 둥근 너트는 너트의 바깥이 원형으로 되어 있어서 공작기계의 스핀들처럼 돌출되어 회전하는 부분에 사용한다. 조일 때는 둘레에 있는 홈을 이용한다.

55. 다음 중 분할 핀에 관한 설명으로 틀린 것은?

① 핀 한쪽 끝이 두 갈래로 되어 있다.

② 너트의 풀림 방지에 사용된다.

③ 축에 끼워진 부품이 빠지는 것을 방지하는 데 사용된다.

④ 테이퍼 핀의 일종이다.

해설 분할 핀과 테이퍼 핀은 다른 종류이다. 분할 테이퍼 핀 또는 스플릿 테이퍼 핀이라고 하는 것은 테이퍼 핀의 일종이다.

56. 큰 토크를 전달시키기 위해 같은 모양의 키 홈을 등간격으로 파서 축과 보스를 잘 미끄러질 수 있도록 만든 기계 요소는?

① 코터   ② 묻힘 키

③ 스플라인   ④ 테이퍼 키

해설 스플라인 홈은 축의 원주상에 길이 방향으로 길게 가공되어 있어서 보스의 축 방향 이동이 가능하므로 변속기에 사용된다.

57. 나사의 용어 중 리드에 대한 설명으로 맞는 것은 어느 것인가?

① 1회전 시 작용되는 토크

② 1회전 시 이동한 거리

③ 나사산과 나사산의 거리

④ 1회전 시 원주의 길이

해설 나사의 리드는 나사가 1회전할 때 나사가 너트에 대해서 이동한 거리이다.

58. 전동축에 큰 휨(deflection)을 주어서 축의 방향을 자유롭게 바꾸거나 충격을 완화시키기 위하여 사용하는 축은?

① 크랭크 축   ② 플렉시블 축

③ 차축   ④ 직선 축

해설 플렉시블 축은 휘어질 수 있어서 축의 방향을 바꾸거나 충격을 완화시킬 때 사용한다.

59. 유니파이 나사의 호칭 1/2−13UNC에서 13이
뜻하는 것은?

① 바깥지름

② 피치

③ 1인치당 나사산 수

④ 등급

해설 1/2−13 UNC

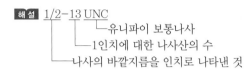

┗ 유니파이 보통나사

┗ 1인치에 대한 나사산의 수

┗ 나사의 바깥지름을 인치로 나타낸 것

60. 벨트 전동 장치의 특성에 관한 설명으로 틀린 것
은 어느 것인가?

① 회전비가 부정확하여 강력 고속 전동이 곤란
하다.

② 전동 효율이 작아 각종 기계 장치의 운전에 널
리 사용하기에는 부적합하다.

③ 중동축에 과대 하중이 작용할 때에는 벨트와 풀
리 부분이 미끄러져서 전동 장치의 파손을 방지
할 수 있다.

④ 전동 장치가 조작이 간단하고 비용이 싸다.

해설 벨트 전동은 전동 효율이 높아 기계 장치의 운전
에 널리 사용되고 있다.

제8회 CBT 대비 실전문제

1. 제작 도면으로 완성된 도면에서 문자, 선 등이 겹칠 때 우선 순위로 맞는 것은?

① 외형선→숨은선→중심선→숫자, 문자

② 숫자, 문자→외형선→숨은선→중심선

③ 외형선→숫자, 문자→중심선→숨은선

④ 숫자, 문자→숨은선→외형선→중심선

해설 도면에서 선과 문자가 겹쳐지면 문자를 우선적으로 표기하고 겹쳐지는 선은 끊어 놓는다. 같은 위치에 선이 겹쳐진다면 외형선–숨은선–중심선 순으로 우선 순위를 갖는다.

2. 다음 중 가는 선 : 굵은 선 : 아주 굵은선 굵기의 비율이 옳은 것은?

① 1 : 2 : 4   ② 1 : 3 : 4

③ 1 : 3 : 6   ④ 1 : 4 : 8

해설 일반적으로 가는 선의 굵기는 0.25mm, 굵은 선의 굵기는 0.5mm, 아주 굵은 선의 굵기는 1m이다.

3. 다음 물체를 화살표 방향에서 볼 때 제3각법에서 그림 (a), (b)는 무엇인가?

(a)   (b)

① (a) : 우측면도, (b) : 저면도

② (a) : 좌측면도, (b) : 정면도

③ (a) : 우측면도, (b) : 정면도

④ (a) : 좌측면도, (b) : 저면도

해설 화살표 방향이 정면도라면 바닥면의 길이가 왼쪽이 짧고 오른쪽이 길게 보이는 것은 우측면도이다.

4. 가는 실선을 사용하지 않는 것은?

① 치수선   ② 해칭선

③ 회전 단면 외형선   ④ 은선

해설 은선은 중간 굵기의 파선을 사용한다. 파선이란 일정한 간격으로 끊어진 선을 말한다.

5. 다음 보기와 같은 그림은 어느 것에 속하는가?

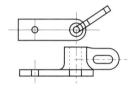

① 보조 투상도   ② 국부 투상도

③ 회전 투상도   ④ 관용도

해설 부품의 형상이 기울어져서 정투상면에서 정확한 형상으로 보이지 않을 때는 투상면에 평행하게 회전해서 그려도 되는데 이런 것을 회전 투상도라고 한다. 이 문제의 보기에서는 경사진 둥근 형체가 정면도에서 정확한 반원이 아닌 타원으로 나오게 되므로 회전 투상하여 정확한 반원으로 도시한 것이다.

6. 정면도의 정의에 해당되는 것은?

① 물체의 모양을 가장 잘 표시하고 물체의 특징을 잡기 쉬운 면을 그린다.

② 물체의 정면에서 보고 그린 그림으로, 도면의 상부에 위치한다.

③ 물체의 각 면 중 가장 그리기 쉬운 면을 그린다.

④ 물체의 뒷면을 그린다.

해설 정면도는 도면의 가운데에 위치해야 하며 복잡하더라도 물체의 모양을 가장 잘 표현할 수 있는 쪽을 정면으로 잡아야 한다.

7. 다음 그림 중 A와 같은 투상도를 무엇이라 하는가?

① 보조 투상도　　② 국부 투상도
③ 가상도　　　　　④ 회전도법

해설 정면에서 경사진 면은 평면도나 측면도에서도 실제 길이를 도시할 수 없고 실제보다 짧게 나타나므로 실제 길이로 도시하기 위해서 경사진 면에 평행하게 보조 투상도를 그린다.

8. 투상도의 선택 방법에 대한 설명으로 틀린 것은 어느 것인가?

① 조립도 등 주로 기능을 나타내는 도면에서는 대상물을 사용하는 상태로 놓고 그린다.
② 부품을 가공하기 위한 도면에서는 가공 공정에서 대상물이 놓인 상태로 그린다.
③ 주 투상도에서는 대상물의 모양이나 기능을 가장 뚜렷하게 나타내는 면을 그린다.
④ 주 투상도를 보충하는 다른 투상도는 명확한 이해를 위해 되도록 많이 그린다.

해설 되도록 적은 수의 투상도를 그려야 한다.

9. 해칭선의 각도는 다음 중 어느 것을 원칙으로 하는가?

① 수평선에 대하여 45°로 한다.
② 수평선에 대하여 60°로 한다.
③ 수평선에 대하여 30°로 긋는다.
④ 수직 또는 수평으로 긋는다.

해설 해칭선은 원칙적으로 수평선에 대하여 45° 등간격(2~3mm)으로 긋는다. 그러나 45°로 넣기가 힘들거나 필요할 때는 ②, ③, ④항과 같이 쓰기로 하며, 단면의 주변을 색연필 등으로 엷게 칠하기도 한다.

10. 다음 그림과 같은 단면도(빗금친 부분)를 무엇이라 하는가?

① 회전 도시 단면도　② 부분 단면도
③ 온 단면도　　　　④ 한쪽 단면도

해설 주형을 이용해서 찍어낸 부품들은 모서리가 둥글게 라운드 처리되어 있다. 라운드가 얼마나 큰지 작은지를 표현하기 위해 투상도 하나를 추가하기 곤란할 때는 일부분을 단면한 모양을 그 위치에 회전하여 도시함으로써 라운드 크기를 보여줄 수 있는데 이런 것을 회전 도시 단면도라고 한다.

11. CAD 시스템에서 도면상 임의의 점을 입력할 때 변하지 않는 원점(0, 0)을 기준으로 정한 좌표계는 어느 것인가?

① 상대좌표계　　　② 상승좌표계
③ 증분좌표계　　　④ 절대좌표계

해설 CAD의 좌표계는 절대좌표계와 상대좌표계로 나뉘는데 원점을 기준으로 수치를 입력하는 것을 절대좌표계, 이전에 찍은 점을 기준으로 하는 것을 상대좌표계라고 한다. 상대좌표계는 증분좌표계라고 표기하는 때도 있다.

12. 다음에서 스프링강(spring steel)이 갖추어야 할 성질 중 틀린 것은 어느 것인가?

① 탄성 한도가 커야 한다.
② 피로 한도가 작아야 한다.
③ 항복 강도가 커야 한다.
④ 충격값이 커야 한다.

해설 스프링강은 여러 차례 반복되는 하중에 견뎌야 하므로 피로 한도가 커야 한다.

13. 다음 중 인장 강도가 가장 큰 주철은 어느 것인가?

① 미하나이트 주철
② 구상 흑연 주철
③ 칠드 주철
④ 가단주철

해설 주철 중에 구상 흑연 주철은 특히 인장 강도를 높인 주철이다.

14. 다음 그림에서 모따기가 C2일 때 모따기의 각도는?

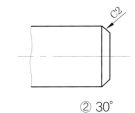

① 15° ② 30°
③ 45° ④ 60°

해설 예리한 모서리를 조립이나 안전 또는 미관을 목적으로 모따기를 하는데 용도에 따라 각도가 다르다. 일반적으로 45°로 모따기 하는 경우가 많기 때문에 C(chamfer)로 표기하고, 그 이외의 각도인 경우는 C를 붙이지 않고 모따기 길이와 각도를 기입해 주어야 한다.

15. 다음 그림과 같은 암나사 관련 부분의 도시 기호의 설명으로 틀린 것은?

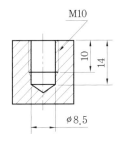

① 드릴의 지름은 8.5mm
② 암나사의 안지름은 10mm
③ 드릴 구멍의 깊이는 14mm
④ 유효 나사부의 길이는 10mm

해설 암나사를 가공했을 때 안지름은 드릴의 지름과 같다.

16. 치수의 허용 한계를 기입할 때 일반사항에 대한 설명으로 틀린 것은?

① 기능에 관련되는 치수와 허용 한계는 기능을 요구하는 부위에 직접 기입하는 것이 좋다.
② 직렬 치수 기입법으로 치수를 기입할 때는 치수 공차가 누적되므로 공차의 누적이 기능에 관계가 없는 경우에만 사용하는 것이 좋다.

③ 병렬 치수 기입법으로 치수를 기입할 때 치수 공차는 다른 치수의 공차에 영향을 주기 때문에 기능 조건을 고려하여 공차를 적용한다.
④ 축과 같이 직렬 치수 기입법으로 치수를 기입할 때 중요도가 작은 치수는 괄호를 붙여서 참고 치수로 기입하는 것이 좋다.

해설 병렬 치수 기입은 개개의 치수가 다른 치수에 영향을 주지 않는다.

17. 중간 끼워 맞춤에서 구멍의 치수는 $50^{+0.35}_{0}$, 축의 치수가 $50^{+0.042}_{-0.017}$일 때 최대 죔새는?

① 0.033 ② 0.008
③ 0.018 ④ 0.042

해설 최대 죔새=축의 최대 허용 치수-구멍의 최소 허용 치수
$=50.042-50=0.042$

18. 18JS7의 공차 표시가 옳은 것은? (단, 기본 공차의 수치는 18μm이다.)

① $18^{+0.018}_{0}$ ② $0.045^{0}_{-0.018}$
③ 18±0.009 ④ 18±0.018

해설 위 치수 허용차=$+\dfrac{기본 공차}{2}$
아래 치수 허용차=$-\dfrac{기본 공차}{2}$

19. 다음 그림은 스퍼 기어를 나타낸 것이다. 끝부분에는 어떤 기하 공차가 가장 적당한가?

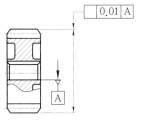

해설 ④는 흔들림 기하 공차의 기호이다. 데이텀 A가 지시하는 구멍을 중심으로 회전시키면서 측정한다.

20. 다음 ⌀100H7/g6의 끼워 맞춤 상태에서 최대 틈새는 얼마인가? (단, 100에서 H7의 IT 공차값=35μm, g6의 IT 공차값=22μm, ⌀100의 g 축의 기초가 되는 치수 허용차값=−12μm이다.)

① 0.025 　　　　② 0.045
③ 0.057 　　　　④ 0.069

> **해설** 최대 틈새=구멍의 최대 허용 치수−축의 최소 허용 치수
> 구멍의 최대 허용 치수=100+0.035=100.035
> 축의 최소 허용 치수=100−0.12−0.22=99.966
> 따라서, 최대 틈새=100.035−99.966=0.069

21. 최대 재료 조건(MMC)을 나타내는 형상 공차의 기호는?

① Ⓜ 　　② Ⓝ 　　③ Ⓟ 　　④ Ⓢ

> **해설** 기하 공차를 기입할 때 구멍의 경우 최대 공차를 적용하면 기하 공차가 엄격하더라도 구멍이 크기 때문에 조립이나 가동 범위에 여유가 커지게 되어 기계의 정밀도가 떨어지게 된다. 최대 재료 조건이란 구멍이 최대 재료를 가질 때, 즉 구멍이 제일 작을 때를 말한다.

22. 기하 공차 기호의 기입에서 선 또는 면의 어느 한정된 범위에만 공차 값을 적용할 때 한정 범위를 나타내는 선의 종류는?

① 가는 1점 쇄선 　　② 굵은 1점 쇄선
③ 굵은 실선 　　　　④ 가는 파선

> **해설** 기하 공차가 부품 전체가 아니라 어느 한정된 부분에만 적용되게 할 때는 그 범위를 굵은 1점 쇄선으로 표시한다.

23. 다음 중 연삭 가공을 나타내는 약호는?

① L 　　② D 　　③ M 　　④ G

> **해설** 부품 표면을 규정할 때는 표면의 거칠기, 표면의 결 무늬, 표면 가공 방법 등을 표기할 수 있는데 연삭 가공을 나타낼 때는 G라고 표기한다. G는 grinding의 약어이다.

24. 가공에 의한 커터의 줄무늬가 여러 방향으로 교차 또는 무방향을 나타내는 줄무늬 방향 기호는?

① 　　②
③ 　　　　　　　　　④

> **해설** 표면의 줄무늬를 M으로 표기하는 것은 커터에 의한 가공 무늬가 마치 소문자 m를 연속해서 그려 놓은 것과 같이 둥글게 문질러 놓은 듯한 모양을 나타낸다. 이런 것을 제도 규칙에서는 여러 방향으로 교차 또는 무방향이라고 설명하고 있다.

25. 산술 평균 거칠기 표시 기호는?

① Ra 　　　② Rs
③ Rz 　　　④ Ru

> **해설** R은 거칠기를 뜻하는 roughness의 약어이고, a는 산술 평균을 뜻하는 average의 약어이다.

26. 다음은 제3각법으로 투상한 투상도이다. 입체도로 알맞은 것은? (단, 화살표 방향이 정면도이다.)

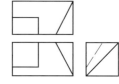

① 　　②
③ 　　④

> **해설** 정투상도를 보고 3D 모델링 할 때는 정투상도에 나타나 있는 선들의 상관관계를 파악해야 한다. 측면도에서 사선으로 된 은선을 보면 정면의 홈이 경사면이라는 것을 알 수 있다.

27. CAD에서 기하학적 형상을 나타내는 방법 중 선에 의해서만 3차원 형상을 표시하는 방법을 무엇이라고 하는가?

① line drawing modeling
② shaded modeling
③ cure modeling
④ wireframe modeling

해설 와이어프레임 모델링(wireframe modeling)이라는 말에서 와이어는 선으로만 되어 있다는 의미이다.

28. 다음 중 서피스 모델링의 특징으로 틀린 것은?

① NC 가공 정보를 얻기가 용이하다.
② 복잡한 형상 표현이 가능하다.
③ 구성된 형상에 대한 중량 계산이 용이하다.
④ 은선 제거가 가능하다.

해설 서피스 모델링은 밀도와 같은 내부에 대한 데이터가 없기 때문에 중량 계산이 불가능하다.

29. 다음 보기의 투상도는 오른쪽의 어느 입체도에 해당하는가? (제3각법)

  ①
②
③
④

해설 정투상도에 나타나 있는 선들의 상관관계를 생각해서 3D 형상을 알아내야 한다.

30. 측정기의 눈금과 눈의 위치가 같지 않은 데서 생기는 측정 오차(誤差)를 무엇이라 하는가?

① 샘플링 오차
② 계기 오차
③ 우연 오차
④ 시차(時差)

해설 측정할 때는 눈금을 수직으로 내려 보고 읽어야 하지만 그렇지 못할 때 시차가 발생된다.

31. 베어링의 호칭 번호 6304에서 6은?

① 형식 기호
② 치수 기호
③ 지름 번호
④ 등급 기준

해설 베어링 호칭 번호에서 첫 번째 숫자는 베어링의 형식 기호이다. 6은 단열깊은홈형 볼 베어링 형식이라는 의미이다.

32. 다음 중 2D 및 3D CAD 데이터를 서로 다른 CAD 소프트웨어 간에 전송하려고 할 때 사용되는 표준 파일 포맷으로서 확장자가 igs인 것은?

① 3DS
② IGES
③ IPT
④ SLDPRT

해설 IGES(Initial Graphics Exchange Specification)는 서로 다른 CAD 소프트웨어 간에 파일 전송을 위해 만든 표준 파일 포맷이며 와이어프레임 모델, 솔리드 모델 등을 ASCII 형식으로 저장한다. 확장자는 igs이다. 3DS는 3D 스튜디오, IPT는 인벤터, SLDPRT는 솔리드웍스에서 사용되는 파일이다.

33. 두 축이 교차하는 경우에 동력을 전달하려면 어떤 기어를 사용하여야 하는가?

① 스퍼 기어
② 헬리컬 기어
③ 래크
④ 베벨 기어

해설 두 축이 교차한다는 말은 기어가 꽂혀 있는 두 축의 축선이 90° 또는 특정한 각도로 만난다는 말이다. 베벨 기어는 보통 90°로 만나는 기어이다. 스퍼 기어, 헬리컬 기어, 래크는 모두 두 축이 평행할 때 사용된다.

34. 다음 중 게이지 블록과 함께 사용하여 삼각함수 계산식을 이용하여 각도를 구하는 것은?

① 수준기
② 사인 바
③ 요한슨식 각도 게이지
④ 콤비네이션 세트

해설

수준기	수평 또는 수직을 측정
요한슨식 각도 게이지	지그, 공구, 측정기구 등의 검사
콤비네이션 세트	각도 측정, 중심내기 등에 사용

35. 비교 측정기에 해당하는 것은?

① 버니어 캘리퍼스　② 마이크로미터
③ 다이얼 게이지　④ 하이트 게이지

해설 다이얼 게이지는 스핀들이 눌려져서 움직인 거리를 다이얼이 회전하는 양으로 바꿔서 눈금을 읽을 수 있도록 만들어진 측정기이다. 기준위치에 대한 상대적인 변동 길이를 측정할 때 사용한다.

36. 각도 측정기에 해당되는 것은?

① 버니어 캘리퍼스　② 나이프 에지
③ 탄젠트 바　④ 스냅 게이지

해설 나이프 에지는 진직도를 측정하는 도구이며, 스냅 게이지는 한계 게이지의 일종이다.

37. 그림과 같이 접속된 스프링에 100N의 하중이 작용할 때 처짐량은 약 몇 mm인가? (단, 스프링 상수 K_1은 10N/mm, K_2는 50N/mm이다.)

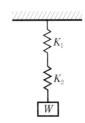

① 1.7　② 12　③ 15　④ 18

해설 2개의 스프링이 직렬로 연결되어 있을 때 합성 스프링 상수 K는 다음과 같다.

$$\frac{1}{K} = \frac{1}{K_1} + \frac{1}{K_2} = \frac{1}{10} + \frac{1}{50} = \frac{6}{50}$$

$$\therefore K = \frac{50}{6}$$

하중을 W, 처짐량을 X라고 하면, $W = K \cdot X$이므로

$$X = \frac{W}{K} = 100 \times \frac{6}{50} = 12mm$$

38. 하물(荷物)을 감아올릴 때는 제동 작용은 하지 않고 클러치 작용을 하며, 내릴 때는 하물 자중에 의해 브레이크 작용을 하는 것은?

① 블록 브레이크
② 밴드 브레이크
③ 자동 하중 브레이크
④ 축압 브레이크

해설 하물이 내려올 때 속도가 급격히 빨라지지 않도록 자동으로 제동 작용을 하게 한 것이 자동 하중 브레이크이다.

39. 다음 중 스프로킷 휠에 대한 설명으로 틀린 것은?

① 스프로킷 휠의 호칭 번호는 피치원 지름으로 나타낸다.
② 스프로킷 휠의 바깥지름은 굵은 실선으로 그린다.
③ 그림에는 주로 스프로킷 소재를 제작하는 데 필요한 치수를 기입한다.
④ 스프로킷 휠의 피치원 지름은 가는 1점 쇄선으로 그린다.

해설 스프로킷 휠의 호칭 번호는 스프로킷에 거는 체인의 종류를 표시하는 번호인데, 그 스프로킷에 거는 롤러 체인의 피치를 3.175mm로 나눈 수에 0, 5, 1 중 하나의 숫자를 붙인 것이다. 0은 롤러가 있는 것, 5는 롤러가 없는 것, 1은 경량형이라는 의미이다. 예를 들어 피치가 12.7mm인 일반적인 롤러체인인 경우 12.7을 3.175로 나눈 값이 4에 0을 붙여서 호칭을 40으로 표기한다.

•정답 34. ②　35. ③　36. ③　37. ②　38. ③　39. ①

40. 기어의 이(tooth) 크기를 나타내는 방법으로 옳은 것은?

① 모듈
② 중심 거리
③ 압력각
④ 치형

해설 기어의 이의 크기는 피치원의 지름을 이의 개수로 나눈 값인 모듈로 나타낸다.

41. 다음 중 벨트 풀리를 도시하는 방법으로 틀린 것은?

① 방사형 암은 암의 중심을 수평 또는 수직 중심선까지 회전하여 도시한다.
② V벨트 풀리의 홈 부분 치수는 호칭 지름에 관계없이 일정하다.
③ 암의 단면 도시는 도형 안이나 밖에 회전 단면으로 도시한다.
④ 벨트 풀리는 축 직각 방향의 투상을 정면도로 한다.

해설 V벨트가 걸리는 풀리의 지름이 작아지면 V벨트의 바깥 부분이 안쪽에 비해 더 많이 늘어나므로 바깥 부분이 많이 얇아진다. 그래서 V벨트 풀리는 호칭 지름이 작아질수록 V홈의 각도도 작게 해야 접촉이 원활해진다. A형의 경우 71mm 이상 100mm 이하이면 34°, 100mm 초과 125mm 이하이면 36°, 125mm를 초과하면 38°로 한다.

42. 다음 용접 이음 중 맞대기 이음은 어느 것인가?

①
②
③
④

해설 맞대기 이음이란 두 모재를 맞대어 붙인 것을 말한다. 맞대기 이음을 할 때는 붙이는 부분에 용재가 넓은 면적에 붙도록 모재를 경사지게 깎아서 용접한다. 경사진 면을 맞대 놓으면 V자 형태가 된다. 이 문제에서는 맞대기 이음을 찾아야 하므로 용접된 부위가 V자 형태인 것을 찾으면 된다.

43. 유니파이 나사에서 호칭 치수 3/8인치, 1인치 사이에 16산의 보통 나사가 있다. 표시 방법으로 옳은 것은?

① 8/3-16UNC
② 3/8-16UNF
③ 3/8-16UNC
④ 8/3-16UNF

해설 UNC는 유니파이 보통 나사, UNF는 유니파이 가는 나사를 말한다.

44. 다음 중 분할 핀의 호칭 지름에 해당하는 것은?

① 분할 핀 구멍의 지름
② 분할 상태의 핀의 단면 지름
③ 분할 핀의 길이
④ 분할 상태의 두께

해설 분할 핀은 꽂은 다음에 끝을 벌려서 고정하는 기계요소이므로 꽂을 때 일반적으로 헐겁게 들어간다. 그래서 분할핀보다 구멍이 약간 클 수밖에 없으므로 핀과 구멍의 지름이 같지 않다. 분할 핀의 호칭을 표기할 때는 분할 핀의 지름이 아니라 핀이 꽂힐 구멍의 지름으로 나타낸다.

45. 원형봉에 비틀림 모멘트를 가하면 비틀림이 생기는 원리를 이용한 스프링은?

① 코일 스프링
② 벌류트 스프링
③ 접시 스프링
④ 토션 바

해설 토션 바(torsion bar)는 비틀림 탄성을 이용한 스프링이다.

46. 다음 그림과 같은 베어링의 명칭은 무엇인가?

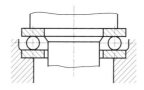

① 깊은 홈 볼 베어링
② 구름 베어링 유닛용 볼 베어링
③ 앵귤러 볼 베어링
④ 평면자리 스러스트 볼 베어링

해설 축 방향으로 하중을 받치고 있으므로 스러스트 베어링이다.

47. 축 방향에 큰 하중을 받아 운동을 전달하는 데 적합하도록 나사산을 사각 모양으로 만들었으며 하중의 방향이 일정하지 않고, 교번 하중을 받는 곳에 사용하기에 적합한 나사는?

① 볼나사　　　　　② 사각나사
③ 톱니 나사　　　　④ 너클 나사

해설 나사산이 사각 모양인 것은 사각나사이다. 교번 하중을 받는다는 말은 양쪽 모두 큰 힘을 받을 수 있는 것을 말한다. 톱니 나사는 한쪽으로 더 큰 힘을 받을 수 있도록 이의 한쪽이 경사져 있다.

48. 보스와 축의 둘레에 여러 개의 같은 키(key)를 깎아 붙인 모양으로 큰 동력을 전달할 수 있고 내구력이 크며, 축과 보스의 중심을 정확하게 맞출 수 있는 특징을 가지는 것은?

① 반달 키　　　　　② 새들 키
③ 원뿔 키　　　　　④ 스플라인

해설 스플라인은 키가 여러 개 있는 것과 같으므로 큰 동력을 전달할 때 사용된다. 축 둘레에 대칭으로 돌출되어 있으므로 중심이 어긋나지 않는 특징이 있다.

49. 모듈 6, 잇수 $Z_1=45$, $Z_2=85$, 압력각 14.5°의 한 쌍의 표준 기어를 그리려고 할 때, 기어의 바깥 지름 $D_1 \cdot D_2$를 얼마로 그리면 되는가?

① 282mm, 522mm
② 270mm, 510mm
③ 382mm, 622mm
④ 280mm, 610mm

해설 바깥지름$(D)=d+2m$으로 그린다.
$d_1=Z_1 \cdot m=45 \times 6=270$
$d_2=Z_2 \cdot m=85 \times 6=510$
$D_1=d_1+2m=270+2 \times 6=282\text{mm}$
$D_2=d_2+2m=510+2 \times 6=522\text{mm}$

50. 모듈 6, 잇수 20개인 스퍼 기어의 피치원 지름은?

① 20mm　　　　　② 30mm
③ 60mm　　　　　④ 120mm

해설 $D=m \cdot Z=6 \times 20=120\text{mm}$

51. 부품의 위치 결정 또는 고정 시에 사용되는 체결 요소가 아닌 것은?

① 핀(pin)
② 너트(nut)
③ 볼트(bolt)
④ 기어(gear)

52. 평 벨트 전동과 비교한 V벨트 전동의 특징이 아닌 것은?

① 고속 운전이 가능하다.
② 미끄럼이 적고 속도비가 크다.
③ 바로걸기와 엇걸기 모두 가능하다.
④ 접촉 면적이 넓으므로 큰 동력을 전달한다.

해설 평 벨트 전동은 바로걸기와 엇걸기 모두 가능하지만 V벨트 전동은 바로걸기만 가능하다.

벨트의 바로걸기　　　벨트의 엇걸기

53. 모듈이 2이고 잇수가 각각 36, 74개인 두 기어가 맞물려 있을 때 축간 거리는 몇 mm인가?

① 100mm　　　　　② 110mm
③ 120mm　　　　　④ 130mm

해설 중심 거리$(C)=\dfrac{M(Z_A+Z_B)}{2}$
$=\dfrac{2(36+74)}{2}=110$

54. 구름 베어링의 기호가 7206 C DB P5로 표시되어 있다. 이 중 정밀도 등급을 나타내는 것은?

① 72　　　　　　　② 06
③ DB　　　　　　　④ P5

해설 P5는 등극 기호(5급)를 의미한다.

55. 왕복 운동 기관에서 직선 운동과 회전 운동을 상호 전달할 수 있는 축은?

① 직선 축　　　　　② 크랭크 축
③ 중공 축　　　　　④ 플렉시블 축

해설 크랭크 축은 자동차의 내연 기관에서 피스톤의 왕복 운동을 회전 운동으로 변환할 때 사용된다.

56. 웜 기어의 특징으로 가장 거리가 먼 것은?

① 큰 감속비를 얻을 수 있다.
② 중심 거리에 오차가 있을 때는 마멸이 심하다.
③ 소음이 작고 역회전 방지를 할 수 있다.
④ 웜 휠의 정밀 측정이 쉽다.

해설 웜 휠의 이는 3차원적인 곡면을 갖고 있으므로 정밀 측정이 어렵다.

57. 3줄 나사에서 피치가 2mm일 때 나사를 6회전시키면 이동하는 거리는 몇 mm인가?

① 6　　　　　　　　② 12
③ 18　　　　　　　　④ 36

해설 나사의 이동 거리＝줄 수×피치×회전수

58. 브레이크 슈를 바깥쪽으로 확장하여 밀어 붙이는 데 캠이나 유압 장치를 사용하는 브레이크는?

① 드럼 브레이크　　② 원판 브레이크
③ 원추 브레이크　　④ 밴드 브레이크

해설 드럼 브레이크

59. 축에는 키 홈을 가공하지 않고 보스에만 테이퍼 키 홈을 만들어서 홈 속에 키를 끼우는 것은?

① 묻힘 키(성크 키)
② 새들 키(안장 키)
③ 반달 키
④ 둥근 키

해설 축의 둥근 면에 말 안장처럼 올라 앉은 것 같은 모양의 키를 안장 키라고 부른다. 영어로 안장은 새들(saddle)이다.

60. 두 축이 나란하지도 교차하지도 않는 기어는?

① 베벨 기어
② 헬리컬 기어
③ 스퍼 기어
④ 하이포이드 기어

해설 베벨 기어는 직각으로 만날 때, 헬리컬 기어와 스퍼 기어는 평행일 때 사용된다.

전산응용기계제도
기능사 필기

2015년 1월 10일 1판 1쇄
2024년 4월 20일 5판 1쇄

편저 : 이모세
펴낸이 : 이정일

펴낸곳 : 도서출판 일진사
www.iljinsa.com

04317 서울시 용산구 효창원로 64길 6
대표전화 : 704-1616, 팩스 : 715-3536
이메일 : webmaster@iljinsa.com
등록번호 : 제1979-000009호(1979.4.2)

값 28,000원

ISBN : 978-89-429-1938-3